长江设计文库

U0733114

中巴经济走廊
卡洛特水电站安全监测关键技术与实践

杨启贵　鄢双红　彭绍才　李少林　欧阳涛　丁林　等　著

中国水利水电出版社
www.waterpub.com.cn
·北京·

内 容 提 要

本书主要介绍中巴经济走廊卡洛特水电站安全监测关键技术与实践的相关成果，主要内容包括工程概况、安全监测技术、安全监测系统的设计、沥青混凝土心墙堆石坝监测成果分析与评价、引水发电建筑物监测成果分析与评价、泄洪道监测成果分析、高边坡监测成果分析、河湾地块渗流监测及评价、1号渣场的稳定性分析与研究、沥青混凝土心墙新型渗漏监测技术及实践、水电站强震监测技术及实践、安全监测管理创新、国际项目安全监测工程实施经验。

本书面向从事国际水电工程的各专业技术人员，依托监测手段和监测资料的深入分析，对水电工程国际项目各种复杂情况下的设计和施工起到一定的参考和借鉴作用，力图为我国安全监测事业深入研究和向海外拓展起到推动作用。

图书在版编目（CIP）数据

中巴经济走廊卡洛特水电站安全监测关键技术与实践 / 杨启贵等著. -- 北京：中国水利水电出版社，2025. 4.
ISBN 978-7-5226-3130-1

Ⅰ．TV753.53

中国国家版本馆CIP数据核字第20255T5D47号

书　　名	**中巴经济走廊卡洛特水电站安全监测关键技术与实践** ZHONG - BA JINGJI ZOULANG KALUOTE SHUIDIANZHAN ANQUAN JIANCE GUANJIAN JISHU YU SHIJIAN
作　　者	杨启贵　鄢双红　彭绍才　李少林　欧阳涛　丁　林　等著
出版发行	中国水利水电出版社 （北京市海淀区玉渊潭南路 1 号 D 座　　100038） 网址：www. waterpub. com. cn E - mail：sales@ mwr. gov. cn 电话：（010）68545888（营销中心）
经　　售	北京科水图书销售有限公司 电话：（010）68545874、63202643 全国各地新华书店和相关出版物销售网点
排　　版	中国水利水电出版社微机排版中心
印　　刷	北京印匠彩色印刷有限公司
规　　格	184mm×260mm　16 开本　15 印张　365 千字
版　　次	2025 年 4 月第 1 版　2025 年 4 月第 1 次印刷
定　　价	**128. 00 元**

本书编委会

主　　编　杨启贵　鄢双红

副 主 编　彭绍才　李少林　欧阳涛　丁　林

参编人员　(按姓氏笔画排列)

　　　　　卢金龙　扬鹏创　李　昊　杜泽快　肖天奇

　　　　　邹中天　易　娜　岳朝俊　段国学　谢　鹏

卡洛特水电站是"一带一路"首个大型水电投资建设项目，也是中巴经济走廊首个水电投资项目，是迄今为止中国长江三峡集团有限公司在海外投资在建的最大绿地❶水电项目。该水电站建在巴基斯坦北部印度河支流吉拉姆河上，是巴基斯坦第五大水电站。项目总投资约 16.5 亿美元，采用建设-经营-转让（build-operate-transfer，BOT）方式投资建设。

吉拉姆河是印度河流域水系流量最大的河流之一，发源于韦尔纳格深泉，干流全长 725km，流域面积 6.35 万 km²、卡洛特水电站位于吉拉姆河干流，集水面积约 26700km²。

卡洛特水电站的工程开发任务为发电，电站装机容量 720MW，多年平均年发电量约 32.06 亿 kW·h。

卡洛特水电站区域位于喜马拉雅造山带及新生带前缘坳陷等两大构造单元，近场区无大的区域性断层通过，近场范围区内不存在大于等于 6.5 级地震的发震构造，5 级左右地震大致代表本区地震活动水平，最大影响烈度估计达 Ⅶ 度。

卡洛特水电站枢纽建筑物主要由沥青混凝土心墙堆石坝、溢洪道及其控制段、电站进水口、四条引水洞、电站厂房、三条导流洞等部分组成，最大坝高 95.50m、坝顶宽度 12.00m、坝顶长 460.00m，属于高坝。工程区主要地质特点为：分布砂岩及泥质粉砂岩、粉砂质泥岩互层、软岩特性，岩性有碎块石夹孤石、砂壤土、砂卵砾石及块（碎）石土等。该工程蓄水运行近两年，从施工期到运行期积累了较长时间序列监测资料，目前各项监测成果总体正常。

工程施工期进行以下联合设计：为了解沥青混凝土心墙堆石坝后渗漏情况，通过光纤渗流监测系统对心墙渗流进行监测；为了及时全面掌握卡洛特水电站蓄水前、蓄水过程中、蓄水后河湾地块地下水位特征，对河湾地块关键部位的地下水位进行监测，通过压水试验等多种技术方法对该区域内防渗

---

❶　绿地项目就是绿地投资，指跨国公司等投资主体在东道国境内依照东道国的法律设置的部分或全部资产所有权归外国投资者所有的企业。

措施的效果进行复核研究，并通过长期监测开展河湾地块地下水演变趋势分析研究；由于在厂房发电尾水的正对面的 1 号存弃渣场的布置位置比较特殊，其料源均为泥岩和建筑垃圾，占地面积 15.37 万 m^2，堆渣高程 399.00～505.00m，故渣场自身的稳定性相对较差，如果滑坡可能影响厂房的安全运行，需要长期监测其稳定性并进行安全评价。总之，通过获得针对性的监测资料，并结合特殊泥质软岩的地质特点进行深入的分析，得出的结论是不影响工程安全运行。

本书面向从事国际水电工程的各方面技术人员，依托先进的监测技术及深度分析，对国际水电项目的设计和施工提供重要的参考和借鉴作用，助力我国水电工程安全监测事业的快速发展与海外拓展。

本书共分 13 章，主要包括工程概况、安全监测技术、安全监测系统的设计、沥青混凝土心墙堆石坝监测成果分析与评价、引水发电建筑物监测成果分析与评价、泄洪道监测成果分析、高边坡监测成果分析、河湾地块渗流监测及评价、1 号渣场的稳定性分析与研究、沥青混凝土心墙新型渗漏监测技术及实践、水电站强震监测技术及实践、安全监测管理创新、国际项目安全监测工程实施经验等内容。全书由杨启贵主持编写；第 1 章由肖天奇、李昊、李少林、邹中天编写，第 2 章由杜泽快、丁林、扬鹏创、岳朝俊编写，第 3 章由杜泽快、丁林编写，第 4 章由欧阳涛、谢鹏、丁林、肖天奇、易娜编写，第 5 章由欧阳涛、扬鹏创、丁林、段国学、卢金龙编写，第 6 章由扬鹏创、丁林、邹中天、卢金龙编写，第 7 章由欧阳涛、扬鹏创、丁林、岳朝俊编写，第 8 章由扬鹏创、欧阳涛、肖天奇编写，第 9 章由李昊、扬鹏创、邹中天编写，第 10 章由欧阳涛、谢鹏、丁林编写，第 11 章由欧阳涛、卢金龙编写，第 12 章由彭绍才、欧阳涛、易娜编写，第 13 章由彭绍才、李少林、欧阳涛、扬鹏创、丁林、段国学、卢金龙编写。全书由杨启贵、鄢双红组稿、统稿，彭绍才、李少林、杜泽快、丁林审定。

本书在编写过程中，得到了长江三峡技术经济发展有限公司、长江设计集团有限公司、江苏南智传感科技有限公司、武汉地震科学仪器研究院有限公司等单位的大力支持，在此向他们表达诚挚的谢意。

限于作者水平，书中难免存在缺点和错误，敬请广大读者批评指正。

欧阳涛

2024 年 9 月

目　录

第1章

工程概况

1.1 中巴经济走廊卡洛特水电站工程概况

1.1.1 工程背景

卡洛特水电站是"一带一路"首个水电大型投资建设项目，也是中巴经济走廊首个水电投资项目，是迄今为止中国三峡集团有限公司在海外投资在建的最大绿地水电项目。

卡洛特水电站建在巴基斯坦北部印度河支流吉拉姆河上，是巴基斯坦第五大水电站。项目总投资约 16.5 亿美元，采用 BOT 方式投资建设。

2015 年 2 月 6 日，长江三峡技术经济发展有限公司、中国机械设备进出口股份有限公司与卡洛特电力有限公司签订了卡洛特 EC＋P 总承包合同，合同总价 12.77 亿美元。2016 年 12 月 1 日，项目正式开工。2022 年 6 月 29 日，4 台水电机组全部投入商业运行。2022 年 12 月 1 日，工程建设全部完工。卡洛特水电站施工总工期为 6 年（72 个月），发电工期为 5 年 7 个月（67 个月）。

1.1.2 工程地理位置

卡洛特水电站是巴基斯坦境内吉拉姆河规划的 5 个梯级电站的第 4 级，上一级为阿扎德帕坦，下一级为曼格拉。坝址位于巴基斯坦旁遮普省卡洛特桥上游 1km 处，下距曼格拉大坝 74km，西距伊斯兰堡直线距离约 55km。从伊斯兰堡—卡胡塔—科特里路可通向卡洛特场址。

1.1.3 工程任务及规模

卡洛特水电站的工程开发任务为发电，坝址处控制流域面积 26700km²，电站装机容量 720MW，多年平均年发电量约 32.06 亿 kW·h，年利用小时数 4452h。枢纽工程由挡水、泄水、冲沙及引水发电系统等主体建筑物组成，拦河大坝为沥青混凝土心墙土石坝，最大坝高 95.50m。水库正常蓄水位 461.00m，死水位 451.00m。正常蓄水位以下库容 1.52 亿 m³。

1.2 吉拉姆河流域概况

1.2.1 河流开发概况

吉拉姆河是印度河流域水系最大的河流之一，干流全长 725km，流域面积 6.35 万 km²。吉拉姆河水能资源丰富，是巴基斯坦除印度河外水能资源蕴藏量最大的河流，流域规划总装机容量达 5624MW。

吉拉姆河梯级开发方案研究始于 20 世纪 60 年代。1975 年，在加拿大国际开发署（Canadian International Development Agency，CIDA）的援助下，加拿大蒙特利尔工程公司（Monenco）对巴基斯坦经济指标较好的水电站进行了排序研究，以满足巴基斯坦长期电力需求。1984—1989年，德国GTZ公司对该项研究成果进行了更新。

2008年5月，在总结以往相关规划成果和梯级电站设计成果的基础上，重点开展了水文和规划等工作，对吉拉姆河干流曼格拉大坝以上河段梯级开发方案进行了复核，编制完成了吉拉姆河水电规划报告——《吉拉姆河梯级水电工程研究》。根据该水电规划报告，吉拉姆河科哈拉至曼格拉河段的梯级开发方案为科哈拉（1100MW）—马尔（700MW）—阿扎德帕坦（640MW）—卡洛特（720MW）—曼格拉（1000MW），共5级。各梯级电站多具有日调节能力，水位基本衔接，除曼格拉水电站外，其他4座梯级电站的总装机容量达3160MW，多年平均发电量151.57亿kW·h。

吉拉姆河干流规划的梯级电站中曼格拉水电站已经建成；卡洛特水电站在2022年年底完成建设；科哈拉、阿扎德帕坦两座水电站已完成可行性研究；马尔水电站正在进行可行性研究。

1.2.2　自然地理

吉拉姆河是印度河流域水系最大的河流之一，发源于韦尔纳格深泉，向西北流经乌拉湖，在索普尔附近出湖，经陡峭峡谷穿过皮尔旁加尔山，至穆扎法拉巴德汇入尼拉姆河和昆哈河后转向南流，在曼格拉附近穿过希瓦力克山进入冲积平原，然后在吉拉姆河镇沿萨尔特山转向西南至库夏巴，最后向南在泰姆附近注入臣贝河。

1.2.3　洪水

吉拉姆河流域位于季风区，在夏季季风季节易发生强暴雨，降雨多集中在流域的南部和西部。

吉拉姆河1992年发生了特大洪水，巴基斯坦国家电力中心发布的《1992年水文年鉴》中刊出的该年阿扎德帕坦水文站最大洪峰流量为14730m³/s。经相关报告和调查佐证，将1992年洪水重现期定为82年。

卡洛特水电站坝址的设计洪水以阿扎德帕坦水文站和卡洛特水文站为依据站进行推算，坝址洪水系列样本由1969—2010年洪水系列组成。坝址设计洪水频率曲线线型采用P-Ⅲ型曲线，以矩法计算值为初估值，采用适线法确定统计参数。卡洛特水电站坝址设计洪水成果见表1-1。

表1-1　　　　　卡洛特水电站坝址设计洪水成果

	时段	洪峰流量/(m³/s)	3d洪量/亿m³	7d洪量/亿m³
频率曲线参数	均值	3550	6.62	13.90
	C_v	0.77	0.60	0.42
	C_s/C_v	4	4	4
频率	0.01%	32300	42.7	57.7
	0.02%	29600	39.5	54.1
	0.05%	26000	35.3	49.5

续表

	0.1%	23400	32.1	45.9
	0.2%	20700	29.0	42.3
	0.5%	17300	24.8	37.6
频率	1%	14700	21.7	33.9
	2%	12200	18.6	30.3
	5%	9020	14.6	25.4
	10%	6740	11.6	21.6
	20%	4660	8.8	17.8

1.2.4 水文气象

吉拉姆河径流以融雪水和季节性降雨补给为主，源头没有永久冰川覆盖。在卡洛特水电站坝址上游与吉拉姆河交汇的重要支流为昆哈河和尼拉姆河，两支流均从季风降雨和融雪水获得流量补给。

卡洛特水文站于 1969 年设立，观测项目为水位、流量、泥沙，1979 年撤销此站并在其上游设立了阿扎德帕坦水文站，观测项目同卡洛特水文站。卡洛特水电站坝址的集水面积为 26700km²，以卡洛特水文站和阿扎德帕坦水文站作为计算坝址径流的设计依据站。

设计依据站与坝址集水面积相差较小，采用面积比拟法推求坝址径流。采用的坝址径流系列为 1969—2010 年，多年平均流量 819m³/s，年径流量 258.93 亿 m³。卡洛特水电站坝址多年平均年、月径流量见表 1-2。

表 1-2　　　　　卡洛特水电站坝址多年平均年、月径流量表

项目	1月	2月	3月	4月	5月	6月	7月	8月	9月	10月	11月	12月	全年
流量 /(m³/s)	225	342	713	1280	1710	1690	1400	1030	623	337	250	223	819
径流量 /亿 m³	6.01	8.35	19.1	33.2	45.8	43.7	37.6	27.6	16.1	9.01	6.48	5.98	258.93
百分比 /%	2.32	3.22	7.38	12.82	17.69	16.88	14.52	10.66	6.22	3.48	2.50	2.31	100

采用 1969—2010 年卡洛特水电站坝址年径流量系列进行频率分析计算，线型为 P-Ⅲ型，采用适线法确定参数。卡洛特水电站坝址年径流量设计成果见表 1-3。

表 1-3　　　　　卡洛特水电站坝址年径流量设计成果

均值 /亿 m³	C_v	C_s/C_v	不同频率年径流量/亿 m³				
			10%	25%	50%	75%	90%
258.3	0.26	2	347	300	253	210	177

1.2.5　泥沙

吉拉姆河流域内泥沙大多数是地质侵蚀和地震运动引起的。野外勘察发现坝址上游吉拉姆河沿线几乎都有滑坡发生，带来大量泥沙。流域内泥沙来源还包括降雨引起的片状侵蚀和冲沟侵蚀，以及人类活动引起的土壤侵蚀。

根据卡洛特水文站和阿扎德帕坦水文站 1970—2010 年实测泥沙资料，推算卡洛特水电站坝址以上流域多年平均悬移质输沙量约为 3315 万 t，最大年输沙量为 1992 年的 8160 万 t，最小年输沙量为 2001 年的 3.8 万 t，多年平均含沙量为 1.28kg/m³。卡洛特水电站坝址多年平均年、月输沙量成果见表 1-4。

表 1-4　　卡洛特水电站坝址多年平均年、月输沙量成果　　单位：万 t

项目	1月	2月	3月	4月	5月	6月	7月	8月	9月	10月	11月	12月	全年
输沙量	14.85	33.20	160.45	406.15	743.50	732.81	672.31	363.10	128.35	31.26	15.01	13.73	3314.72

参考工程河段上、下游梯级相关泥沙设计和卡洛特库区河段泥沙取样成果，结合野外勘察分析，确定推移质输沙量取为悬移质输沙量的 15%，推移质输沙量约为 497 万 t。卡洛特水电站坝址总输沙量为 3812 万 t。

1.2.6　工程地质

卡洛特水电站区域位于喜马拉雅造山带及新生带前缘坳陷等两大构造单元，次级构造单元上位于次喜马拉雅哈扎拉共轴褶皱体（HS），区域范围内主要有主地壳断裂带（MMT）、主中央逆冲断裂带（MCT）、主边界逆冲断裂带（MBT）和主前缘断裂带（MFT）4 条由北向南逆冲的断裂带及穆扎法拉巴德断裂带（MZF）。其中：MBT、MFT 及 MZF 均为第四纪活动断裂带；近场区无大的区域性断层通过，距坝址最近（26km）的第四纪活动断裂带为 MZF；区域内强震构造主要为 MBT 和 MFT，但强震主要发生在哈扎拉共轴褶皱体的东侧，西侧北西走向的断裂带在历史上的大震记录很少；距离坝址最近的发震构造为 MZF，需要充分考虑沿其发生大震及其可能对坝址的影响。

区域位于印度板块与欧亚板块发生碰撞作用形成的喜马拉雅造山带西构造结南侧，区域内构造活动及地震活动强烈，区域构造稳定性差。在新构造运动时期，夹持在 MBT 和 MFT 之间的近场区以整体间歇性抬升活动为主，内部差异性活动较弱，为构造稳定性相对较好的区块。

据新构造运动特征和断裂活动性特征分析，近场区地震活动性水平相对较低，近场范围区内不存在大于等于 6.5 级地震的发震构造，5 级左右地震大致代表本区地震活动水平，最大影响烈度估计达Ⅶ度。

根据中国地震局地质研究所完成并通过国家地震安全性评定委员会咨询的《巴基斯坦卡洛特水电站工程场地地震安全性评价报告》，场区 50 年超越概率 10% 的基岩地震动峰值加速度为 0.26g，100 年超越概率 2% 的基岩地震动峰值加速度为 0.52g，100 年超越概率 1% 的基岩地震动峰值加速度为 0.61g。坝址地震基本烈度按Ⅷ度考虑。

1.3 卡洛特水电站开发概况

1.3.1 工程等级及设计标准

卡洛特水电站正常蓄水位 461.00m，正常蓄水位以下库容 1.52 亿 m^3；电站装机容量 720MW（4×180MW），多年平均年发电量 32.10 亿 kW·h。

根据《防洪标准》（GB 50201—2014）和《水电枢纽工程等级划分及设计安全标准》（DL/T 5180—2003）的规定，该工程为 Ⅱ 等大（2）型工程，大坝、溢洪道、引水发电建筑物等主要永久性水工建筑物为 2 级建筑物，次要建筑物为 3 级建筑物，主要和次要水工建筑物结构安全级别均为 Ⅱ 级。

1.3.2 枢纽建筑物

沥青混凝土心墙堆石坝布置在河湾湾头，溢洪道斜穿河湾地块山脊布置，出口在最下游，其控制段布置泄洪表孔和泄洪排沙孔；电站进水口布置在溢洪道引水渠左侧靠近控制段，厂房布置在卡洛特大桥上游；导流洞布置在电站与大坝之间。卡洛特水电站枢纽建筑物布置示意见图 1-1。

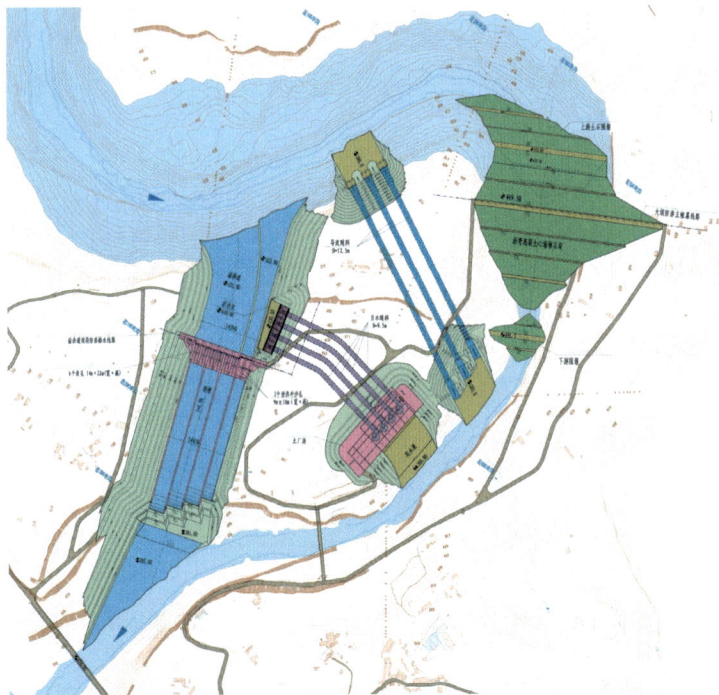

图 1-1 卡洛特水电站枢纽建筑物布置示意图

1. 沥青混凝土心墙堆石坝

沥青混凝土心墙堆石坝坝顶高程 469.50m，心墙底部混凝土基座建基面最低高程 374.00m，最大坝高 95.50m，坝顶宽 12.00m，坝顶长 460.00m。大坝上游坝坡为 1∶2.25，下游坝坡采用上缓下陡型式，在高程 410.00m 以上坝坡为 1：2.25，高程 410.00m 以下坝坡为 1：2.0，并在下游坝面高程 429.50m、449.50m 处设置宽 3m 的马道，下游排水体顶部高程 410.00m 平台宽 6m。

2. 溢洪道

溢洪道由进水渠、控制段、泄槽、挑坎及下游消能区组成。

进水渠表孔侧渠底高程 431.00m，泄洪排沙孔侧渠底高程 423.00m，渠底总宽 143.90m，渠长约 250.54m。

控制段坝顶高程 469.50m，最大坝高 55.50m，坝顶长 218.00m。控制段坝身布置 6 个泄洪表孔和 2 个泄洪排沙孔。表孔堰顶高程 439.00m，孔口尺寸为 14m×22m（宽×高）；泄洪排沙孔进口底板高程 423.00m，出口尺寸为 9m×10m（宽×高）。

泄槽轴线采用直线，与控制段坝轴线垂直，泄槽底板纵坡 $i=4.5\%$。泄槽由中隔墙分为 4 个区，从左至右各分区宽度依次为 25m、34m、35m 和 34m，总泄洪宽 128m。泄槽横断面为矩形，左边墙高 9.5m，厚 1.2m；中隔墙和右边墙高 13.1～14.4m，厚 3m。底板厚 1～1.5m，泄槽总宽 140.7m。

溢洪道采用挑流消能，和泄槽分区相对应，分为 4 个挑流鼻坎，表孔右区挑流鼻坎采用连续式，反弧半径 60m，挑角 30°；泄洪排沙孔区、表孔左区及表孔中区挑流鼻坎采用扭鼻坎型式。

3. 引水发电建筑物

引水发电建筑物布置在吉拉姆河右岸河湾地块内，采用引水式地面厂房，进水口位于溢洪道进水渠左侧岸坡，主厂房位于卡洛特大桥上游约 130m 处，主要建筑物包括进水口、引水洞、地面厂房、升压站及尾水渠等。

进水口布置在溢洪道控制段前沿左侧岸坡，由引水渠、进水塔、交通桥等建筑物组成。引水渠宽 108m，长 12～23m，底板高程 430.50m，前缘设拦沙坎，坎顶高程 440.00m；进水塔采用岸塔式，总长 108m，宽 20.9m，建基面高程 428.50m，流道底板高程 431.50m，塔顶高程 469.50m，塔高 41m。2 号机组进水塔通过交通桥与边坡马道相接，与上坝公路连通。

引水洞采用一机一洞引水，洞径 9.6～7.9m。引水洞进口中心高程 436.25m，出口中心高程 382.50m。

主厂房布置在卡洛特大桥上游约 130m 处，总尺寸为 164.9m×27m×60.5m（长×宽×高）。主厂房设有上、下游副厂房，主厂房建基面高程 358.50m，机组安装高程 382.50m，尾水平台高程 419.00m。

升压站布置在主厂房上游侧边坡回填形成的独立平台上，主变压器布置在 419.00m 平台上。

尾水渠底宽 111.4m，尾水管出口以 1：3 的反坡连接至高程 385.80m 平底段，并与主河床相接。

厂区交通由厂前区、上游副厂房顶部、4 号机组左侧平台、尾水平台及进厂交通洞共同组成。进厂公路及进厂交通洞布置于安 I 段右侧，地面高程为 419.00m，通过宽马道与对外公路相接。

4. 导流建筑物

上游土石围堰堰顶高程 435.00m，下游土石围堰堰顶高程 407.50m，其中上游土石围堰与大坝结合；导流洞进口底板高程 388.00m，出口高程 385.00m，隧洞断面为直径 12.5m 的圆形洞，三条导流洞长分别为 420.7m、447.3m 和 473.8m；在厂房尾水渠预留岩埂围堰，在施工的第 4 年 10 月前按全年挡水围堰设计，堰顶高程 404.00m，之后将围堰拆除至枯水期围堰，堰顶高程 392.50m，待尾水渠施工完成后全部拆除；溢洪道进、出口明渠预留岩埂围堰，进口围堰顶高程 434.50m，出口围堰顶高程 402.00m，待溢洪道施工完成后全部拆除。

1.3.3 坝址和坝型

卡洛特水电站推荐坝址位于卡洛特桥上游约 1km 处，该坝址河谷地形较狭窄，坝顶高程 469.50m，宽约 400m，右岸为河湾地块，便于布置枢纽建筑物，引水洞横穿右岸山脊可获得下游河段水头约 4.00m。

坝址区属中低山地貌，吉拉姆河在坝址区内呈"几"字形展布，在右岸形成宽约 700m 的河湾地块。场区内出露基岩地层主要为上第三系中新统纳格利组（N_{1na}）地层，坝基岩体由相间分布的砂岩、细砂岩、泥质粉砂岩及粉砂质泥岩等组成，厚至薄层不等厚互层，砂岩、细砂岩饱和抗压强度 20～30MPa，泥质粉砂岩及粉砂质泥岩饱和抗压强度 8～15MPa；岩层倾向 SEE，倾角 7°～10°。与混凝土坝比较，沥青混凝土心墙堆石坝坝基应力小，对地质条件的适应性好；沥青混凝土心墙堆石坝可充分利用建筑物开挖有用料；坝址区混凝土骨料缺乏，沥青混凝土心墙堆石坝方案混凝土骨料需求量较少，施工工期保障性更高，投资可控性更好。

综合考虑，沥青混凝土心墙堆石坝方案工程地质条件明朗，其对坝址区地形地质条件的适应性较好，可充分利用建筑物开挖有用料筑坝，混凝土骨料用量较少，工期保证性高，投资可控性好。因此，选择主坝坝型为沥青混凝土心墙堆石坝。

1.3.4 天然建筑材料

1.3.4.1 混凝土骨料

坝址区周围天然砂砾石料及人工骨料缺乏，设计阶段选择了距离坝址附近的比尔砂砾石料场和拉纳砂砾石料场进行详查。

比尔料场位于吉拉姆河右岸支流巴德利沟中上部，为河床堆积砂砾卵石层，距离坝址 12～26km，呈条带状，储量为 295.10 万 m³。该料场粗骨料级配不佳，细骨料含泥量偏高，粗、细骨料均具有碱活性，需采取处理措施；B 类区域细骨料含泥量普遍很高，需采取特殊处理措施后才能使用。

拉纳砂砾石料场地质条件与比尔料场类似，距离坝址 20～30km，交通条件较差，呈条带状，储量为 140.0 万 m³。该料场粗骨料级配不佳，细骨料含泥量偏高，粗、细骨料均具有碱活性，需采取处理措施。

塔西拉白云质灰岩料场位于伊斯兰堡以西约 20km 的塔西拉山，距离坝址约 106km，有公路相通，交通运输条件较好。该料场白云质灰岩大范围出露，强度较高，分布稳定，质量满足要求，可以作为沥青混凝土骨料料源。

沥青混凝土心墙堆石坝标准断面填筑材料示意见图 1-2。

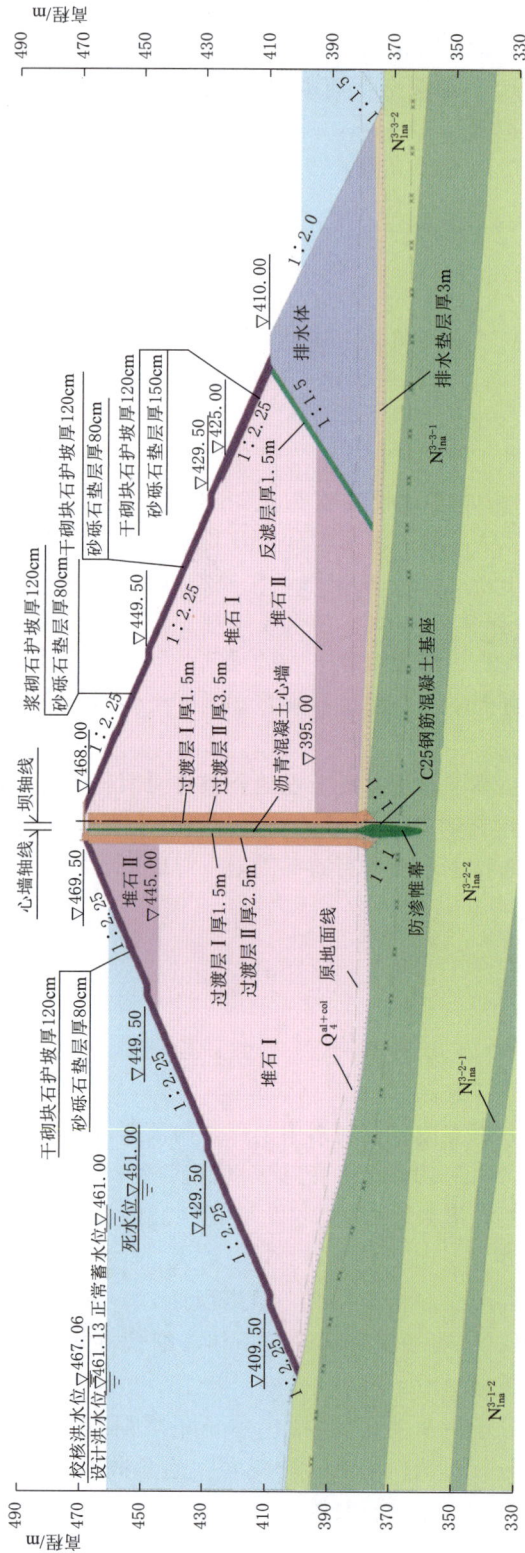

图 1-2　沥青混凝土心墙堆石坝标准断面填筑材料示意图

1.3.4.2 填筑料

设计拟采用施工开挖的弱风化～微新砂岩以及微新泥质粉砂岩、粉砂岩作填筑料，所需用量约 365 万 m^3 根据各建筑物开挖设计，产生的人工开挖石料总量约为 1373 万 m^3。根据相应建筑物开挖部位地层岩性分布及岩体风化情况计算，弱风化砂岩储量为 175 万 m^3，微新砂岩储量为 335 万 m^3，微新泥质粉砂岩储量为 242 万 m^3，共 752 万 m^3，能满足设计所需填筑量。但人工开挖料为软岩及较软岩，应开展相应的试验研究工作，以确定坝体的不同部位选用相应的开挖料。

1.3.5 装机容量

综合考虑机组选型、单机容量、大件运输及前期研究成果等因素，电站装机容量 720MW，相应装机利用小时数 4452h。

该枢纽以发电为单一任务，从电站水头特性出发，水轮机额定水头在 63.00m 及以上都是合适的，考虑到水轮机高水头稳定性及减小电站出力受阻因素，水轮机额定水头为 65.00m，相应水头保证率为 93.86%，与电站全年加权平均水头的比值为 0.94。

1.3.6 水库运行方式

1.3.6.1 电站发电调度运行方式

卡洛特水电站是以发电为单一任务的发电工程，具有日调节性能。电站在汛期以承担系统腰荷和基荷为主，尽量少弃水；在枯水期可根据受电地区电力系统要求和入库来水情况进行调峰运行。

结合水库的排沙要求，水库水位自正常蓄水位降至排沙运行水位期间，若水库水位不低于 451.00m 且发电水头大于机组的最小水头时，电站正常发电；当水库水位低于 451.00m，电站停机；水库水位自排沙运行水位逐步回蓄至正常蓄水位期间，当水库水位高于 451.00m 且发电水头大于机组的最小水头时，电站发电运行。

1.3.6.2 枢纽防洪调度运行方式

卡洛特水电站不承担下游防洪任务，其防洪运行方式以确保枢纽本身防洪安全为目标，按照敞泄方式运用，洪水调度方式如下：

（1）当坝址洪水流量不大于库水位相应的泄洪能力时，按来量下泄，维持库水位不变。

（2）当坝址洪水流量大于库水位相应的泄洪能力时，按枢纽的泄流能力下泄，多余洪量存蓄在库中，库水位上涨。

（3）洪峰过后，仍按泄流能力下泄，使库水位消落至正常蓄水位。

1.3.6.3 水库排沙调度运行方式

卡洛特水电站来沙时间主要集中在汛期 4—8 月，初步拟定水库排沙运行方式如下：

（1）当入库流量大于 1400m^3/s，但不大于 2100m^3/s 时，在尽量满足电站机组满发的情况下，允许水库水位降至 456.00m 运行。

（2）当入库流量大于 2100m^3/s，水库降水位排沙，每天的水位降幅初步按不超过 5m

控制，直至排沙运行水位 446.00m，当水库水位降至 451.00m 以下，电站停机。

（3）在排沙水位 446.00m 运行时，当入库流量小于 2100m³/s，水库开始充蓄，蓄水期间控制库水位上涨率不超过 10m/d；当库水位高于 451.00m，且发电水头满足机组安全运行要求时，电站开机运行；当库水位达到 456.00m 时，若入库流量大于 1400m³/s，水库可维持在 456.00m 运行，否则库水位可逐步回蓄至正常蓄水位 461.00m。

第2章
安全监测技术

2.1 安全监测的仪器类型

为了保障卡洛特水电站的施工与运行安全，分别在沥青混凝土心墙堆石坝、泄洪冲沙建筑物、引水发电建筑物、导流建筑物、工程边坡等部位布设了变形、渗流、应力应变、强震等各类监测设施。对这些监测设施按监测方式分为两类，一类属于持续量监测，如部分变形、渗流、应力应变和强震，这些设施一般采用电测仪器。卡洛特水电站选用的是振弦式仪器，可直接接入自动化系统，实现联机实时采集。另一类属于非持续量监测，如外部变形监测（几何水准测量、三角测量等）等，卡洛特水电站选用的是 TM50 全站仪和DNA03 数字水准仪，不能直接接入自动化采集系统，监测数据与初步处理后的资料需人工录入监测系统数据库。

为了使监测系统能及时提供大量的有效数据供分析和决策，以满足工程对实时监测和快速反馈的要求，并尽可能减少后期监测工作中的人力投入，将绝大部分持续量监测点接入该工程自动化系统。需接入自动化系统的监测仪器具体种类如下：

（1）变形监测仪器：垂线坐标仪、双金属标仪、引张线仪、测缝计、位错计、水管式沉降仪、钢丝位移计、多点位移计、基岩变形计等。

（2）渗流渗压监测仪器：渗压计、测压管、量水堰水位计。

（3）应力应变监测仪器：应变计、无应力计、温度计、钢筋计、钢板计、锚杆应力计及锚索测力计等。

（4）强震监测仪器：三分量加速度计。

（5）光纤渗流监测仪器：温度感测光缆。

根据卡洛特水电站各建筑物和监测仪器的布置特点，其工程安全监测自动化系统采用分层分布式的网络结构，整个系统由监测管理站、现地监测站两级组成。各现地监测站根据汇聚的监测仪器数量，相应配置数据采集单元（MCU）。为了尽可能提高自动化观测水平、降低后期运行人力投入，决定将所有电测仪器全部接入自动化系统，相应需配置数据采集单元（MCU）38 台。

强震监测系统共设置了 6 台强震仪，分别位于沥青混凝土心墙堆石坝坝顶和下游坝坡、大坝右岸灌浆平洞、泄洪控制段坝顶、电站进水塔塔顶和下游自由场地。监测自动化系统完工后，强震监测系统作为一个独立子系统，也应一并接入自动化系统，全部实现监测中心集中控制和自动采集。

在沥青混凝土心墙后约 10cm 的过渡层内，从混凝土基座上部高程 391.30～461.00m铺设铜网内加热温度感测光缆，以监测心墙渗漏情况。监测自动化系统完工后，光纤渗流监测系统作为一个独立子系统，也应一并接入自动化系统，全部实现监测中心集中控制和自动采集。

2.2 监测自动化系统的组成

根据卡洛特水电站各建筑物布置和运用相对独立，监测仪器多且分散的特点，监测自动化系统采用环上多分支网络结构，其网络结构配置见图 2－1。

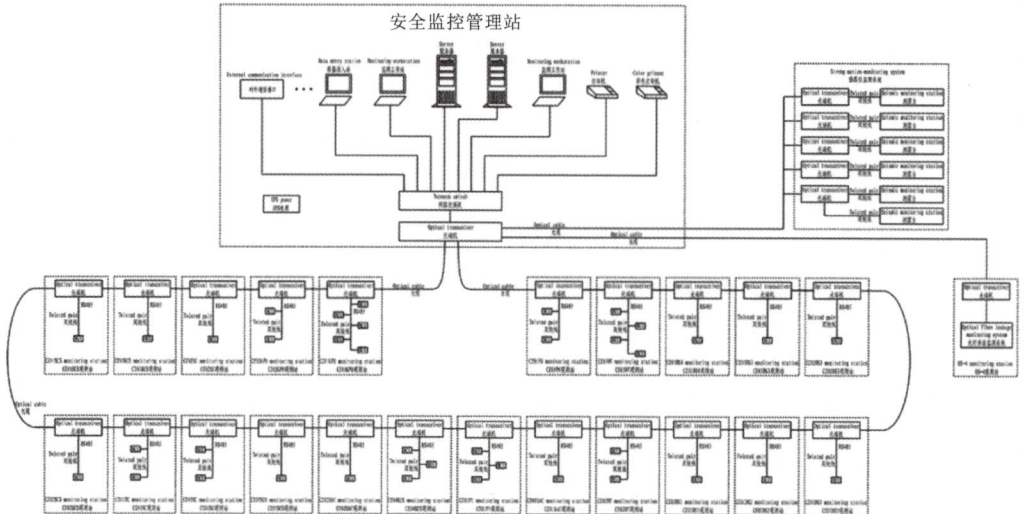

图 2－1　卡洛特水电站监测自动化系统网络结构配置图

该网络结构的主环网通信介质为光缆，采用 10/100M 交换式以太网，各支线通信介质为双绞线，均采用 EIA－RS－485 标准通信方式，支线上各 MCU 以总线控制方式与光端机连接。安全监控管理站各计算机设备、网络打印机通过双绞线接至交换机，交换机选用 100Mbit/s 通用网络交换机，是监测管理站内部局域网的主设备。

监测自动化系统为智能型分布式网络结构，主要由安全监测管理站、沥青混凝土心墙堆石坝 MCU 群、泄洪排沙建筑物及两岸边坡 MCU 群、引水发电建筑物及进出口边坡（含导流洞进出口边坡）MCU 群、各自动采集传感器及人工采集数据离线输入及分析系统等组成。

安全监测管理站设在电站厂房内。各 MCU 群分别设在监测仪器相对集中的各建筑物现地监测站内，安全监测管理站及各 MCU 群通过光纤交换机接入光纤环网，并按安全监测管理站的指令进行数据采集和信息交换。对于未进入自动化系统的监测点，则采用人工方式采集数据，并离线录入电站数据管理系统。

2.3　安全监测系统总体构成

卡洛特水电站主要由沥青混凝土心墙堆石坝、泄洪冲沙建筑物（溢洪道、泄洪冲沙孔）、引水发电建筑物、导流建筑物等组成。为保证工程的施工及运行安全，除了对上述各主要建筑物进行监测外，还要对影响工程安全的近坝边坡（包括溢洪道两岸边坡、进水口边坡、厂房边坡、导流洞进出口边坡等）和其他与工程安全有直接关系的部位及因素进行监测。

卡洛特水电站安全监测系统是一个分布面广、监测项目多，集监测、分析、评价于一体的高效系统。其总体结构可以概括为："一个整体系统，若干监测对象，多种监测项目，上千台监测仪器；监测中心统一监控，设计单位提供技术支持，业主单位决策"，见图 2 - 2。

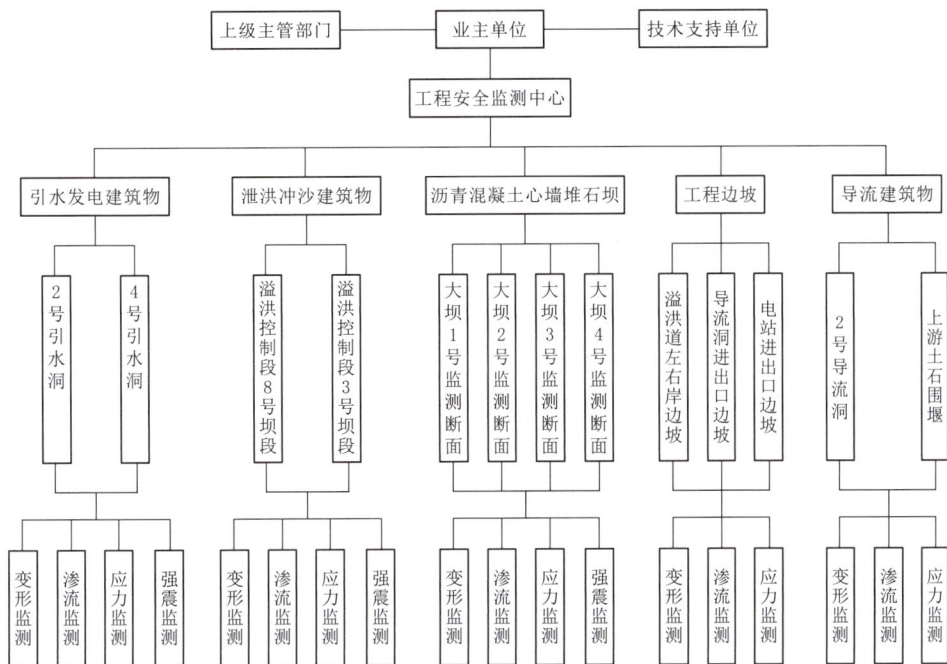

图 2 - 2 卡洛特水电站工程安全监测系统结构框图

卡洛特水电站安全监测系统的运行可分为数据采集、数据管理、资料分析及建筑物安全度评价三个环节。这三个运行环节是依次进行、相互衔接的。工程正常运行的情况下，安全监测系统将定期做出各建筑物运行情况报告；如果某建筑物出现危及安全的非正常工作状态，安全监测系统将及时发出技术报警，并向工程安全的主管部门提交安全监测分析报告。工程安全的主管部门也是工程安全的决策单位，将根据问题的性质和严重程度，决定采取的对策和具体措施，发出进行处理的指令。在建筑物施工过程中，安全监测系统还要将监测成果和分析报告送交设计和施工单位，以便及时优化设计或采取必要的措施，保证建筑物的安全。

第3章

安全监测系统的设计

3.1　设计原则

根据卡洛特水电站的枢纽布置、各建筑物地质条件、结构特点和施工安排，确定安全监测的设计原则如下：

（1）全面兼顾，突出重点。安全监测系统应覆盖坝区内全部水工建筑物及基础，保证监测系统空间的连续性，以便掌握工程整体安全状况。安全监测的重点是监测变形和渗流渗压两个效应量。从监控工程的安全度出发，按照重点、一般按突出重点部位并兼顾一般部位的原则来选择监测部位（断面），以形成监控全部建筑物的监测网络。

（2）统一规划，逐步实施。卡洛特水电站施工工期较长，安全监测系统不可能一次建成，特别是施工期必须采集到初始资料，不可能等待安全监测系统完成后进行。因而必须在工程施工前对安全监测系统进行整体规划，施工时根据施工计划和监测规划逐步实施。

（3）一项为主，互相校验。针对重要监测项目必须以一种监测手段为主，同时要有其他手段互相校验，以便在资料分析和解释时互相印证。在系统布置方面，同样考虑自动化监测和人工监测互相检校，确保监测资料的完整性和可靠性。

（4）性能可靠，操作简便。选择稳定可靠且操作简便的监测方法和仪器设备，不仅要求满足量测精度要求，所测数据充分可靠，而且要求仪器埋设和操作简便，具有快速、准确获得可靠监测资料的性能。此外，还应具有先进性、经济性和长期稳定性，能反映出当前大坝安全监测的技术和水平。

（5）永临结合，针对性强。施工期临时监测仪器应尽可能与永久监测仪器结合布置，以减少监测仪器布设数量，做到仪器布设少而精。监测仪器布置要求具备较强针对性，对工程安全起控制作用或具有较强敏感性的项目进行重点监测，并尽可能对原因量与效应量进行结合监测。

（6）同步实施，适时分析。监测仪器埋设应与土建工程同步施工，监测数据采集要在仪器埋设后即刻开始，对采集到的监测数据也要做到及时整理、及时分析。

3.2　主要监测部位

为了做好卡洛特水电站工程安全监控工作，使其既能快速地、量化地了解其敏感部位的工作状态，又能宏观地、全面地掌握整个工程的运行状况，将监测部位划分为重点部位（断面）、一般部位（断面）两个层次。

根据卡洛特水电站工程各建筑物布置情况、地质条件及结构特点，经研究比较，选定下列部位作为重点监测部位：

（1）沥青混凝土心墙堆石坝（分别在大坝最高处及左右约 80m、向左岸方向约 160m 处各设一个重点监测断面）。

（2）溢洪控制段 3 号坝段。

（3）溢洪控制段 8 号坝段。

（4）2 号引水洞及 2 号机组厂房段。

（5）4 号引水洞。

（6）溢泄道左右岸边坡（两岸各设 3～4 个重点监测断面）。

（7）电站进出口边坡（进出口各设 2～3 个重点监测断面）。

（8）导流洞进出口边坡（进出口各设 1～2 个重点监测断面）。

（9）2 号导流洞（洞内设 2 个重点监测断面）。

对以上重点监测部位，观测项目力求齐全，仪器布置相对集中，重要的效应量采取多种方法平行进行监测。

3.3　主要监测项目

卡洛特水电站为Ⅱ等大（2）型工程，大坝、泄水建筑物、电站引水及尾水洞、电站厂房等主要永久性水工建筑物为 2 级建筑物，按照《土石坝安全监测技术规范》（DL/T 5259—2010）等监测规范的要求，选定各主要建筑物监测项目如下：

1．沥青混凝土心墙坝

沥青混凝土心墙坝主要监测项目包括大坝表面变形、坝体内部变形、心墙与填筑料间的错动、大坝内部渗流压力、坝基渗流压力、绕坝渗流、渗漏监测、水质分析、心墙应力应变、坝体填筑料压力及人工巡视检查等。

2．泄洪冲沙建筑物

以控制段作为监测重点，泄洪冲沙建筑物主要监测项目包括建筑物水平位移、垂直位移、结合缝开度、基础扬压力、坝基渗漏量、绕坝渗流、陡坡结合面渗压、水质分析、钢筋应力、锚索预应力及温度分布等。

3．引水发电建筑物

引水发电建筑物主要监测项目包括进水塔的表面变形和基础沉降、引水洞围岩的表面及深部变形、引水洞围岩与衬砌的开度、厂房沉降变形、厂房基础扬压力、厂房基础渗流量、结构混凝土与岩体结构面开度、受力集中部位的应力应变等。

4．工程边坡

工程边坡主要监测项目包括边坡表面及深部变形、边坡岩体裂隙开度、边坡地下水位、支护锚杆应力、锚索预应力等。

5．导流建筑物

导流建筑物主要监测项目包括土石围堰的表面变形与边坡侧移、围堰堰体浸润线、围堰背水侧漏水量、导流洞的表面及深部变形、围岩与衬砌的开度、衬砌结构混凝土应力、钢筋应力等。

3.4　补充监测设计

3.4.1　心墙渗漏监测

根据工程需要和大坝基础渗控工程施工质量检查及技术咨询会专家组意见，为了解沥青混凝土心墙坝后渗漏情况，考虑在心墙后布设光纤渗流监测系统对心墙渗流进行监测。心墙渗漏监测采用铜网内加热温度感测光缆。埋设于岩土体中具有内加热功能的温度感测光缆，在恒定电流作用下，根据欧姆定律，会以额定功率产生热量，加热光缆被加热后会对周围岩土体发散热量，加热光缆以及周围的岩土体也被加热至一定温度。渗漏发生将导致光缆局部出现低温区，从而识别渗漏区域。

在沥青混凝土心墙后约 10cm 的过渡层中铺设铜网内加热温度感测光缆（以下简称渗漏监测光缆），从混凝土基座上部高程 391.30～461.00m 之间，每间隔约 5m 水平布设一层渗漏监测光缆，每两层形成一个测温回路（即两层采用同一根光缆，光缆两端头分别由左右两侧贴近岸坡绕至上层）。各回路光缆端头贴右岸边坡向上牵引。在坝体下游侧右岸桩号 K0+430.00，高程 462.00m 处设置一座观测房 OS-4，渗漏监测光缆牵引至该观测房集中观测。牵引过程中光缆外套镀锌钢管保护，并在管内预留一定的变形余量，钢管表面每间隔 5cm 密钻小孔方便外水流动。光缆埋设利用坝体分层填筑的间歇期施工，当坝体填筑至渗漏监测光缆埋设高程时，开挖深度大于 15cm，宽度 30～40cm 的 V 形槽，将渗漏监测光缆外套镀锌钢管放入 V 形槽，再用过渡料回填压实。大坝坝体内光纤渗漏监测系统光缆牵引示意图见图 3-1。

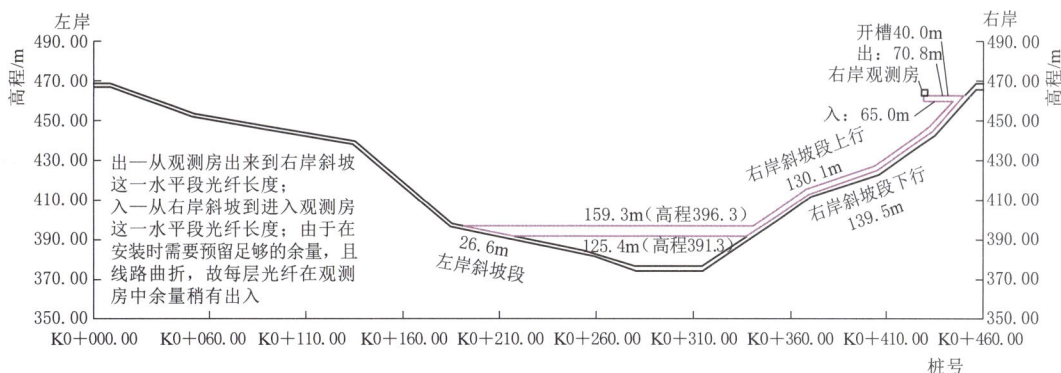

图 3-1　大坝坝体内光纤渗漏监测系统光缆牵引示意图

3.4.2　河湾地块监测

根据技术质量专家组意见，为了及时全面掌握卡洛特水电站蓄水前、蓄水过程中、蓄水后河湾地块地下水位特征，设计综合考虑河湾地块地形地势条件和已有监测布置，对河湾地块关键部位的渗流监测设施进行了补充，在大坝右坝肩到溢洪坝段（河湾地块）增加渗流及地下水位监测点 5 个（测压管 7 根）。其中，在溢洪道左岸帷幕端点外侧布设 1 根测压管（编号为 BV01RCA）；在引水洞和导流洞附近各布设 1 根测压管（编号分别为 BV02RCA 和 BV07RCA）；在河湾地块中部布置 2 处观测点，为进一步查明地下水分层及承压特性，该 2 处地下水位观测点分别布设 2 根不同深度的测压管（编号为 BV03RCA、BV04RCA 和 BV05RCA、BV06RCA），开展不同深度、不同地层地下水特性研究，相邻 2 根不同深度的测压管孔底分别深入地层 N_{1na}^{4-1} 和 N_{1na}^{3-3-1} 不少于 3m，为后续可能出现的渗漏问题做好预警。

在以上 7 根测压管实施完成后，为了进一步掌握河湾地块的水文地质和渗流特性，结合《大坝、溢洪道灌浆施工第五十九次例会会议纪要》（KLT-DBB-HYJY-104-

2020)、《大坝、溢洪道灌浆施工第六十次例会会议纪要》（KLT‐DBB‐HYJY‐107‐2020）的要求，河湾地块中部又增补了 3 根测压管（BV08RCA～BV10RCA），测压管孔底进入 N_{1na}^{4-1} 层砂岩 5m。河湾地块绕渗监测系统平面布置示意图见图 3‐2。

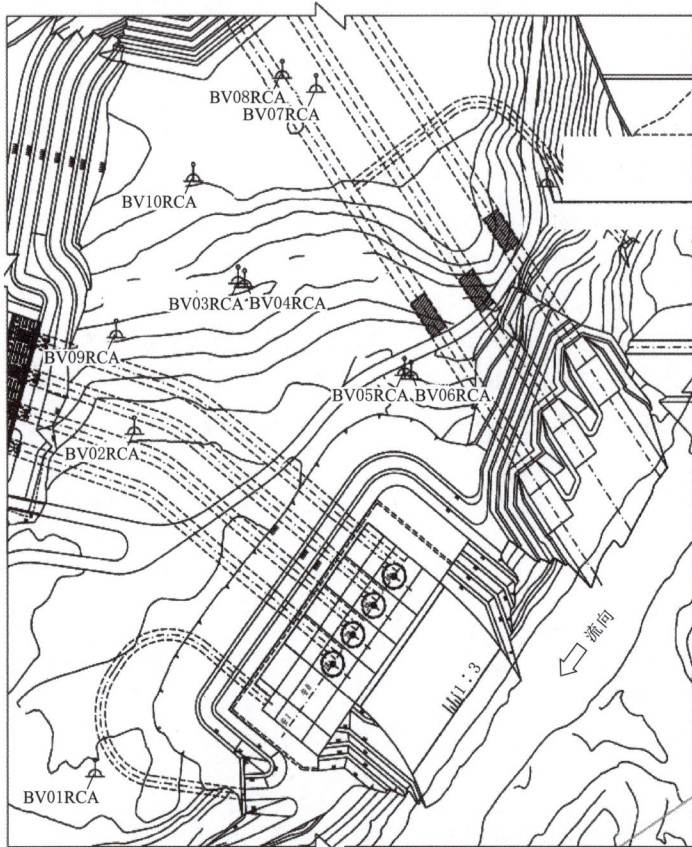

图 3‐2　河湾地块绕渗监测系统平面布置示意图

3.4.3　存弃渣场监测

为对 1 号存弃渣场稳定性进行评估，根据渣场的工程布置、堆积轮廓和地质条件，决定以临河侧坡面作为监测重点，按 25～35m 间距加密布设表面变形观测点，并在原 6 号冲沟的关键断面中下部布设测斜兼测压管。在 1 号渣场排洪沟侧坡面和拦渣堤侧坡面按 50～70m 间距布设表面变形观测点。

这些表面变形观测点尽可能布置在顺坡面的直线上，以便形成从上至下的完整监测断面，全面监测 1 号渣场的表面变形情况。这些测点在临河侧坡面形成了 5 个断面、在排洪沟侧形成了 2 个断面、在拦渣堤侧形成了 3 个断面。1 号渣场表面变形观测点平面布置示意图见图 3‐3。

3.4.4　库岸主要地质灾害体监测

卡洛特水电站库区中涉及的地质灾害类型主要为滑坡和崩塌（危岩体），滑坡对于水

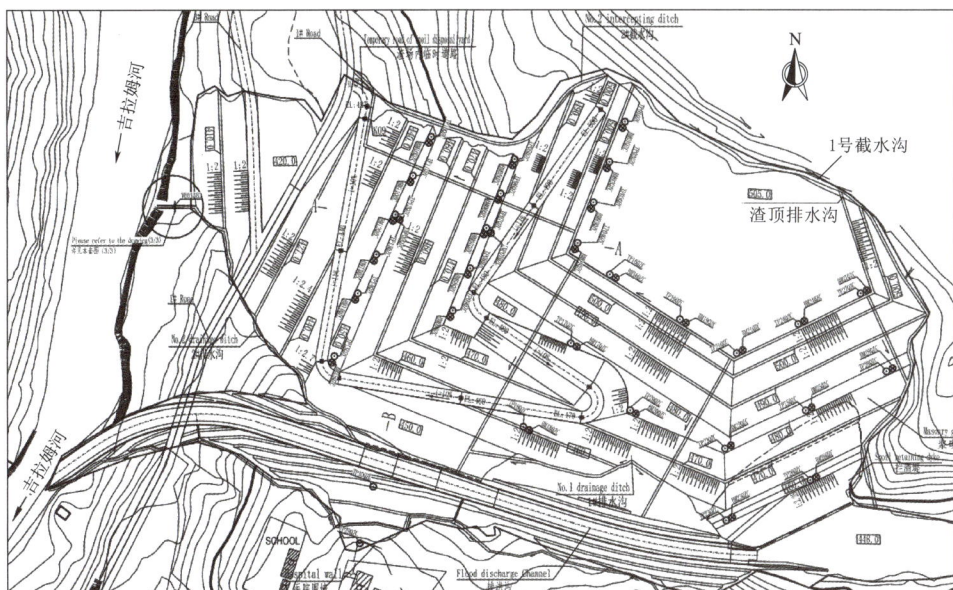

图 3-3　1 号渣场表面变形观测点平面布置示意图

库的影响有限，监测以变形监测为主，崩塌（危岩体）以巡视检查为主。

根据地质灾害危险性评估成果（地质灾害体范围、体积、稳定性、发育程度、危害程度和危险性等）以及地质专业的监测建议，地质灾害监测对象主要包括库区 S1-1 号滑坡、S4-1 号滑坡、S4-2 号滑坡、S5-2 号滑坡和 S5-3 号滑坡。

滑坡变形通过在边坡布设表面位移测点和测斜管进行观测。水平位移观测点通过在对岸便于交通和通视位置建立工作基点，采用极坐标法进行变形观测。以上共布设表面位移观测点 16 个。库区 S5-3 号滑坡体表面变形观测点平面布置示意图见图 3-4。

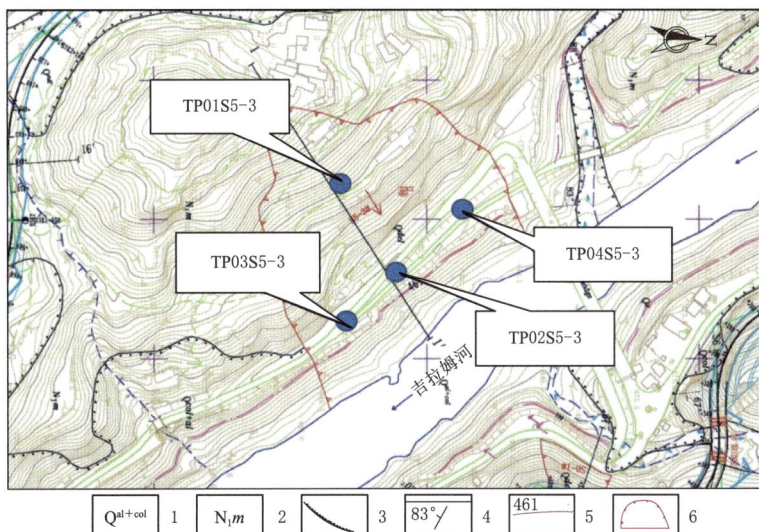

图 3-4　库区 S5-3 号滑坡体表面变形观测点平面布置示意图

3.5　关键监测项目的预警指标

在大坝下闸蓄水前，在编写蓄水期的安全监测技术要求时，针对卡洛特工程的特点和条件，对各部位安全监测仪器的观测成果分别设置了警戒值，在实际的观测过程中根据监测警戒值进行安全预警，蓄水期间未出现监测成果超出设计警戒值的情况。具体的监测成果设计警戒值见表 3-1。

表 3-1　监测成果设计警戒值统计表

监测部位	监测项目	警 戒 值	备 注
沥青混凝土心墙坝	水平位移	380mm	顺流向位移
	垂直位移	1010mm	占坝高的 1.06%
	心墙后渗透压力	心墙后排水垫层以上渗压计基本上无水头；心墙后排水垫层以下渗压计测值折算水位不超过高程 400.00m	
	渗漏量	40m³/h	
泄水冲沙建筑物	水平位移	7.4mm	顺流向位移
	垂直位移	10mm	
	坝基扬压力	控制段帷幕后渗压水头不超过 13.50m	
	溢洪道控制段渗漏量	20m³/h	
进水塔	垂直位移	4.0mm	
工程边坡	位移	位移速率 10mm/月	测得位移速率小于警戒值且不收敛时应持续关注
	锚杆受力	288MPa	
	锚索受力	1093.68kN	1000kN 锚索
		1718.64kN	1500kN 锚索
		2187.36kN	2000kN 锚索

注　1. 一般选择变形和渗流警戒值作为主要控制指标。
　　2. 在使用本警戒值管理标准时，应首先对变形和渗流监测信息进行筛选和分析，确认其准确性和有效性。在监测值发生突变时，应加密观测并与巡视检查情况结合分析。
　　3. 本标准在蓄水过程中，可根据安全监测分析成果，结合建筑物及边坡的实际变形和渗流特征进行必要的修正与调整。

第4章
沥青混凝土心墙堆石坝监测成果分析与评价

4.1　变形

4.1.1　大坝表面变形

沥青混凝土心墙堆石坝表面变形主要布设了 5 条视准线，共计 42 个视准线水平位移测点和 10 个视准线工作基点，并在每个视准线测点墩上布设 1 个沉降测点，共计 52 个沉降测点。

大坝表面沉降测点测得的最大累计沉降量（2023 - 3 - 14 当前值）为 290.26mm（BM28AD），下闸蓄水后的最大总变化量约 273.73mm（BM28AD），当前的月增幅约 8.10mm，沉降趋势随着时间的推移逐渐减缓；大坝表面视准线测点测得的最大累计位移量为 282.36mm（TP27AD），下闸蓄水后的最大累计增幅约 278.65mm（TP27AD），当前的月增幅约 3.78mm，水平位移趋势随着库水位的稳定和时间的推移逐渐减缓，变化趋势符合一般的变形规律，见表 4 - 1 和表 4 - 2。

表 4 - 1　　　　　　　　大坝表面沉降监测成果统计表　　　　　　　　单位：mm

仪器编号	安 装 位 置	沉 降 量			蓄水后总变化量
		2021 - 11 - 18 蓄水前	2022 - 6 - 28 库水位 461.00m	2023 - 3 - 14 当前值	
BM01AD	高程 462.00m 马道 K0+058.80	0	0	−0.05	−0.05
BM02AD	高程 462.00m 马道 K0+098.10	0	0	0.89	0.89
BM03AD	高程 462.00m 马道 K0+138.00	0	0	4.71	4.71
BM04AD	高程 462.00m 马道 K0+178.10	0	0	22.45	22.45
BM05AD	高程 462.00m 马道 K0+218.20	0	0	34.38	34.38
BM06AD	高程 462.00m 马道 K0+257.90	0	0	38.41	38.41
BM07AD	高程 462.00m 马道 K0+298.60	0	0	39.61	39.61
BM08AD	高程 462.00m 马道 K0+338.10	0	0	35.30	35.30
BM09AD	高程 462.00m 马道 K0+378.00	0	0	21.86	21.86
BM10AD	高程 462.00m 马道 K0+418.20	0	0	7.87	7.87

续表

仪器编号	安 装 位 置	沉 降 量			蓄水后总变化量
		2021－11－18 蓄水前	2022－6－28 库水位 461.00m	2023－3－14 当前值	
BM11AD	高程 469.50m 坝顶 K0＋018.00	0	0	1.30	1.30
BM12AD	高程 469.50m 坝顶 K0＋058.20	0	0	4.19	4.19
BM13AD	高程 469.50m 坝顶 K0＋098.20	0	0	13.28	13.28
BM14AD	高程 469.50m 坝顶 K0＋138.30	0	0	27.00	27.00
BM15AD	高程 469.50m 坝顶 K0＋178.20	0	0	34.01	34.01
BM16AD	高程 469.50m 坝顶 K0＋218.10	0	0	31.67	31.67
BM17AD	高程 469.50m 坝顶 K0＋257.90	0	0	27.99	27.99
BM18AD	高程 469.50m 坝顶 K0＋298.60	0	0	29.45	29.45
BM19AD	高程 469.50m 坝顶 K0＋338.10	0	0	30.70	30.70
BM20AD	高程 469.50m 坝顶 K0＋378.00	0	0	29.56	29.56
BM21AD	高程 469.50m 坝顶 K0＋418.30	0	0	28.26	28.26
BM22AD	高程 469.50m 坝顶 K0＋458.00	0	0	3.69	3.69
BM23AD	高程 449.50m 马道 K0＋098.00	0.36	－1.08	6.99	6.63
BM24AD	高程 449.50m 马道 K0＋138.00	3.37	17.18	34.36	30.99
BM25AD	高程 449.50m 马道 K0＋178.00	15.33	111.35	191.51	176.17
BM26AD	高程 449.50m 马道 K0＋218.00	15.90	145.11	247.91	232.00
BM27AD	高程 449.50m 马道 K0＋258.00	16.83	156.17	262.81	245.98

续表

仪器编号	安 装 位 置	沉 降 量			蓄水后总变化量
		2021-11-18 蓄水前	2022-6-28 库水位 461.00m	2023-3-14 当前值	
BM28AD	高程449.50m 马道 K0+298.00	16.53	168.69	290.26	273.73
BM29AD	高程449.50m 马道 K0+338.00	14.54	133.36	258.29	243.75
BM30AD	高程449.50m 马道 K0+378.00	10.47	114.47	215.15	204.68
BM31AD	高程449.50m 马道 K0+418.00	7.65	77.88	167.53	159.88
BM32AD	高程429.50m 马道 K0+218.00	5.59	26.25	52.73	47.15
BM33AD	高程429.50m 马道 K0+258.00	9.63	41.44	74.95	65.33
BM34AD	高程429.50m 马道 K0+298.00	11.66	50.77	93.46	81.80
BM35AD	高程429.50m 马道 K0+338.00	9.28	28.05	63.94	54.66
BM36AD	高程429.50m 马道 K0+378.00	10.81	32.57	60.94	50.13
BM37AD	高程429.50m 马道 K0+418.00	0.52	-1.71	1.45	0.93
BM38AD	高程410.00m 马道 K0+218.00	0.60	1.25	4.89	4.30
BM39AD	高程410.00m 马道 K0+258.00	2.19	7.70	14.01	11.82
BM40AD	高程410.00m 马道 K0+298.00	3.30	13.14	22.19	18.89
BM41AD	高程410.00m 马道 K0+338.00	2.46	8.46	15.39	12.93
BM42AD	高程410.00m 马道 K0+378.00	1.03	2.45	5.97	4.94

表 4-2　　　　　　　　　大坝视准线水平位移监测成果统计表　　　　　单位：mm

仪器编号	安 装 位 置	水平位移量			蓄水后总变化量
		2021-11-18 蓄水前	2022-6-28 库水位 461.00m	2023-3-20 当前值	
TP01AD	高程 462.00m 马道 K0+058.80	0	0	1.70	1.70
TP02AD	高程 462.00m 马道 K0+098.10	0	0	0.61	0.61
TP03AD	高程 462.00m 马道 K0+138.00	0	0	3.52	3.52
TP04AD	高程 462.00m 马道 K0+178.10	0	0	28.30	28.30
TP05AD	高程 462.00m 马道 K0+218.20	0	0	42.86	42.86
TP06AD	高程 462.00m 马道 K0+257.90	0	0	52.87	52.87
TP07AD	高程 462.00m 马道 K0+298.60	0	0	54.82	54.82
TP08AD	高程 462.00m 马道 K0+338.10	0	0	47.15	47.15
TP09AD	高程 462.00m 马道 K0+378.00	0	0	29.57	29.57
TP10AD	高程 462.00m 马道 K0+418.20	0	0	12.72	12.72
TP11AD	高程 469.50m 坝顶 K0+018.00	0	0	-0.64	-0.64
TP12AD	高程 469.50m 坝顶 K0+058.20	0	0	-0.57	-0.57
TP13AD	高程 469.50m 坝顶 K0+098.20	0	0	3.36	3.36
TP14AD	高程 469.50m 坝顶 K0+138.30	0	0	5.42	5.42
TP15AD	高程 469.50m 坝顶 K0+178.20	0	0	52.45	52.45
TP16AD	高程 469.50m 坝顶 K0+218.10	0	0	48.68	48.68

续表

仪器编号	安 装 位 置	水平位移量			蓄水后总变化量
		2021-11-18 蓄水前	2022-6-28 库水位 461.00m	2023-3-20 当前值	
TP17AD	高程 469.50m 坝顶 K0+257.90	0	0	76.78	76.78
TP18AD	高程 469.50m 坝顶 K0+298.60	0	0	75.79	75.79
TP19AD	高程 469.50m 坝顶 K0+338.10	0	0	75.36	75.36
TP20AD	高程 469.50m 坝顶 K0+378.00	0	0	61.45	61.45
TP21AD	高程 469.50m 坝顶 K0+418.30	0	0	36.71	36.71
TP22AD	高程 469.50m 坝顶 K0+458.00	0	0	−0.67	−0.67
TP23AD	高程 449.50m 马道 K0+098.00	1.19	3.30	7.38	6.19
TP24AD	高程 449.50m 马道 K0+138.00	2.62	19.47	28.93	26.30
TP25AD	高程 449.50m 马道 K0+178.00	1.76	86.00	148.48	146.72
TP26AD	高程 449.50m 马道 K0+218.00	1.86	133.52	224.35	222.49
TP27AD	高程 449.50m 马道 K0+258.00	3.71	167.48	282.36	278.65
TP28AD	高程 449.50m 马道 K0+298.00	3.25	163.78	278.72	275.47
TP29AD	高程 449.50m 马道 K0+338.00	0.83	107.55	195.87	195.05
TP30AD	高程 449.50m 马道 K0+378.00	3.63	115.79	198.48	194.85
TP31AD	高程 449.50m 马道 K0+418.00	2.13	65.46	112.81	110.67
TP32AD	高程 429.50m 马道 K0+218.00	5.32	46.87	72.73	67.41
TP33AD	高程 429.50m 马道 K0+258.00	5.93	65.10	100.01	94.07

续表

仪器编号	安 装 位 置	水平位移量			蓄水后总变化量
		2021-11-18 蓄水前	2022-6-28 库水位 461.00m	2023-3-20 当前值	
TP34AD	高程 429.50m 马道 K0+298.00	11.02	84.51	134.29	123.27
TP35AD	高程 429.50m 马道 K0+338.00	7.23	44.00	74.87	67.64
TP36AD	高程 429.50m 马道 K0+378.00	7.16	38.90	62.70	55.54
TP37AD	高程 429.50m 马道 K0+418.00	2.14	7.54	9.73	7.59
TP38AD	高程 410.00m 马道 K0+218.00	2.37	8.90	12.81	10.44
TP39AD	高程 410.00m 马道 K0+258.00	2.47	17.93	23.96	21.49
TP40AD	高程 410.00m 马道 K0+298.00	2.96	22.12	31.74	28.78
TP41AD	高程 410.00m 马道 K0+338.00	2.76	17.10	23.12	20.36
TP42AD	高程 410.00m 马道 K0+378.00	1.87	4.84	5.69	3.82

由观测成果统计表及变形曲线综合分析，同时间段内，大坝变形相对较大的部位主要为河床部位（K0+258.00～K0+298.66），并向大坝两岸逐步减小，沉降量随填筑高度的增加而增大，符合堆石坝的一般变形规律，见图 4-1～图 4-12。

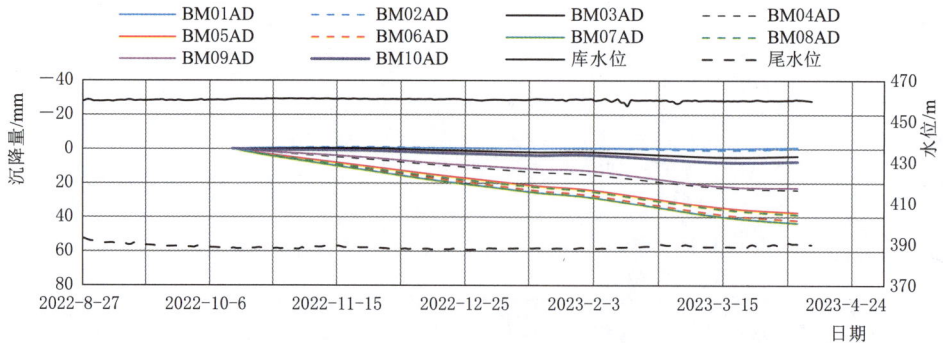

图 4-1　大坝上游坡面高程 462.00m 表面沉降量分布图及历时变化过程曲线

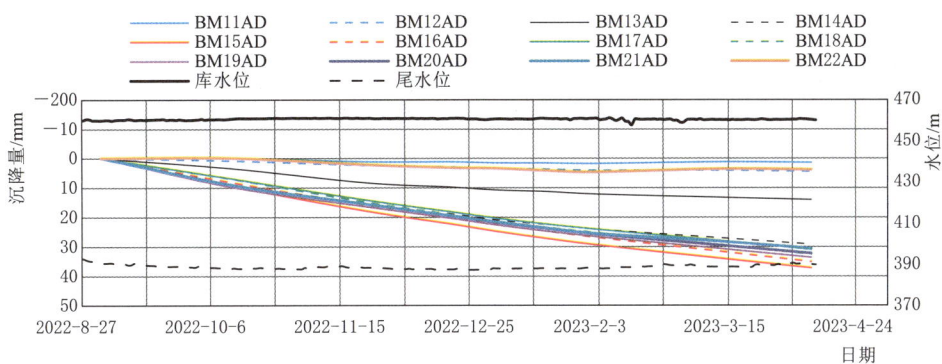

图 4 - 2　大坝坝顶高程 469.50m 表面沉降量分布图及历时变化过程曲线

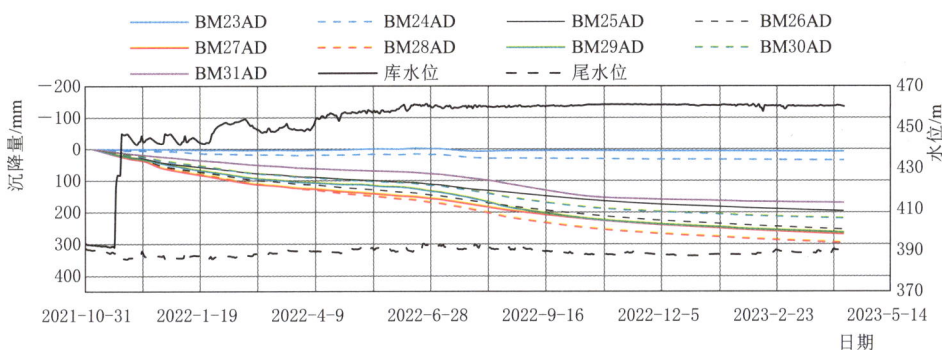

图 4 - 3　大坝下游坡面高程 449.50m 表面沉降量分布图及历时变化过程曲线

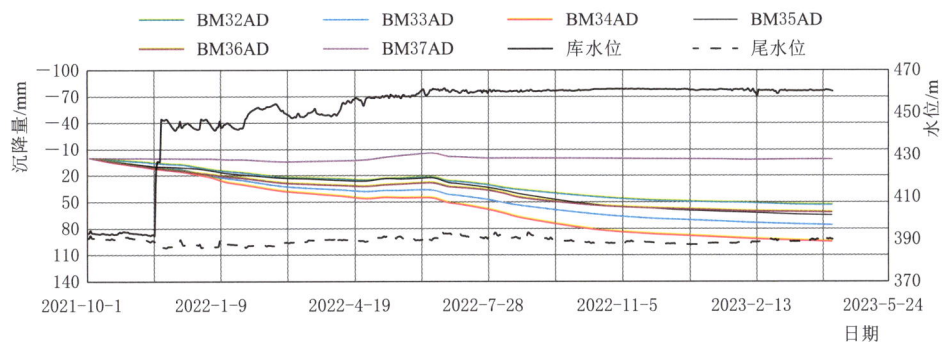

图 4 - 4　大坝高程 429.50m 马道表面沉降量分布图及历时变化过程曲线

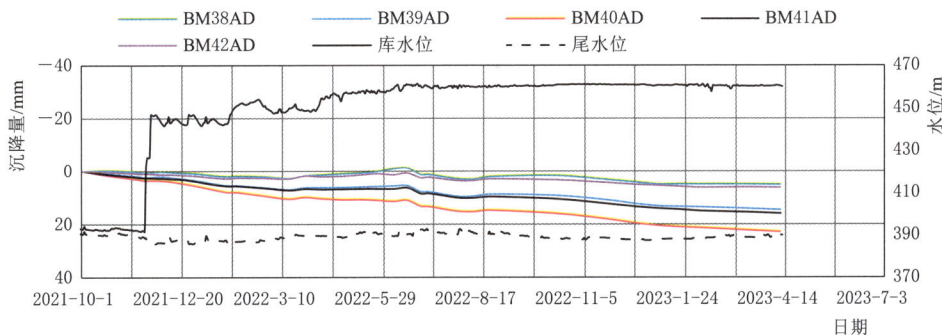

图 4 - 5　大坝高程 410.00m 马道表面沉降量分布图及历时变化过程曲线

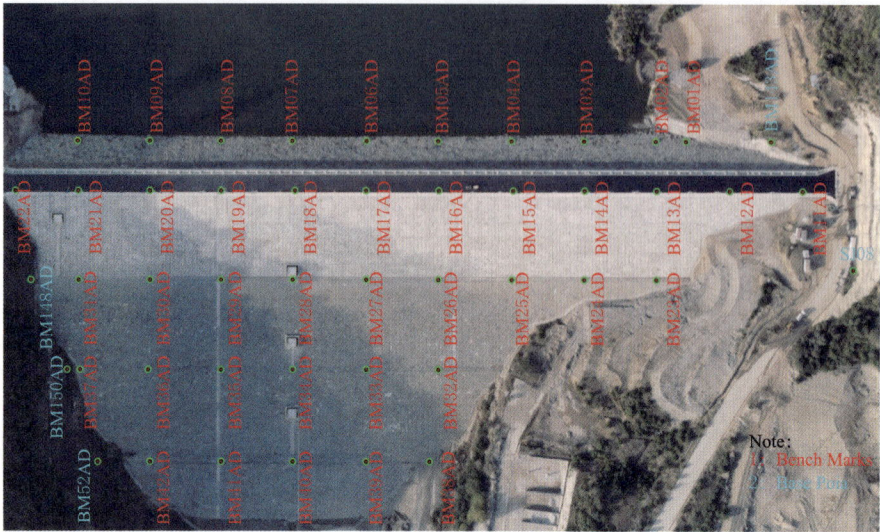

图 4-6　大坝表面沉降监测标点布置示意图

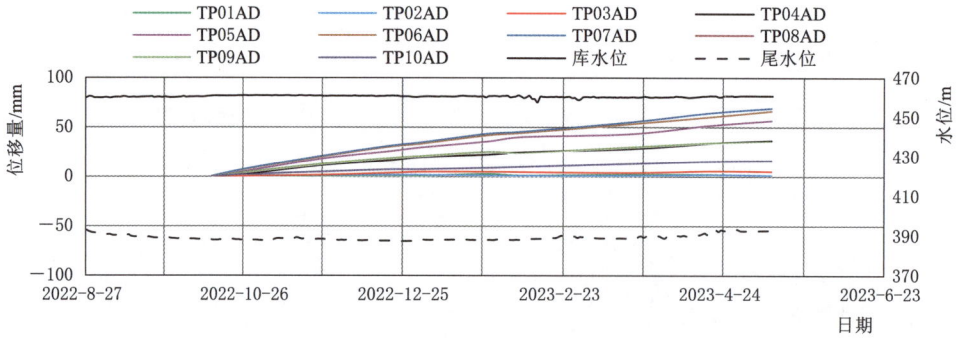

图 4-7　大坝上游坡面高程 462.00m 水平位移量分布图及历时变化过程曲线

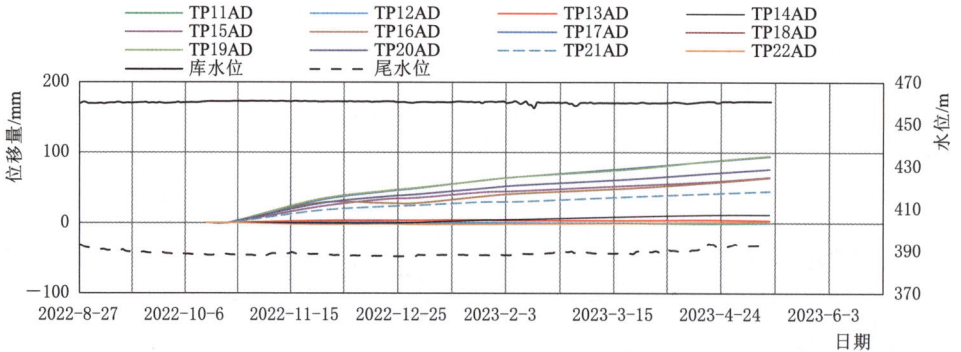

图 4-8　大坝坝顶高程 469.50m 水平位移量分布图及历时变化过程曲线

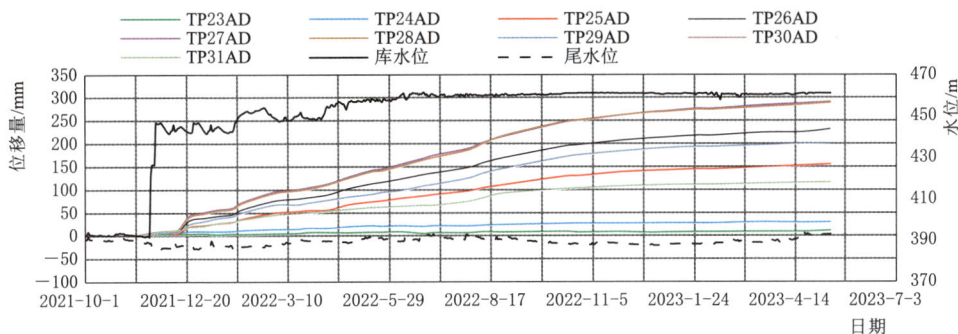

图 4－9　大坝下游坡面高程 449.50m 水平位移量分布图及历时变化过程曲线

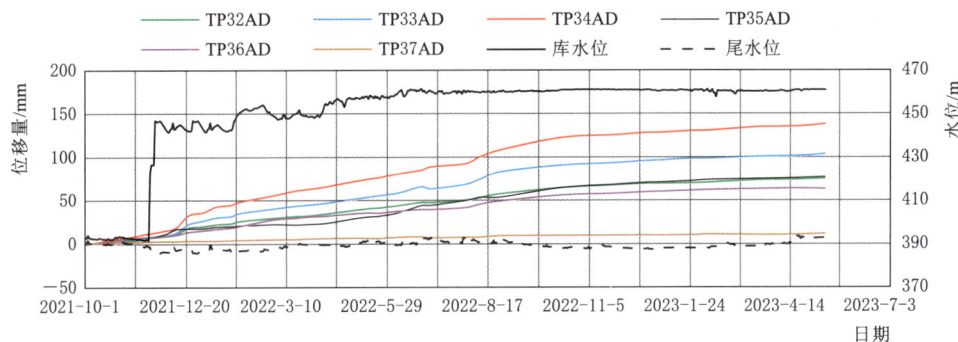

图 4－10　大坝高程 429.50m 马道沉降量分布图及历时变化过程曲线

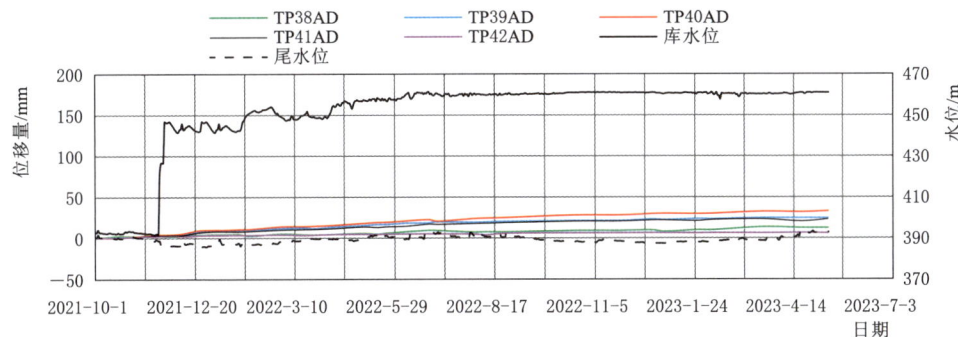

图 4－11　大坝高程 410.00m 马道水平位移量分布图及历时变化过程曲线

4.1.2　坝体内部沉降

大坝（坝）0＋298.66 桩号沥青混凝土心墙下游侧的填筑区在高程 418.50m、435.50m 和 449.50m 处分别布置了 5 个、3 个和 2 个水管式沉降仪测点，共计 10 个测点。

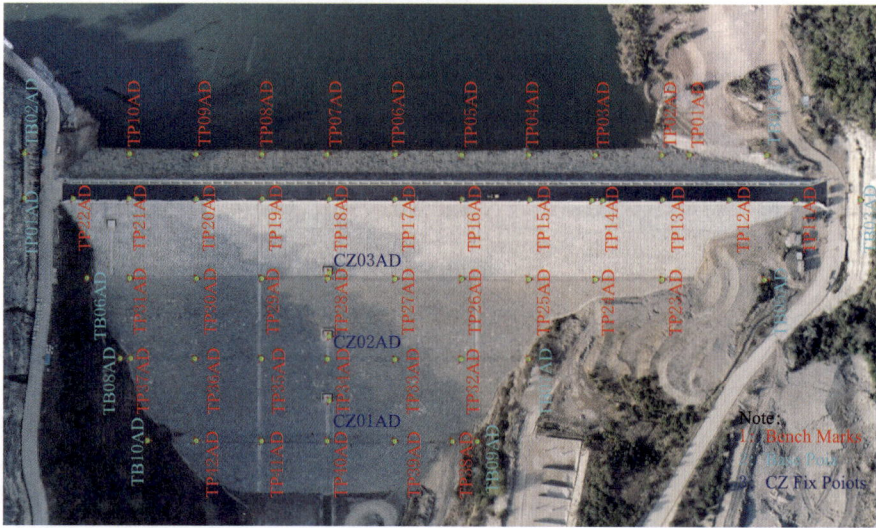

图 4-12　大坝表面水平位移监测标点布置示意图

2021 年 10 月底，观测房内的观测系统投入正常观测；2023 年 3 月 22 日，测得的最大累计沉降量（2023-3-22 当前值）为 842.54mm（TC-06DS3），蓄水后的最大总变化量约 379.49mm（TC-06DS3），当时的月沉降量约 9.5mm，平均沉降速率约 0.30mm/d，坝体内部沉降测点的变化趋势未完全稳定，沉降速率在逐渐减小，见表 4-3 及图 4-13、图 4-14。

表 4-3　　　　　　　　　大坝填筑区水管式沉降仪观测成果统计表

测点编号	桩号	高程 /m	坝轴距 /m	2021-9-7 蓄水前 /mm	2022-6-25 库水位 461.00m /mm	2023-3-22 当前值 /mm	蓄水后 总变化量 /mm
TC-01DS3		420.90	（横）0+0.425	614.27	674.88	699.77	85.50
TC-02DS3		420.50	（横）0+24.976	571.97	663.08	705.97	134.00
TC-03DS3		420.10	（横）0+50.085	490.17	581.58	665.67	175.50
TC-04DS3		419.70	（横）0+75.106	358.17	438.48	522.57	164.40
TC-05DS3	（坝） 0+299.66	419.40	（横）0+99.967	222.77	258.38	306.57	83.80
TC-06DS3		435.70	（横）0+0.854	463.05	626.94	842.54	379.49
TC-07DS3		435.40	（横）0+25.018	260.35	393.44	442.74	182.39
TC-08DS3		434.90	（横）0+50.037	207.65	318.04	344.84	137.19
TC-09DS3		450.50	（横）0+0.846	366.42	579.89	606.75	240.33
TC-10DS3		450.50	（横）0+24.986	268.22	473.19	592.45	324.23

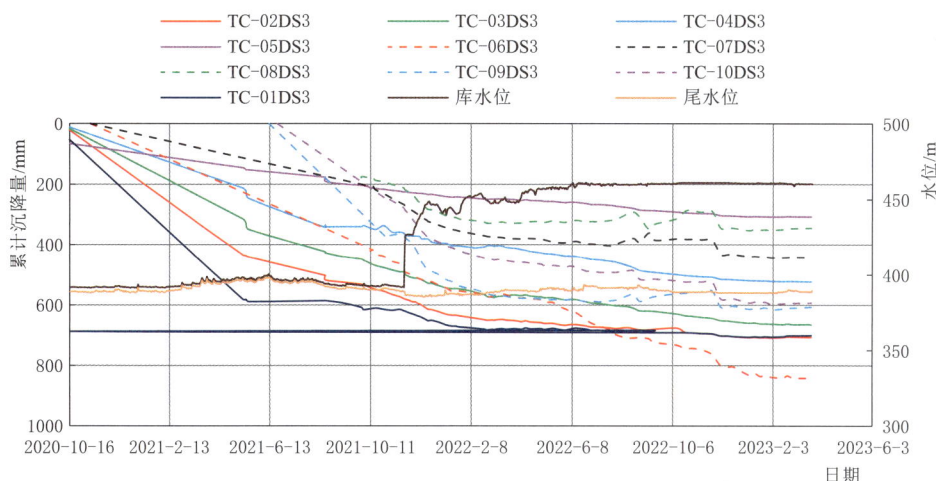

图 4-13 水管式沉降仪的沉降量与坝体填筑高程变化过程曲线图

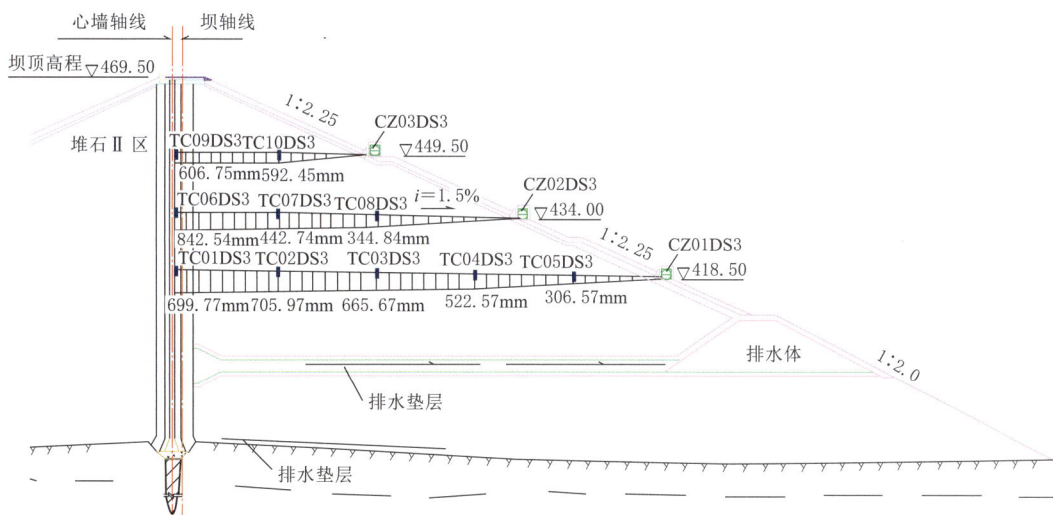

图 4-14 水管式沉降仪的沉降量变化过程曲线图

4.1.3 坝体内部水平位移

大坝（坝）0＋299.66 桩号沥青混凝土心墙下游侧的填筑区在高程 418.50m、435.50m 和 449.50m 处分别布置了 5 个、3 个和 2 个钢丝水平位移计测点，共计 10 个测点。

2021 年 10 月底，观测房内的观测系统投入正常观测；2023 年 3 月 22 日，测得的最大累计水平位移量为 307.09mm（ID-09DS3），蓄水后的累计增幅约 303.86mm，当时的月增幅约 1.31mm，平均位移速率约 0.05mm/d，坝体内部水平位移测点的变化趋势较平稳，符合大坝的正常变形规律，见表 4-4 和图 4-15。

表 4‑4　　　　　　　　　大坝填筑区钢丝水平位移计观测成果统计表

测点编号	桩号	高程/m	坝轴距/m	2021‑9‑7 蓄水前/mm	2022‑6‑25 库水位 461.00m/mm	2023‑3‑22 当前值/mm	蓄水后总变化量/mm
ID‑01DS3		420.90	（横）0+0.425	1.30	−36.44	−43.77	−45.07
ID‑02DS3		420.50	（横）0+24.976	1.41	−14.64	−14.47	−15.88
ID‑03DS3		420.10	（横）0+50.085	−0.74	−3.56	−1.64	−0.90
ID‑04DS3		419.70	（横）0+75.106	1.88	5.23	7.08	5.20
ID‑05DS3	（坝）0+299.66	419.40	（横）0+99.967	1.05	15.41	24.43	23.38
ID‑06DS3		435.70	（横）0+0.826	8.15	54.27	93.32	85.17
ID‑07DS3		435.40	（横）0+25.119	9.13	69.24	106.94	97.81
ID‑08DS3		434.90	（横）0+50.084	6.89	71.82	112.11	105.22
ID‑09DS3		450.50	（横）0+0.838	3.23	163.57	307.09	303.86
ID‑10DS3		450.50	（横）0+24.992	2.18	156.00	292.15	289.97

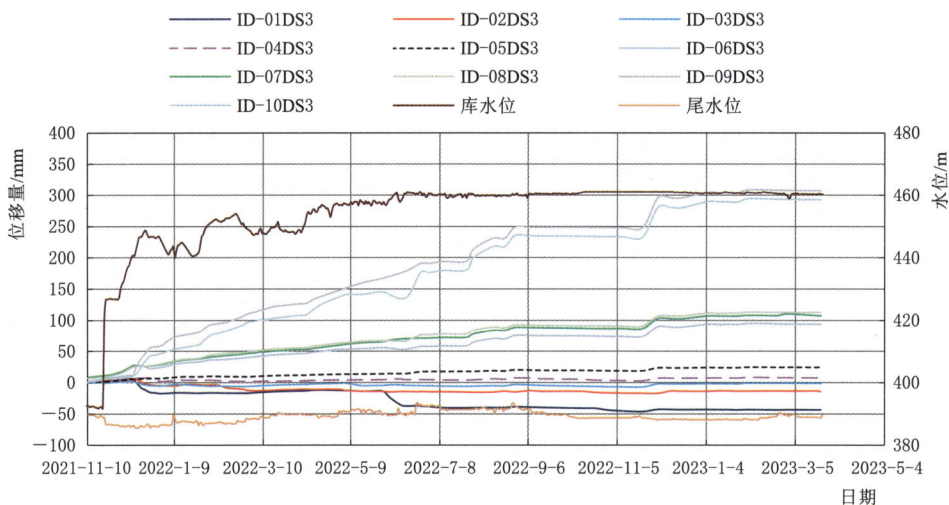

图 4‑15　钢丝水平位移计的位移量与坝体填筑高程变化过程曲线图

4.2　渗流渗压

大坝基础分为 4 个监测断面共安装埋设 22 支渗压计，心墙上游侧基岩渗压计的水位与库水位基本持平，目前测得的最高渗压水位为 458.76m（P01DS1，CH0+138.00 桩号，距心墙上游侧约 7.50m），蓄水后的累计增幅约 17.11m；随着库水位的控泄心墙上游侧的基岩渗压计测得的渗压水位也随之变化。

心墙下游侧基岩渗压计的水位变幅相对较小，大坝 1‑1 断面（CH0+138.00 桩号）和 4‑4 断面（CH0+378.00 桩号）的坝基渗压计安装高程均高于 410.00m，下闸蓄水后未观测到地下水位的增长；大坝 2-2 断面（CH0＋218.00 桩号）和 3-3 断面（CH0＋298.66 桩号）的坝基渗压计安装高程均低于 395.00m，下闸蓄水后观测到的地下水位最大累计增幅为 4.27m（P09DS3，当前渗压水位为 392.03m），其他测点的水位增幅均小于 3.35m。

通过心墙上、下游侧坝体内渗压计的观测成果对比分析，心墙上、下游侧坝体渗压计的水位差较明显，上游侧渗压水位的变化与库水位保持一致，心墙下游侧的施工用水和绕坝渗流水汇集到 3-3 断面，安装高程低于 380.00m 的渗压计 P05DS3～P12DS3 增幅较小，最高渗压水位为 395.96m（P11DS3），蓄水后渗压水位的最大增幅为 3.13m（P10DS3）。目前，沥青混凝土心墙下游侧的渗流渗压变幅基本平稳，表明坝基帷幕和坝体沥青混凝土心墙的防渗效果较好，见表 4-5、表 4-6、图 4-16～图 4-27。

表 4-5　　　　　　　　　　大坝坝基渗压计观测成果统计表　　　　　　　　单位：m

仪器编号	安装位置	安装高程	渗压水位			蓄水后总变化量
			2021-11-12 蓄水前	2022-6-27 库水位 461.00m	2023-3-23 当前值	
P01DS1	1-1 断面 心墙 上游侧 7.5m	432.60	441.65	458.97	458.76	17.11
P01DS2	2-2 断面 心墙 上游侧 7.5m	386.30	397.52	449.69	457.60	60.08
P01DS3	3-3 断面 心墙 上游侧 7.5m	350.10	390.03	441.01	440.93	50.90
P02DS3	3-3 断面 心墙 上游侧 7.5m	360.00	397.09	447.85	447.76	50.67
P03DS3	3-3 断面 心墙 上游侧 7.5m	370.10	398.74	450.50	450.03	51.29
P01DS4	4-4 断面 心墙 上游侧 7.5m	409.80	419.34	458.23	458.03	38.69
P04DS1	1-1 断面 心墙 下游侧 37.5m	433.10	433.29	433.15	433.15	−0.14
P06DS1	1-1 断面 心墙 下游侧 37.5m	443.30	443.34	443.26	443.26	−0.08
P03DS2	2-2 断面 心墙 下游侧 7.5m	386.30	395.67	395.96	396.11	0.44
P05DS2	2-2 断面 心墙 下游侧 82.5m	389.40	399.92	400.00	398.35	−1.57
P07DS2	2-2 断面 心墙 下游侧 42.5m	400.90	401.18	401.10	401.14	−0.04

续表

仪器编号	安装位置	安装高程	渗 压 水 位			蓄水后总变化量
			2021−11−12 蓄水前	2022−6−27 库水位 461.00m	2023−3−23 当前值	
P08DS2	2−2 断面 心墙 下游侧 82.5m	399.40	399.62	399.37	400.86	1.24
P05DS3	3−3 断面 心墙 下游侧 7.5m	350.00	371.14	374.43	374.49	3.35
P06DS3	3−3 断面 心墙 下游侧 7.5m	360.10	391.08	393.91	393.87	2.79
P07DS3	3−3 断面 心墙 下游侧 7.5m	370.00	389.65	392.53	392.55	2.90
P08DS3	3−3 断面 心墙 下游侧 42.5m	368.10	392.26	395.44	395.55	3.29
P09DS3	3−3 断面 心墙 下游侧 82.5m	365.70	387.76	391.88	392.03	4.27
P04DS4	4−4 断面 心墙 下游侧 42.5m	408.50	423.73	418.98	419.04	−4.69
P05DS4	4−4 断面 心墙 下游侧 82.5m	403.00	418.18	411.54	411.50	−6.69

表 4−6　　　　　　　大坝坝体渗压计观测成果统计表　　　　　　　单位：m

仪器编号	安装位置	高程	渗 压 水 位			蓄水后总变化量
			2021−11−12 蓄水前	2022−6−27 库水位 461.00m	2023−3−23 当前值	
P02DS1	1−1 断面 心墙 上游侧 2.5m	441.70	441.92	457.97	457.60	15.68
P02DS2	2−2 断面心墙 上游侧 2.5m	396.30	405.88	458.11	457.81	51.93
P04DS3	3−3 断面 心墙 上游侧 2.5m	380.00	404.70	457.20	456.75	52.05
P02DS4	4−4 断面 心墙 上游侧 2.5m	420.10	420.63	458.84	458.50	37.87
P05DS1	1−1 断面 心墙 下游侧 2.5m	441.80	441.89	442.13	442.14	0.25
P06DS2	2−2 断面 心墙 下游侧 2.5m	396.30	397.05	397.00	396.91	−0.14

续表

仪器编号	安装位置	高程	渗压水位			蓄水后总变化量
			2021-11-12蓄水前	2022-6-27库水位461.00m	2023-3-23当前值	
P09DS2	2-2断面 心墙下游侧 7.5m	418.50	418.56	418.57	419.41	0.85
P10DS2	2-2断面 心墙下游侧 42.5m	418.50	418.53	418.53	418.57	0.04
P11DS2	2-2断面 心墙下游侧 82.5m	418.50	418.50	418.50	418.50	0
P10DS3	3-3断面 心墙下游侧 7.5m	380.00	391.85	394.62	394.98	3.13
P11DS3	3-3断面 心墙下游侧 42.5m	378.10	393.18	395.99	395.96	2.78
P12DS3	3-3断面 心墙下游侧 82.5m	375.70	389.78	392.14	392.22	2.44
P13DS3	3-3断面 心墙下游侧 32.5m	398.10	398.10	398.10	398.10	0
P14DS3	3-3断面 心墙下游侧 82.5m	398.30	398.43	398.36	398.40	−0.03
P15DS3	3-3断面 心墙下游侧 32.5m	408.10	408.32	408.23	408.31	−0.01
P16DS3	3-3断面心墙下游侧 82.5m	408.00	408.30	408.19	408.26	−0.04
P06DS4	4-4断面 心墙下游侧 2.5m	419.60	419.60	419.60	419.60	0
P07DS4	4-4断面 心墙下游侧 42.5m	418.40	418.40	418.40	419.69	1.29
P08DS4	4-4断面 心墙下游侧 82.5m	413.00	413.04	413.04	413.04	0

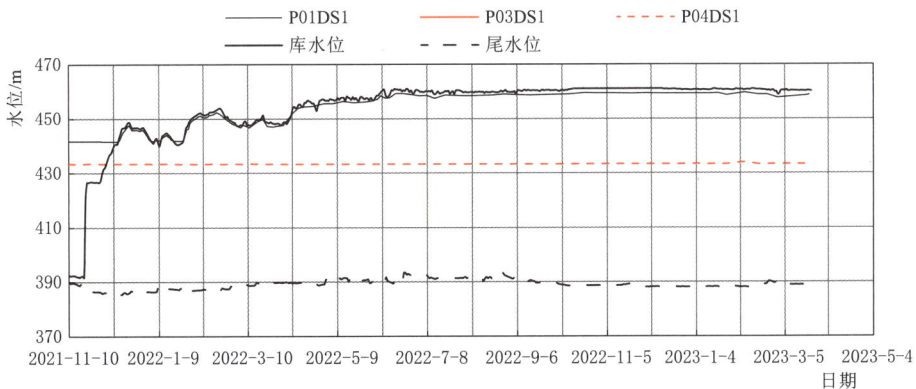

图 4-16　大坝基础 CH0+138.00 桩号心墙前后渗压计变化过程曲线图

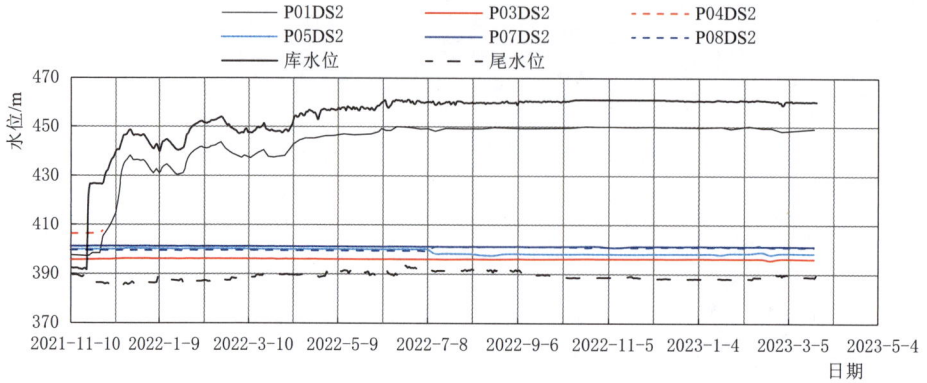

图 4‑17　大坝基础 CH0＋218.00 桩号心墙前后渗压计变化过程曲线图

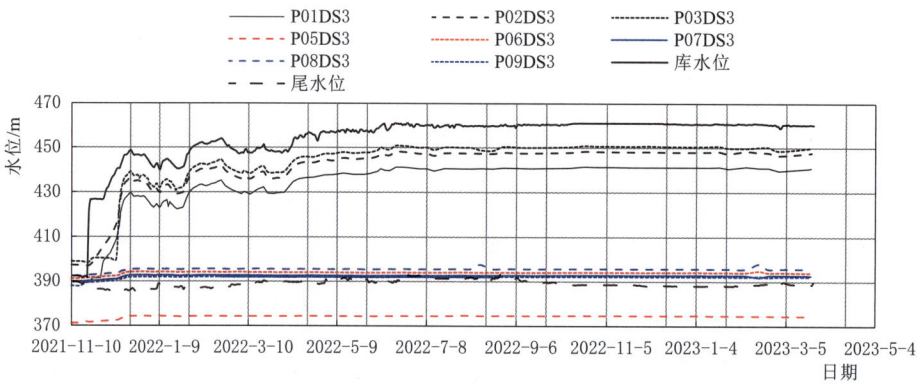

图 4‑18　大坝基础 CH0＋298.66 桩号心墙前后渗压计变化过程曲线图

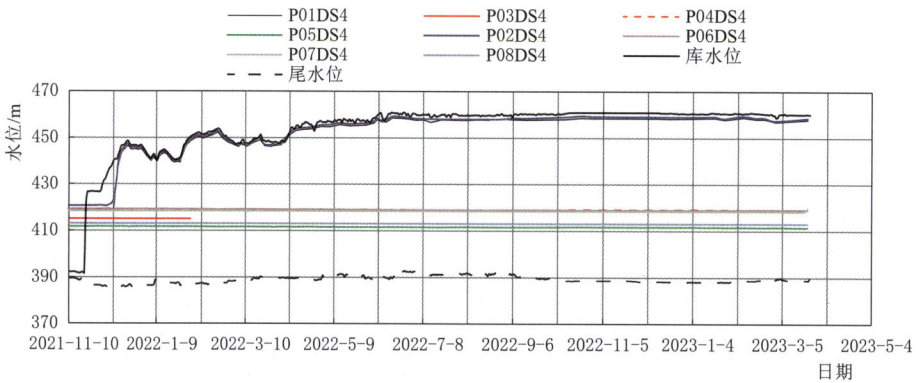

图 4‑19　大坝基础 CH0＋378.00 桩号心墙前后渗压计变化过程曲线图

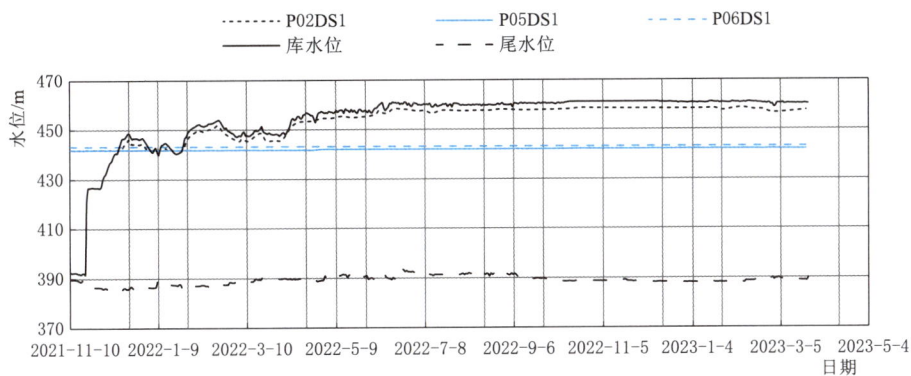

图 4-20 大坝坝体 CH0+138.00 桩号心墙前后渗压计变化过程曲线图

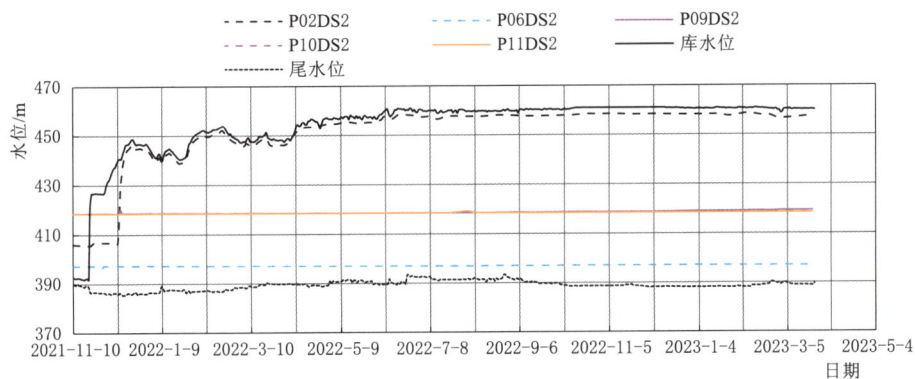

图 4-21 大坝坝体 CH0+218.00 桩号心墙前后渗压计变化过程曲线图

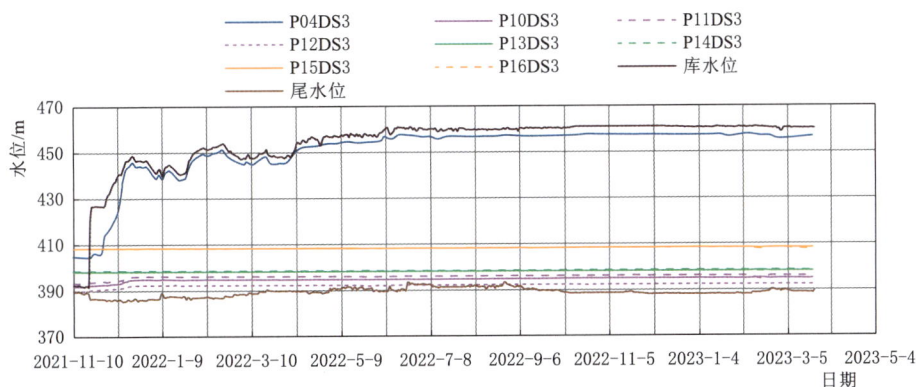

图 4-22 大坝坝体 CH0+298.66 桩号心墙前后渗压计变化过程曲线图

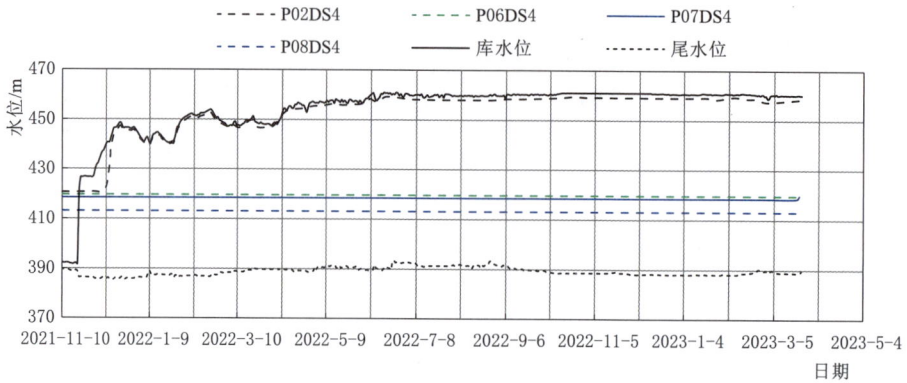

图 4-23　大坝坝体 CH0+378.00 桩号心墙前后渗压计变化过程曲线图

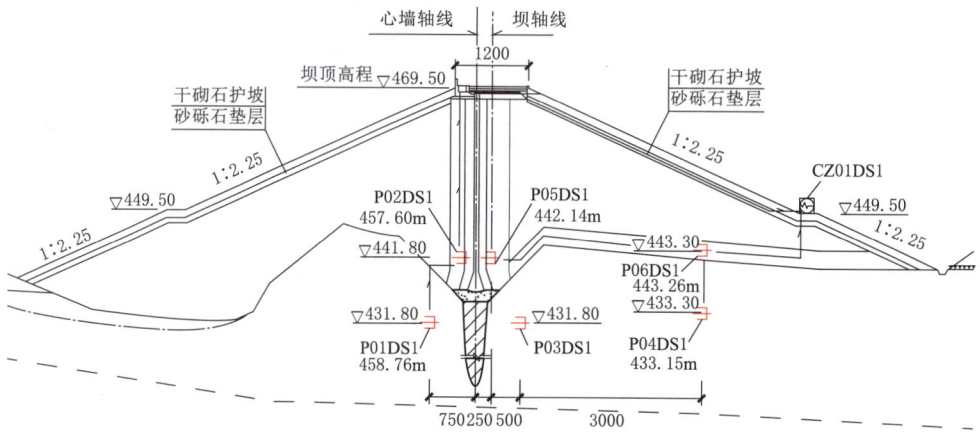

图 4-24　大坝坝体 CH0+138.00 桩号心墙前后渗压计观测成果分布图

（高程单位：m；单位尺寸：cm）

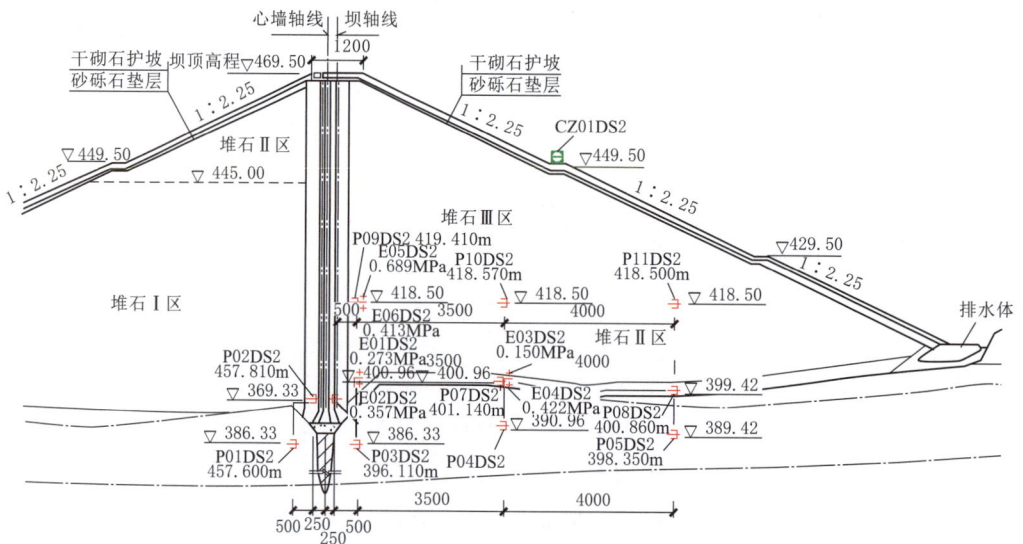

图 4-25　大坝坝体 CH0+218.00 桩号心墙前后渗压计观测成果分布图

（高程单位：m；单位尺寸：cm）

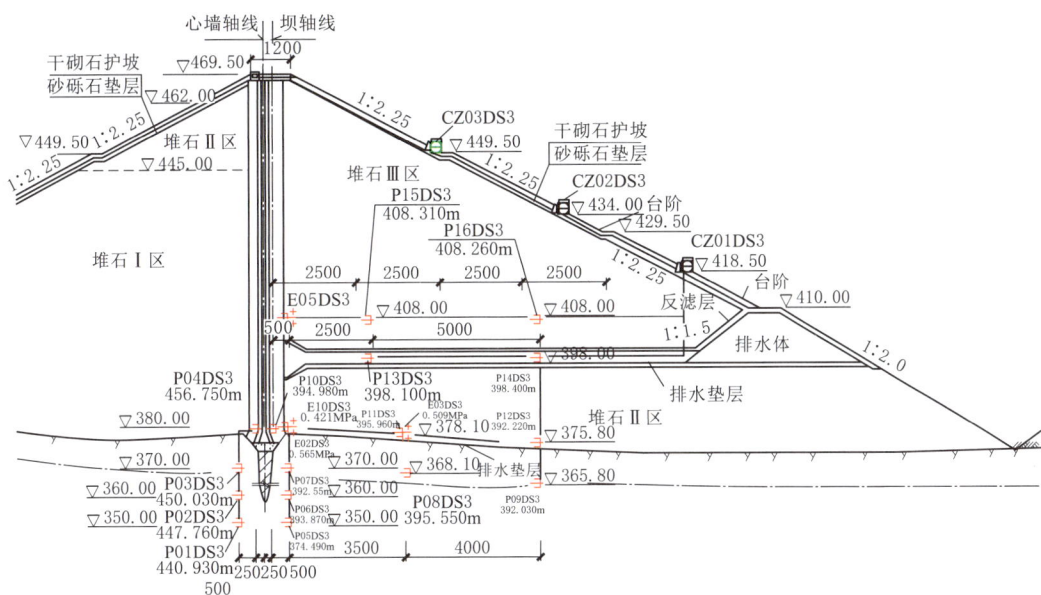

图 4-26 大坝坝体 CH0+298.66 桩号心墙前后渗压计观测成果分布图

（高程单位：m；单位尺寸：cm）

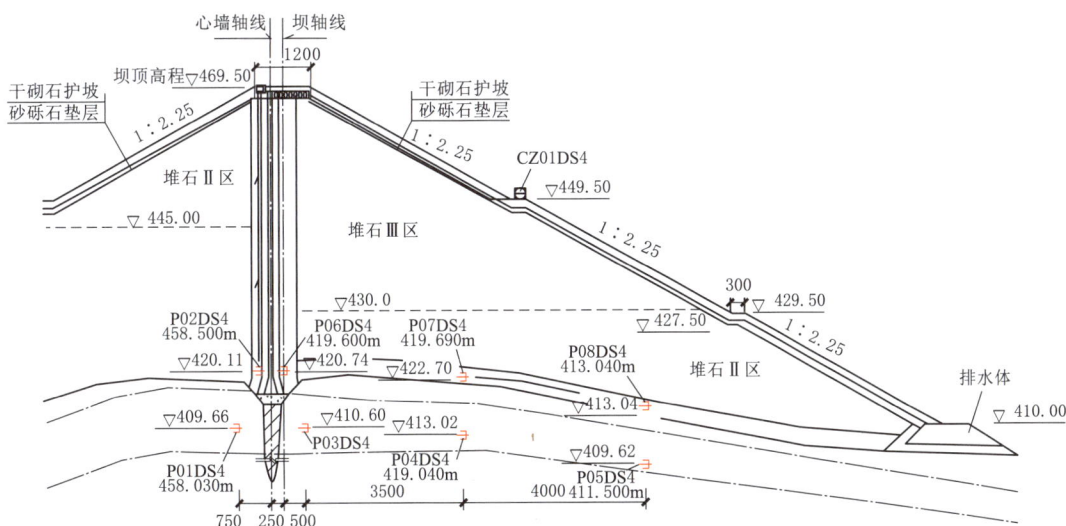

图 4-27 大坝填筑区 CH0+378.00 桩号心墙前后渗压计观测成果分布图

（高程单位：m；单位尺寸：cm）

4.3 沥青混凝土心墙及过渡料变形

沥青混凝土心墙与过渡料间已安装埋设位错计（过渡料沉降快为正值，沥青混凝土心墙沉降快为负值）和表面应变计（心墙的压缩变形为负值）；2023 年 3 月，测得的沥青混凝土心墙的沉降变形量为 33.65mm（K0+298.66 桩号，下游侧面高程 401.00m，仪器编号 S02DS3），蓄水后沥青混凝土心墙的压缩变形量累计降幅约 0.67mm，变化幅度较小；对应的沥青混凝土心墙相对过渡料的最大沉降量约 83.20mm，表现在最大主监测断面（K0＋298.66 桩号，仪器编号 J02DS3）的上游侧面，该点在蓄水后的总降幅约 0.36mm，其他测点的最大总增幅约 16.56mm（仪器编号 J03DS3），见表 4－7、表 4－8、图 4－28～图 4－31。

表 4－7　　　　　　　　　沥青混凝土心墙表面应变计观测成果统计表

仪器编号	安 装 位 置	高程 /m	压缩变形量/mm			蓄水后总变化量 /mm
			2021－11－16 蓄水前	2022－6－22 库水位 461.00m	2023－3－22 当前值	
S01DS2	2－2 断面 K0＋218.00 心墙上游侧	401.00	－30.38	－30.43	－30.40	－0.03
S02DS2	2－2 断面 K0＋218.00 心墙下游侧	429.80	－15.15	－18.06	－18.00	－2.85
S03DS2	2－2 断面 K0＋218.00 心墙下游侧	460.10	0	－2.94	－12.66	－12.66
S04DS2	2－2 断面 K0＋218.00 心墙下游侧	401.00	－17.28	－18.87	－18.89	－1.60
S05DS2	2－2 断面 K0＋218.00 心墙下游侧	429.80	－10.05	－17.00	－17.12	－7.07
S06DS2	2－2 断面 K0＋218.00 心墙下游侧	460.10	0	－0.10	－1.61	－1.61
S01DS3	3－3 断面 K0＋298.66 心墙上游侧	382.10	－18.58	－18.53	－18.54	0.04
S02DS3	3－3 断面 K0＋298.66 心墙上游侧	401.10	－34.32	－33.95	－33.65	0.67
S04DS3	3－3 断面 K0＋298.66 心墙上游侧	435.60	－0.14	－4.99	－9.68	－9.53
S05DS3	3－3 断面 K0＋298.66 心墙上游侧	452.80	－0.63	－5.25	－5.17	－4.54
S06DS3	3－3 断面 K0＋298.66 心墙下游侧	382.20	－2.71	－2.66	－2.66	0.06
S07DS3	3－3 断面 K0＋298.66 心墙下游侧	401.10	－7.59	－9.87	－9.64	－2.05
S08DS3	3－3 断面 K0＋298.66 心墙下游侧	416.40	－4.06	－5.82	－5.85	－1.79
S09DS3	3－3 断面 K0＋298.66 心墙下游侧	435.60	－5.52	－9.35	－9.37	－3.86

表 4-8　　　　　　　　　　沥青混凝土心墙位错计观测成果统计表

仪器编号	安 装 位 置	高程/m	沥青混凝土心墙沉降量/mm			蓄水后总变化量/mm
			2021-11-16 蓄水前	2022-6-22 库水位 461.00m	2023-3-22 当前值	
J01DS3	3-3 断面 心墙上游侧	382.10	0.16	0.28	0.22	0.06
J02DS3	3-3 断面 心墙上游侧	401.10	−83.56	−83.24	−83.20	0.36
J03DS3	3-3 断面 心墙上游侧	416.50	−14.14	−30.14	−30.70	−16.56
J04DS3	3-3 断面 心墙上游侧	435.60	−14.72	−22.82	−24.16	−9.45
J06DS3	3-3 断面 心墙下游侧	382.10	−2.65	−2.54	−3.23	−0.58
J07DS3	3-3 断面 心墙下游侧	401.10	−28.55	−31.51	−31.54	−2.99
J08DS3	3-3 断面 心墙下游侧	416.40	−27.01	−32.88	−33.07	−6.06
J09DS3	3-3 断面 心墙下游侧	435.60	−4.85	−11.30	−11.51	−6.66

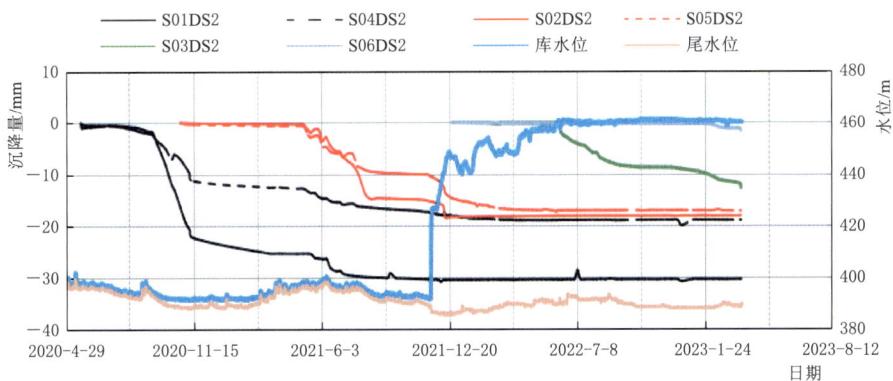

图 4-28　大坝填筑区 K0+218.00 桩号心墙表面应变计变化过程曲线图

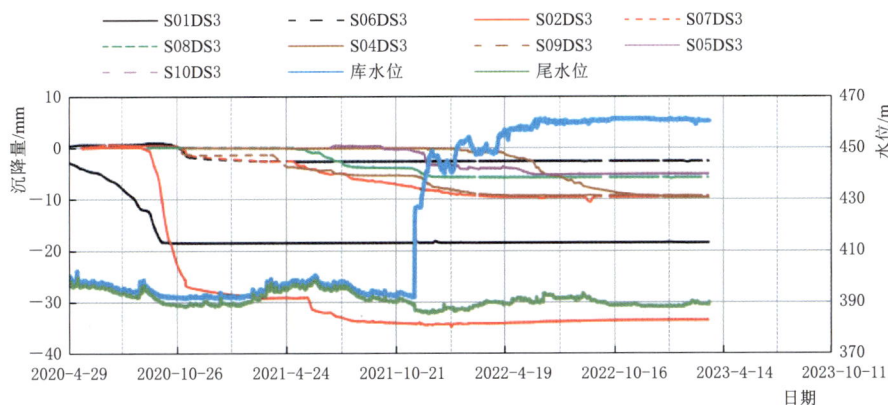

图 4-29　大坝填筑区 K0+298.66 桩号心墙表面应变计变化过程曲线图

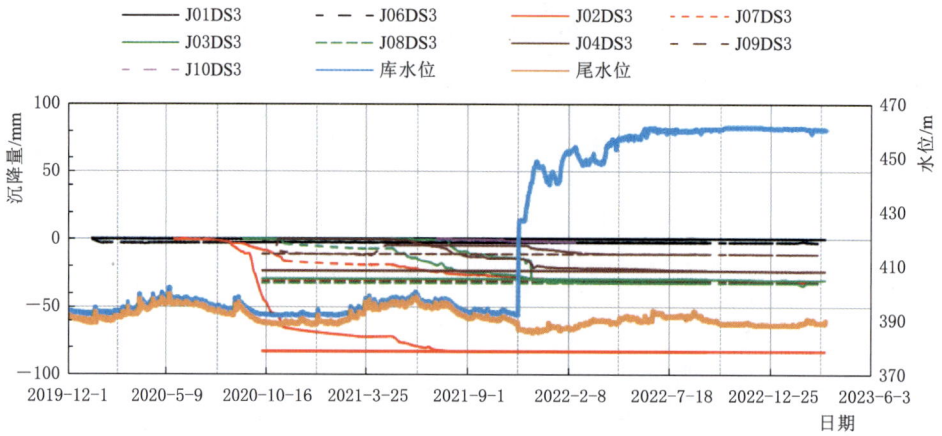

图 4-30　大坝填筑区 K0＋298.66 桩号过渡料相对心墙位错变形的过程曲线图

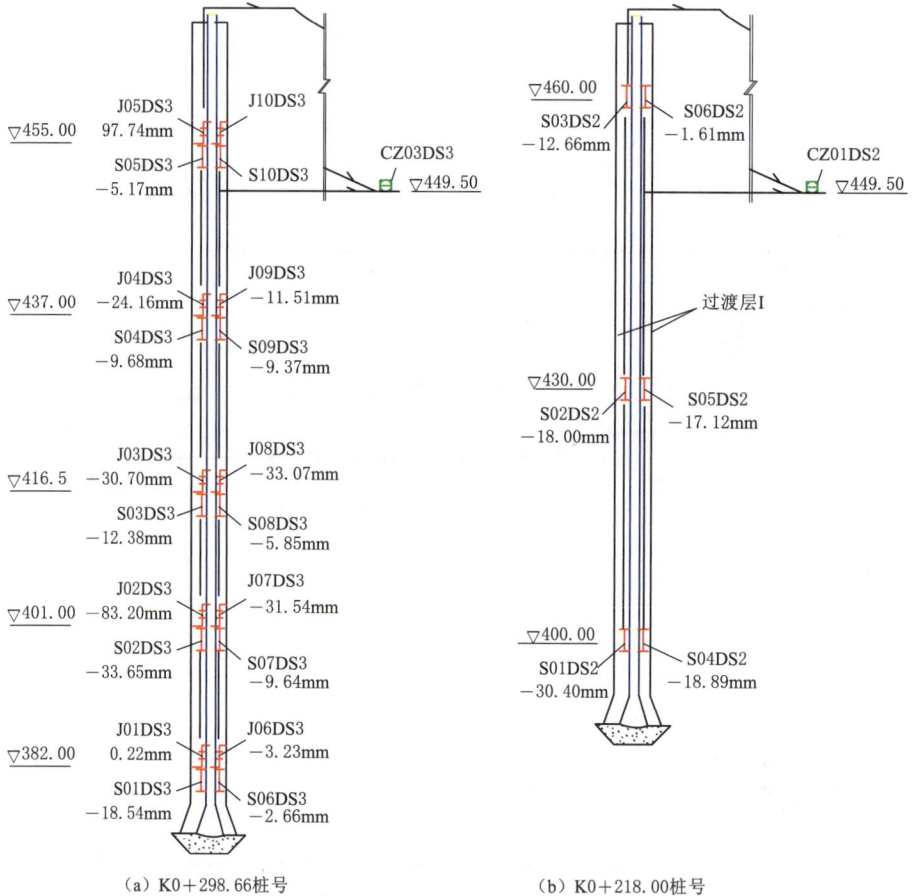

（a）K0＋298.66 桩号　　　　　　　　　　　　（b）K0＋218.00 桩号

图 4-31　大坝 K0＋298.66 桩号、K0＋218.00 桩号心墙自身的沉降变形及
过渡料相对心墙的相对沉降量示意图

4.4 安全评价

根据对整个蓄水过程中监测成果的整理分析,实测的各项监测物理量均小于设计允许值,说明坝体的变形趋势将随着时间的推移呈逐渐趋稳的状态,渗流渗压监测系统反映的沥青混凝土心墙及基础防渗帷幕工程施工效果较好,能够有效降低上游库水位的渗漏量,坝体的渗流渗压和变形趋势符合一般变化规律,工程运行状态正常,很好地发挥了工程效益。

第5章
引水发电建筑物监测成果分析与评价

5.1 引水洞监测成果分析

5.1.1 围岩变形

2023 年 3 月，引水洞洞身多点位移计的最大累计位移量为 7.44mm［4 号引水洞 6－6 监测断面（引 0＋300.00），高程 382.545m，仪器编号 M18HT］，蓄水后的总变化量为 0.27mm（M18HT），其他测点的位移量在 0.05～5.57mm 之间，引水洞洞身监测到的岩体围岩变形量较小，变幅也较平稳，见表 5－1、图 5－1～图 5－3。

表 5－1   引水洞洞身多点位移计观测成果统计表

仪器编号	安装位置	高程 /m	观测日期	位移量/mm			备注
				孔口	3m	8m	
M01HT	2 号引水洞 1－1 断面	429.436	2021－11－6	1.60	1.30	1.30	蓄水前
			2022－5－6	1.66	1.13	1.35	
			2023－3－22	2.04	1.09	1.83	
	蓄水后总变化量			0.44	－0.21	0.53	
M03HT	2 号引水洞 1－1 断面	424.716	2021－11－6	1.30	0.11	—	蓄水前
			2022－5－6	1.38	0.18	—	
			2023－3－22	1.73	－0.49	—	
	蓄水后总变化量			0.44	－0.60		
M04HT	2 号引水洞 2－2 断面	389.027	2021－11－6	2.24	0.56	0.23	蓄水前
			2022－5－6	1.92	0.70	0.04	
			2023－3－22	2.00	0.70	0.04	
	蓄水后总变化量			－0.24	0.14	－0.19	
M05HT	2 号引水洞 2－2 断面	386.314	2021－11－6	4.18	1.52	1.70	蓄水前
			2022－5－6	4.28	1.58	1.76	
			2023－3－22	4.52	1.38	1.87	
	蓄水后总变化量			0.34	－0.14	0.17	
M06HT	2 号引水洞 2－2 断面	382.685	2021－11－6	3.36	－0.87	—	蓄水前
			2022－5－6	3.66	－0.71	—	
			2023－3－22	4.25	－0.82	—	
	蓄水后总变化量			0.89	0.06		
M07HT	2 号引水洞 3－3 断面	388.463	2021－11－6	1.42	0.37	－0.05	蓄水前
			2022－5－6	1.49	0.25	－0.01	
			2023－3－22	1.40	0.25	－0.08	
	蓄水后总变化量			－0.02	－0.12	－0.03	

仪器编号	安装位置	高程/m	观测日期	位移量/mm			备注
				孔口	3m	8m	
M08HT	2 号引水洞 3－3 断面	386.375	2021－11－6	2.04	0.73	0.76	蓄水前
			2022－5－6	1.84	0.73	0.72	
			2023－3－22	1.62	0.53	0.48	
	蓄水后总变化量			－0.42	－0.20	－0.28	
M09HT	2 号引水洞 3－3 断面	382.537	2021－11－6	4.23	0.90	—	蓄水前
			2022－5－6	4.93	1.00	—	
			2023－3－22	5.40	1.26	—	
	蓄水后总变化量			1.17	0.35	—	
M10HT	4 号引水洞 4－4 断面	429.436	2021－11－6	0.16	2.59	1.58	蓄水前
			2022－5－6	0.12	2.48	1.57	
			2023－3－22	0.48	2.54	1.30	
	蓄水后总变化量			0.32	－0.05	－0.28	
M11HT	4 号引水洞 4－4 断面	426.274	2021－11－6	－0.03	－3.14	－2.24	蓄水前
			2022－5－6	－0.09	－3.24	－2.26	
			2023－3－22	0.05	－2.71	－2.44	
	蓄水后总变化量			0.08	0.43	－0.20	
M12HT	4 号引水洞 4－4 断面	422.527	2021－11－6	2.78	0.50	1.03	蓄水前
			2022－5－6	2.85	1.63	1.11	
			2023－3－22	2.86	1.07	1.46	
	蓄水后总变化量			0.00	0.57	0.42	
M13HT	4 号引水洞 5－5 断面	389.751	2021－11－6	1.84	0.38	0.55	蓄水前
			2022－5－6	2.01	0.42	0.56	
			2023－3－22	1.74	0.50	0.60	
	蓄水后总变化量			－0.11	0.12	0.05	
M14HT	4 号引水洞 5－5 断面	386.596	2021－11－6	2.77	1.87	0.50	蓄水前
			2022－5－6	2.78	2.05	0.63	
			2023－3－22	3.04	2.12	0.69	
	蓄水后总变化量			0.27	0.25	0.19	
M15HT	4 号引水洞 5－5 断面	382.627	2021－11－6	4.62	2.12	1.78	蓄水前
			2022－5－6	5.03	2.21	1.80	
			2023－3－22	5.57	2.22	1.82	
	蓄水后总变化量			0.95	0.10	0.03	
M16HT	4 号引水洞 6－6 断面	389.483	2021－11－6	4.86	2.45	1.88	蓄水前
			2022－5－6	4.97	0.97	1.95	

续表

仪器编号	安装位置	高程/m	观测日期	位移量/mm			备注
				孔口	3m	8m	
M16HT	4号引水洞 6-6断面	389.483	2023-3-22	5.24	2.55	2.16	
	蓄水后总变化量			0.38	0.10	0.28	
M17HT	4号引水洞 6-6断面	386.025	2021-11-6	5.09	3.23	2.45	蓄水前
			2022-5-6	5.34	3.00	2.78	
			2023-3-22	5.34	3.13	2.37	
	蓄水后总变化量			0.25	-0.10	-0.08	
M18HT	4号引水洞 6-6断面	382.545	2021-11-6	7.17	4.49	2.98	蓄水前
			2022-5-6	7.19	4.52	2.99	
			2023-3-22	7.44	4.58	3.16	
	蓄水后总变化量			0.27	0.09	0.18	

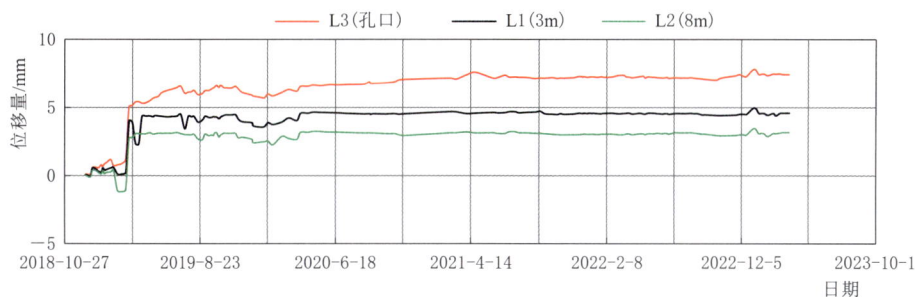

图5-1 2号引水洞洞身3-3监测断面M18HT多点位移计的位移量变化过程曲线图

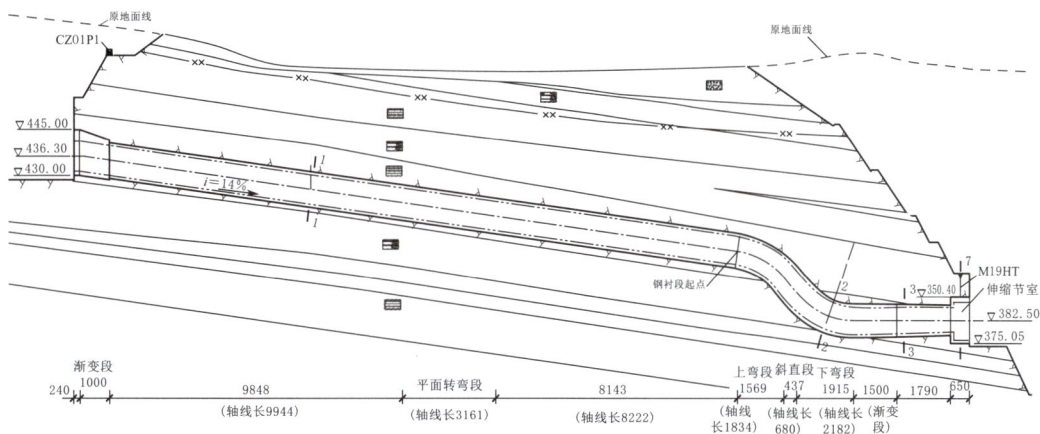

图5-2 引水洞洞身监测断面布置示意图

5.1.2 缝面开合度

引水洞洞身测缝计测得洞壁与混凝土间接触缝多表现为闭合状态，最大缝面开合度为

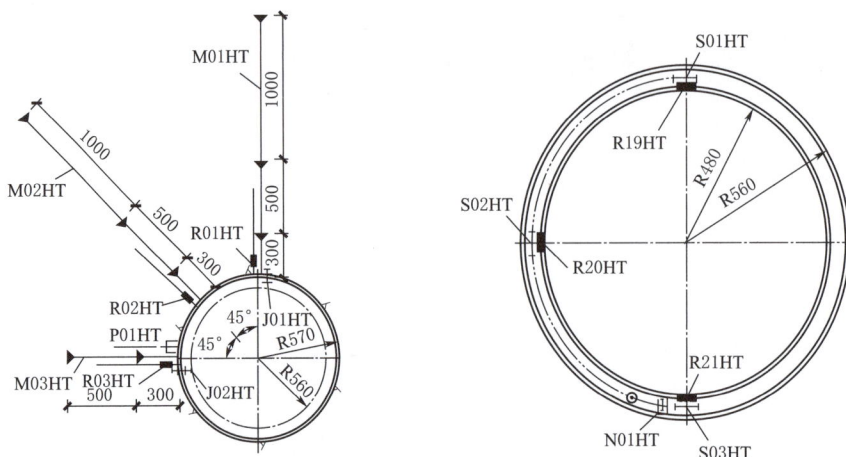

图 5 - 3　引水洞洞身 1 - 1 断面仪器布置图

0.65mm（2 号引水洞 1 - 1 断面，高程 429.441m，仪器编号 J01HT），蓄水后的缝面开合度变幅均在 0.60mm 内，在引水洞洞顶回填灌浆后的缝面开合度变幅较小，变化较平稳，见表 5 - 2、图 5 - 4 和图 5 - 5。

表 5 - 2　　　　　　　　　引水洞洞身测缝计观测成果统计表

仪器编号	安 装 位 置	高程 /m	开合度/mm			蓄水后总变化量 /mm
			2021 - 11 - 7 蓄水前	2022 - 6 - 13 库水位 461.00m	2023 - 3 - 22 当前值	
J01HT	2 号引水洞洞身 1 - 1 断面（CH0＋080.00）	429.441	0.05	0.10	0.65	0.60
J02HT	1 - 1 断面 CH0＋080.00	424.709	−0.50	−0.53	−0.49	0.01
J03HT	2 - 2 断面 CH0＋253.86	389.013	−0.59	−0.31	−0.31	0.28
J04HT	2 - 2 断面 CH0＋253.86	382.379	−0.11	−0.11	−0.64	−0.53
J05HT	2 号引水洞洞身 3 - 3 断面（CH0＋280.036）	388.463	−0.54	−0.58	−0.60	−0.06
J07HT	4 - 4 断面 CH0＋080.00	429.612	−0.07	−0.05	−0.03	0.04
J08HT	4 - 4 断面 CH0＋080.00	424.837	0.33	0.45	0.45	0.12
J09HT	4 号引水洞洞身 5 - 5 断面（CH0＋273.10）	389.739	0	0.13	0.10	0.10
J10HT	5 - 5 断面 CH0＋273.29	382.619	−0.05	−0.04	−0.01	0.04
J11HT	6 - 6 断面 CH0＋300.00	389.472	−0.15	−0.16	−0.16	−0.01
J12HT	6 - 6 断面 CH0＋300.00	382.527	−0.05	−0.05	−0.04	0.01

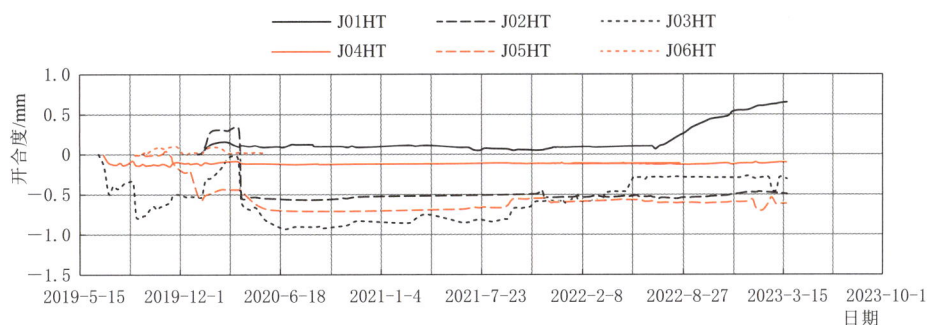

图 5-4　2 号引水洞洞身测缝计的缝面开合度变化过程曲线图

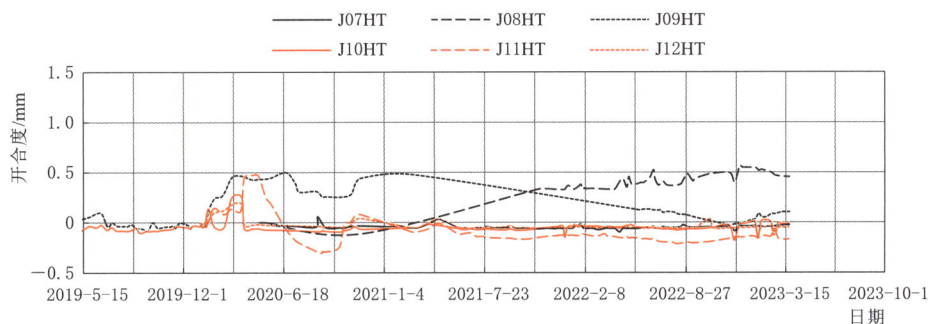

图 5-5　4 号引水洞洞身测缝计的缝面开合度变化过程曲线图

5.1.3　渗流渗压

在 2 号和 4 号引水洞洞身各安装了 3 支渗压计，共计 6 支。最高渗压水位约 451.85m（P01HT），蓄水后的最大渗压水位增幅为 27.00m（P01HT），引水洞上斜段衬砌混凝土与洞壁间测得的渗压水位较高，下斜段压力钢管外测得的渗压水位较低；近期库水位持续稳定在 460.50m，渗压水位的变幅也比较平稳，后续将持续跟踪观测，见表 5-3、图 5-6 和图 5-7。

表 5-3　　　　　　　　　引水洞洞身渗压计观测成果统计表　　　　　　　　单位：m

仪器编号	安装位置	安装高程	渗 压 水 位			蓄水后总变化量
			2021-11-7 蓄水前	2022-6-17 库水位 461.00m	2023-3-22 当前值	
P01HT	2 号引水洞 1-1 断面	424.69	424.85	452.39	451.85	27.00
P02HT	2 号引水洞 2-2 断面	382.16	383.24	387.69	387.72	4.48
P03HT	2 号引水洞 3-3 断面	382.50	387.77	387.92	388.04	0.27

仪器编号	安 装 位 置	安装高程	渗 压 水 位			蓄水后总变化量
			2021−11−7 蓄水前	2022−6−17 库水位 461.00m	2023−3−22 当前值	
P04HT	4 号引水洞 4−4 断面	424.73	427.27	431.17	444.75	17.48
P05HT	4 号引水洞 5−5 断面	382.62	382.70	385.24	389.13	6.44
P06HT	4 号引水洞 6−6 断面	382.53	382.74	384.16	388.12	5.38

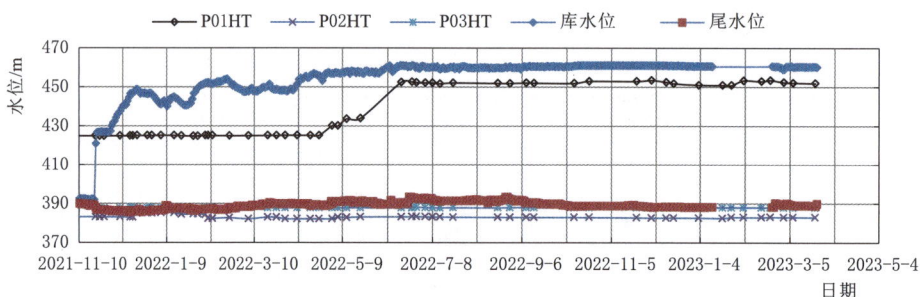

图 5−6　2 号引水洞渗压计地下水位变化过程曲线图

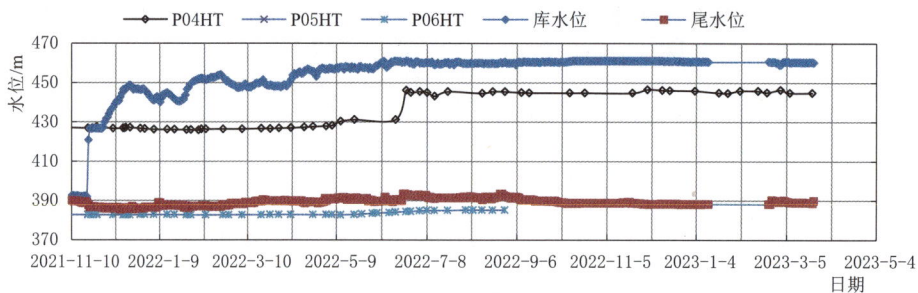

图 5−7　4 号引水洞渗压计地下水位变化过程曲线图

5.1.4　锚杆应力

引水洞洞身锚杆的最大应力为 267.15MPa［2 号引水洞 3−3 断面（引 0＋280.15），高程 382.50m，仪器编号 R09HT］，占设计锚杆应力（360MPa）的 74.20％，蓄水后的总变化量约为 23.53MPa，其他测点蓄水后的总变化量在−6.89～77.98MPa 之间，目前的锚杆应力变化量较平稳，见表 5−4、图 5−8～图 5−10。

表 5 - 4   引水洞洞身锚杆应力计观测成果统计表

仪器编号	安装位置	高程/m	应力/MPa			蓄水后总变化量/MPa
			2021-11-7 蓄水前	2022-6-13 库水位 461.00m	2023-3-22 当前值	
R01HT	2号引水洞 1-1 断面	431.60	96.31	112.07	174.29	77.98
R02HT	2号引水洞 1-1 断面	429.10	9.13	13.12	23.29	14.16
R03HT	2号引水洞 1-1 断面	425.30	79.86	71.45	72.97	−6.89
R04HT	2号引水洞 2-2 断面	389.00	−1.27	−1.88	−2.84	−1.57
R05HT	2号引水洞 2-2 断面	386.30	−48.75	−48.84	−48.25	0.50
R07HT	2号引水洞 3-3 断面	388.40	−6.42	−7.52	−8.89	−2.47
R08HT	2号引水洞 3-3 断面	386.30	89.00	88.11	121.02	32.02
R09HT	2号引水洞 3-3 断面	382.50	243.62	248.01	267.15	23.53
R11HT	2号引水洞 4-4 断面	429.10	−34.75	−35.18	−36.77	−2.02
R12HT	4号引水洞 4-4 断面	425.10	14.49	16.90	31.22	16.73
R15HT	2号引水洞 5-5 断面	382.60	−13.31	−13.71	−14.26	−0.95
R16HT	2号引水洞 6-6 断面	389.50	−26.07	−40.96	−25.60	0.47

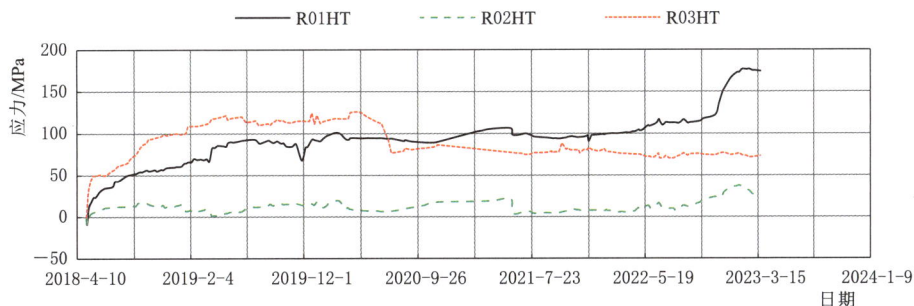

图 5 - 8   2 号引水洞 1 - 1 断面锚杆应力计 R01HT ~ R03HT 的应力变化过程曲线图

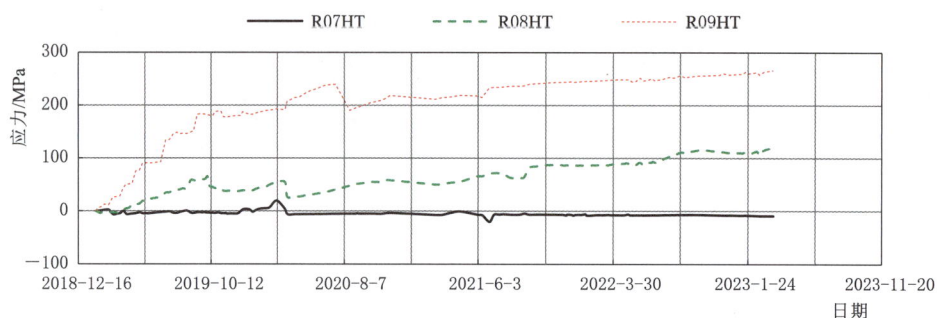

图 5－9　2 号引水洞 3－3 断面锚杆应力计 R07HT～R09HT 的应力变化过程曲线图

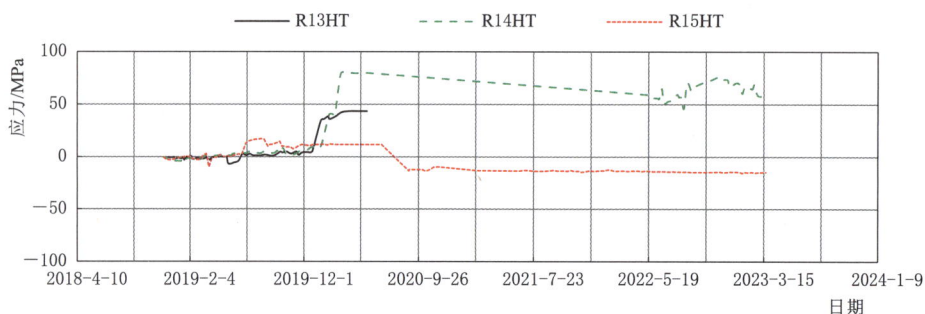

图 5－10　4 号引水洞 5－5 断面锚杆应力计 R13HT～R15HT 的应力变化过程曲线图

5.1.5　钢筋应力

引水洞洞身衬砌结构钢筋的最大累计拉应力为 36.07MPa [4 号引水洞 5－5 断面（引 0＋237.29），高程 382.84m，仪器编号 R32HT]，占设计钢筋应力（360MPa）的 10.10％，蓄水后的总变化量约 9.23MPa；其他测点的钢筋应力总变化量均在 1.22～42.49MPa 之间，钢筋应力的累计值较小，变幅较平稳，见表 5－5、图 5－11 和图 5－12。

表 5－5　　　　　　　　　　引水洞洞身钢筋计观测成果统计表

仪器编号	安 装 位 置	高程/m	钢筋应力/MPa			蓄水后总变化量/MPa
			2021－11－7 蓄水前	2022－6－13 库水位 461.00m	2023－3－22 当前值	
R19HT	2 号引水洞 1－1 断面	429.22	－4.28	－2.30	－2.63	1.65
R20HT	2 号引水洞 1－1 断面	424.64	－7.28	2.03	7.58	14.86
R21HT	2 号引水洞 1－1 断面	419.34	－17.12	－20.07	－15.90	1.22
R22HT	2 号引水洞 2－2 断面	388.87	－20.77	－10.45	0.00	20.77

续表

仪器编号	安 装 位 置	高程/m	钢筋应力/MPa			蓄水后总变化量/MPa
			2021-11-7 蓄水前	2022-6-13 库水位461.00m	2023-3-22 当前值	
R23HT	2号引水洞 2-2断面	382.31	−29.87	−13.62	−11.27	18.60
R24HT	2号引水洞 2-2断面	377.14	−21.34	−4.97	17.55	38.89
R25HT	2号引水洞 3-3断面	388.42	−35.49	−24.96	−27.73	7.76
R30HT	4号引水洞 4-4断面	419.32	8.02	15.49	28.31	20.29
R31HT	4号引水洞 5-5断面	389.71	−32.13	−27.28	−26.30	5.83
R32HT	4号引水洞 5-5断面	382.84	26.84	34.14	36.07	9.23
R33HT	4号引水洞 5-5断面	377.28	−7.63	6.22	34.87	42.49
R34HT	4号引水洞 6-6断面	389.47	21.42	33.41	32.57	11.15
R35HT	4号引水洞 6-6断面	382.51	−3.05	8.20	13.99	17.04
R36HT	4号引水洞 6-6断面	378.04	−2.46	12.41	16.27	18.73

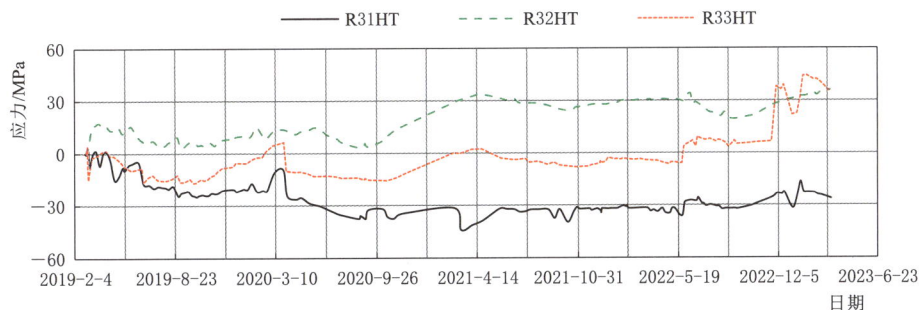

图5-11　4号引水洞5-5断面钢筋计的应力变化过程曲线图

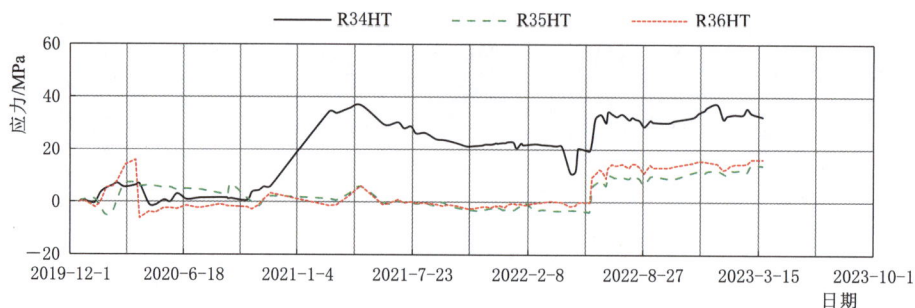

图 5－12　4 号引水洞 6－6 断面钢筋计的应力变化过程曲线图

5.1.6　混凝土应变

引水洞洞身混凝土应变计测得的最大拉应变为 395.34$\mu\varepsilon$（2 号引水洞 3－3 断面，高程 382.51m、仪器编号 S08HT），蓄水后的总变化量约 452.35$\mu\varepsilon$；其他大部分测点表现为压应变，最大压应变值为 116.58$\mu\varepsilon$（S03HT），蓄水后的总变化量约 38.25$\mu\varepsilon$，增幅较小，结构混凝土的应变量变化较平稳，见表 5－6、图 5－13～图 5－15。

表 5－6　　　　　　　　　　引水洞洞身应变计观测成果统计表

仪器编号	安装位置	高程 /m	应变/$\mu\varepsilon$			蓄水后总变化量 /$\mu\varepsilon$
			2021－11－7 蓄水前	2022－6－17 库水位 461.00m	2023－3－22 当前值	
N01HT	2 号引水洞 1－1 断面	419.34	84.36	75.73	63.65	−20.71
N02HT	2 号引水洞 2－2 断面	377.04	−25.46	−41.72	−41.34	−15.87
N03HT	2 号引水洞 3－3 断面	377.93	10.70	11.66	12.13	1.43
N04HT	4 号引水洞 4－4 断面	419.32	5.53	23.43	51.40	45.87
N05HT	4 号引水洞 5－5 断面	377.47	−10.48	−35.07	−11.13	−0.65
N06HT	4 号引水洞 6－6 断面	378.29	−207.31	−213.33	−222.91	−15.60
S01HT	2 号引水洞 1－1 断面	429.23	70.19	178.22	195.91	125.73
S02HT	2 号引水洞 1－1 断面	424.63	108.03	52.90	349.12	296.22

续表

仪器编号	安 装 位 置	高程/m	应变/$\mu\varepsilon$			蓄水后总变化量/$\mu\varepsilon$
			2021-11-7 蓄水前	2022-6-17 库水位 461.00m	2023-3-22 当前值	
S03HT	2号引水洞 1-1断面	419.36	−78.33	−101.81	−116.58	−38.25
S04HT	2号引水洞 2-2断面	388.93	13.43	70.13	71.71	58.28
S06HT	2号引水洞 2-2断面	377.16	−106.23	−66.62	−51.38	54.85
S07HT	2号引水洞 3-3断面	388.41	−74.04	−26.64	−33.39	40.66
S08HT	2号引水洞 3-3断面	382.51	−57.00	58.59	395.34	452.35
S09HT	2号引水洞 3-3断面	377.93	−35.10	−36.78	−36.08	−0.98
S12HT	4号引水洞 4-4断面	419.4	−19.89	−30.75	−69.49	−49.60
S13HT	4号引水洞 5-5断面	389.58	−143.72	−163.48	−114.72	29.00
S14HT	4号引水洞 5-5断面	382.81	96.11	58.48	65.82	−30.29
S16HT	4号引水洞 6-6断面	389.47	−67.30	−106.17	−106.58	−39.28
S18HT	4号引水洞 6-6断面	378.15	124.38	103.21	114.02	−10.36

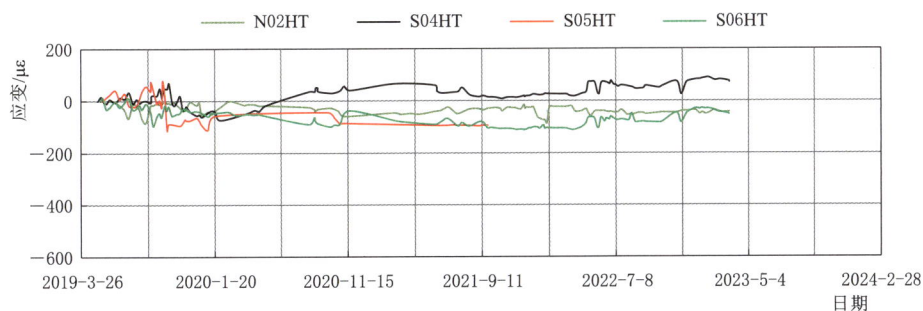

图 5-13 2号引水洞2-2断面混凝土应变计变化过程曲线图

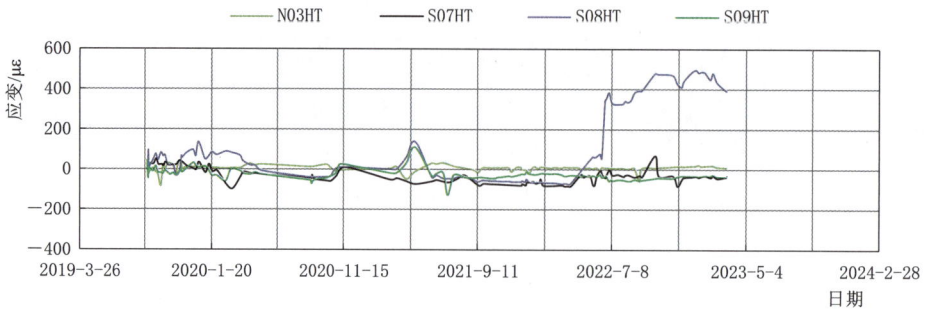

图 5-14　2 号引水洞 3-3 断面混凝土应变计变化过程曲线图

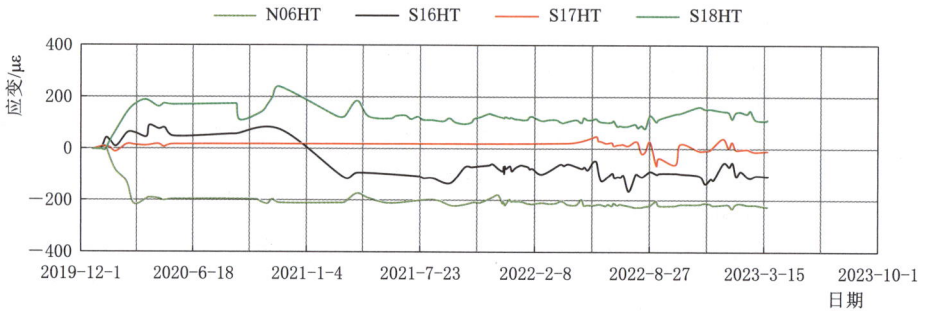

图 5-15　4 号引水洞 6-6 断面混凝土应变计变化过程曲线图

5.1.7　压力钢管应变

引水洞洞身压力钢管外层的应变计多表现为压应力，测得的最大压应力值为 28.05MPa（GS01HT），蓄水后的总变化量约 11.97MPa；最大拉应力值为 23.00MPa（GS02HT），蓄水后的总变化量约 36.36MPa；目前，4 台机组已全部投入运行，在机组的运行过程中，压力钢管的应力变化较平稳，见表 5-7、图 5-16 和图 5-17。

表 5-7　　　　　　　　　　引水洞洞身钢板计观测成果统计表

仪器编号	安装位置	高程/m	应力/MPa			蓄水后总变化量/MPa
			2021-11-7 蓄水前	2022-6-13 库水位 461.00m	2023-3-22 蓄水后	
GS01HT	2 号引水洞 3-3 断面	388.43	−16.08	−1.79	−28.05	−11.97
GS02HT	2 号引水洞 3-3 断面	382.52	−13.36	−11.34	23.00	36.36
GS03HT	2 号引水洞 3-3 断面	377.93	−20.59	−23.47	−24.01	−3.42
GS04HT	4 号引水洞 6-6 断面	389.47	−28.83	−26.96	−18.73	10.10

续表

仪器编号	安装位置	高程/m	应力/MPa			蓄水后总变化量/MPa
			2021-11-7 蓄水前	2022-6-13 库水位 461.00m	2023-3-22 蓄水后	
GS05HT	4号引水洞 6-6断面	382.54	−20.05	−1.48	−23.15	−3.11
GS06HT	4号引水洞 6-6断面	378.27	−26.34	−25.17	−27.51	−1.17

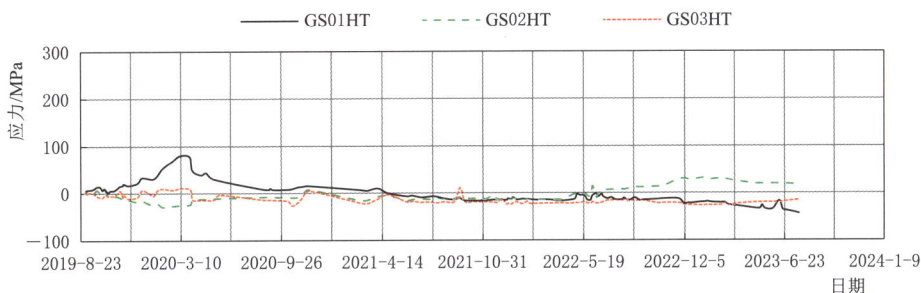

图 5-16 2号引水洞3-3断面压力钢管应力变化过程曲线图

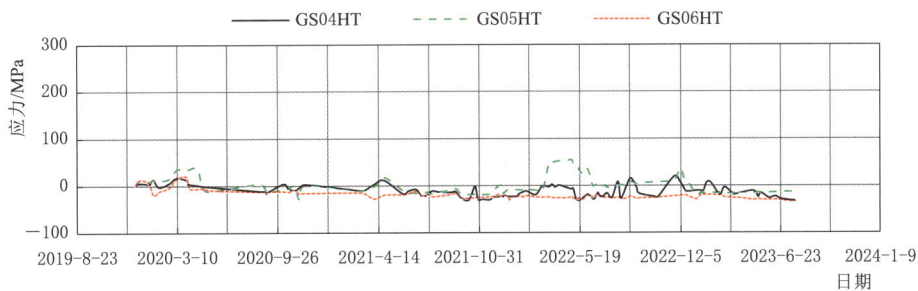

图 5-17 4号引水洞6-6断面压力钢管应力变化过程曲线图

5.1.8 小结

2023年3月，引水洞洞身多点位移计的最大累计位移量为7.44mm［2号引水洞1-1断面（引0+300.00），高程382.50m，M18HT］，蓄水后的累计增幅为0.27mm（M18HT），其他测点的位移量在0.05～5.57mm之间；引水洞洞身测缝计测得洞壁与混凝土间接触缝多表现为闭合状态，最大缝面开合度为0.65mm［2号引水洞1-1断面，高程429.441m，J01HT］，蓄水后的缝面开合度变幅均在0.60mm内，变幅较小；引水洞洞身渗压计测得最大渗压水位约451.85m（P01HT），蓄水后的最大渗压水位增幅为27.00m（P01HT），引水洞上斜段衬砌混凝土与洞壁间测得的渗压水位较高，下斜段压力钢管外测得的渗压水位较低；近期库水位持续稳定在460.50m运行，渗压水位的变幅也比较平稳；锚杆应力计测得的最大累计应力为267.15MPa［2号引水洞3-3断面（引

0+280.15），高程 382.50m，R09HT]，占设计锚杆应力（360MPa）的 74.20%，蓄水后的累计增幅约 23.53MPa，其他测点蓄水后的变幅在 −6.89~77.98MPa 之间，目前的锚杆应力变幅较平稳；结构钢筋的最大累计拉应力为 36.07MPa [4 号引水洞 5-5 断面（引0+237.29），高程 382.84m，R32HT]，占设计钢筋应力（360MPa）的 10.1%，蓄水后的累计增幅约 9.23MPa；其他测点的钢筋应力累计变幅均在 1.22~42.49MPa 之间；引水洞洞身衬砌混凝土内的应变计和压力钢管外的钢板计监测到的结构应变值较小，大部分测点蓄水后的变幅均在 ±50MPa 内，整体变化较小。目前的库水位对引水洞内的结构变形及应力变化影响较小，后续在机组的运行过程中将持续跟踪观测。

5.1.9　安全评价

卡洛特水电站自 2022 年 6 月 29 日投入商业运行以来，已经正常运行 9 个月，引水洞自充水调试开始，持续保持在满洞和高流速的水流作用下运行；期间，引水洞内的各项监测指标小于设计允许值，监测数据变化正常，引水洞正常运行，为电站的安全高效运行提供了前提保障。

5.2　厂房监测成果分析

5.2.1　基础沉降变形（基岩变形计）

截至 2023 年 3 月，厂房基础的最大累计沉降量为 5.12mm，蓄水后的最大总变化量约3.28mm，沉降量的变化幅度与表面沉降测点的基本一致，变化趋势较平稳，见表 5-8、图 5-18。

表 5-8　　　　　　　　　　厂房基岩变形计观测成果统计表

仪器编号	安装位置	高程/m	沉降量/mm			蓄水后总变化量/mm
			2021-11-16 蓄水前	2022-6-17 库水位 461.00m	2023-3-22 蓄水后	
M03GPH	厂房 4 号机组基岩结合面（4-4 断面 XCF0+142.30）	357.08	1.84	2.79	5.12	3.28
M04GPH	厂房 4 号机组基岩结合面（4-4 断面 XCF0+142.30）	358.67	4.71	4.85	4.75	0.04

5.2.2　缝面开合度

厂房结构混凝土与边坡接触缝共安装埋设了 8 支测缝计，其中失效 3 支（J03GPH、J07GPH 和 J08GPH），截至 2023 年 3 月，测得的最大缝面开合度为 0.73mm（J02GPH，

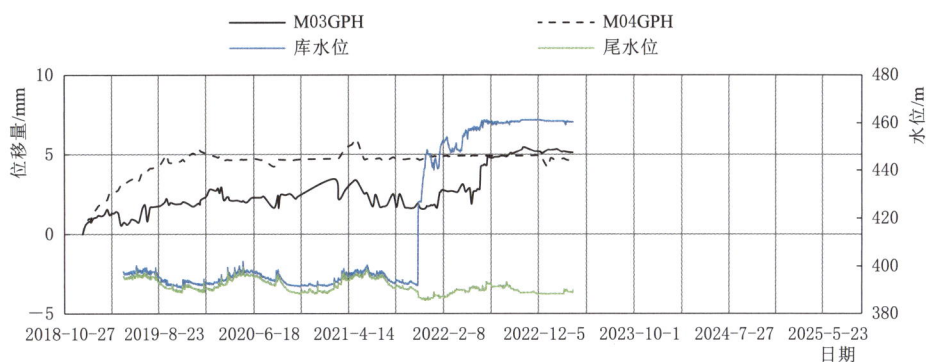

图 5－18　厂房基岩变形计位移变化过程曲线图

高程 395.16m），蓄水后的最大降幅 0.37mm（J02GPH），缝面开合度值较小，变化较平稳，见表 5－9、图 5－19。

表 5－9　　　　　厂房结构混凝土与边坡接触缝测缝计观测成果统计表

仪器编号	安 装 位 置	高程 /m	开合度/mm			蓄水后 总变化量 /mm
			2021－11－16 蓄水前	2022－6－5 库水位 461.00m	2023－3－22 当前值	
J01GPH	厂房安Ⅰ段基岩结合面 （1－1 断面 XCF0＋001.00）	395.18	0.23	0.15	0.21	－0.02
J02GPH	厂房安Ⅰ段基岩结合面 （1－1 断面 XCF0＋001.00）	395.16	1.11	0.73	0.73	－0.37
J04GPH	厂房安Ⅱ集水井 基岩结合面 （2－2 断面 XCF0＋044.60）	402.57	0.26	0.24	0.17	－0.09
J05GPH	厂房 2 号机基岩结合面 （3－3 断面 XCF0＋088.60）	368.32	0.30	0.09	0.17	－0.13
J06GPH	厂房 2 号机基岩结合面 （3－3 断面 XCF0＋088.60）	402.56	－0.51	－0.65	－0.55	－0.03

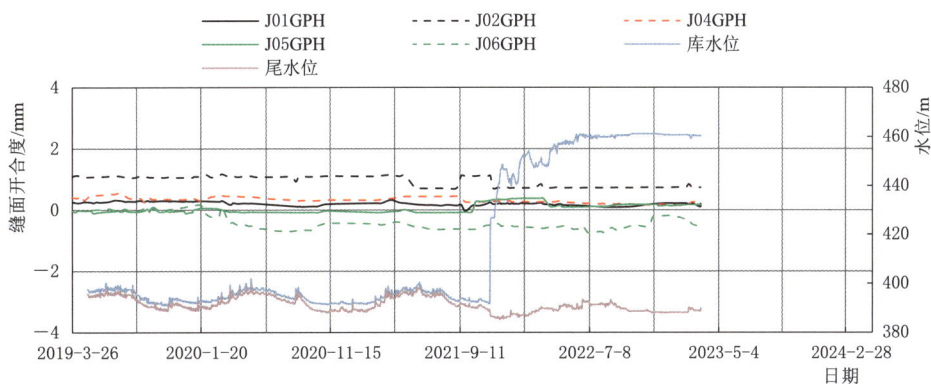

图 5－19　厂房主体结构混凝土与基岩结合面缝面开合度变化过程曲线图

5.2.3　渗压水位

厂房边坡及基岩结合面的地下水位在蓄水后的变幅较小，最大累计增幅约 1.74m（P07GPH），地下水位的变幅较平稳，见表 5-10、图 5-20。

表 5-10　　　　　　　　　厂房边坡地下水位观测成果统计表

仪器编号	安 装 位 置	高程/m	渗压水位/m			蓄水后总变化量/m
			2021-11-16 蓄水前	2022-6-5 库水位 461.00m	2023-3-22 当前值	
P01GPH	厂房安Ⅰ段 基岩结合面 (1-1断面 CF0+001.00)	394.47	395.04	397.31	395.21	0.17
P02GPH	厂房安Ⅰ段 基岩结合面 (1-1断面 CF0+001.00)	394.46	395.93	395.26	395.78	-0.15
P04GPH	厂房安Ⅱ集水井 基岩结合面 (2-2断面 CF0+044.60)	387.13	368.32	368.32	368.32	0
P07GPH	厂房2号机组 基岩结合面 (3-3断面 XCF0+088.30)	357.84	362.91	364.54	364.66	1.74
P09GPH	厂房4号机组 基岩结合面 (4-4断面 XCF0+142.30)	394.47	361.88	359.31	360.38	-1.50
P10GPH	厂房4号机组 基岩结合面 (4-4断面 XCF0+142.30)	394.46	353.37	397.31	395.21	0.17

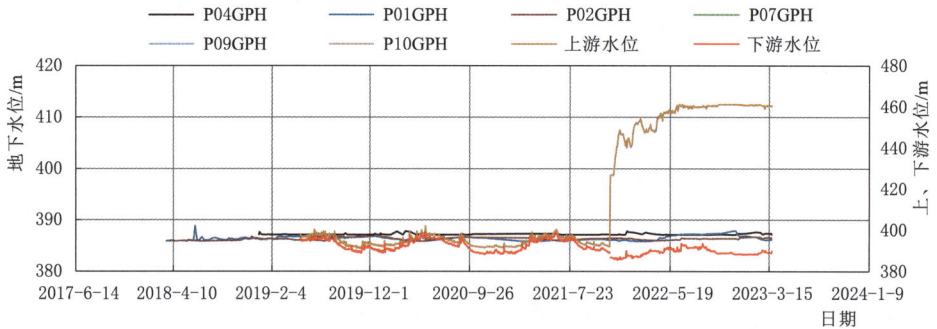

图 5-20　厂房基础渗压计 P01GPH～P10GPH 地下水位变化过程曲线图

5.2.4　基础排水廊道测压孔及量水堰

在发电机组运行期间，厂房基础排水廊道内测压孔测得的扬压力水位与测压管口平齐，无压力，变幅较平稳；量水堰测得的最大渗流量为 0.0178L/s，渗流量较小，变幅较平稳，见表 5－11、表 5－12、图 5－21 和图 5－22。

表 5－11   厂房基础廊道测压孔观测成果统计表

仪器编号	安装位置	高程/m	扬压水位/m			蓄水后总变化量/m
			2021－11－10 蓄水前	2022－6－12 库水位 461.00m	2023－3－23 当前值	
BV01GPH	厂房基础排水廊道 安装间二段	359.05	359.05	359.05	359.05	0
BV02GPH	厂房基础排水廊道 1 号机组段	359.12	359.12	359.12	359.12	0
BV03GPH	厂房基础排水廊道 2 号机组段	359.10	359.10	359.10	359.10	0
BV04GPH	厂房基础排水廊道 3 号机组段	359.13	359.13	359.13	359.13	0
BV05GPH	厂房基础排水廊道 4 号机组段	359.11	359.11	359.11	359.11	0

表 5－12   厂房基础廊道量水堰观测成果统计表

仪器编号	安装位置	高程/m	渗流量/(L/s)			蓄水后总变化量/(L/s)
			2021－11－15 蓄水前	2022－6－12 库水位 461.00m	2023－3－23 当前值	
WE01GPH	厂房基础排水廊道	359.00	0	0.0108	0.0178	0.0178

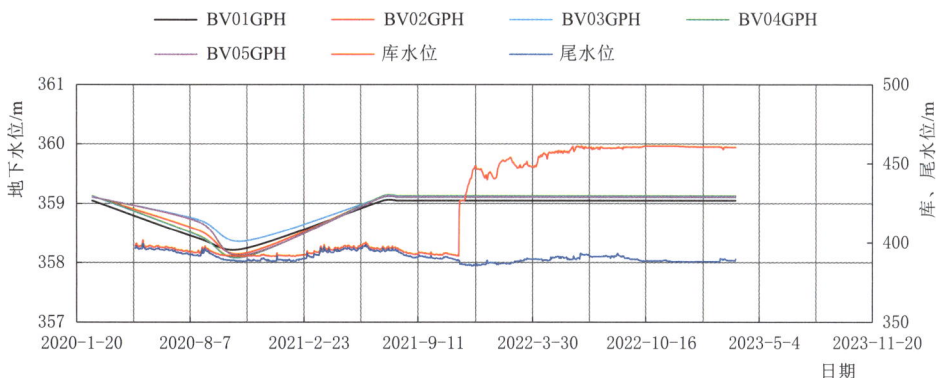

图 5－21 厂房基础排水廊道测压孔地下水位变化过程曲线图

5.2.5 钢筋应力

在厂房 2 号机组尾水管、肘管外侧、尾水闸墩、止推环、2 号机组蜗壳外侧等部位共

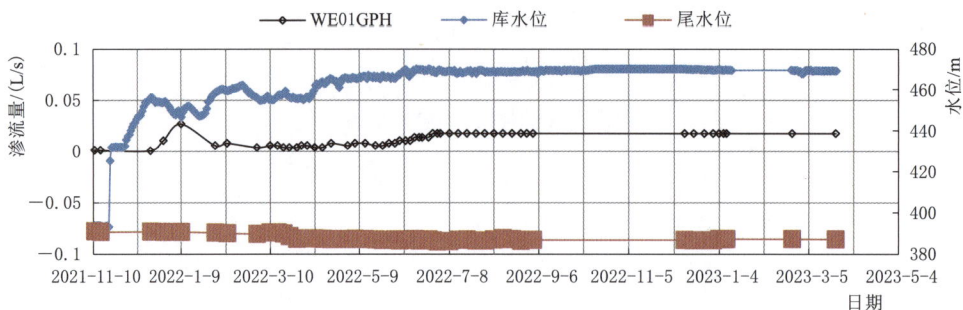

图 5－22　厂房基础排水廊道量水堰渗流量变化过程曲线图

计安装埋设钢筋计 39 支，其中 5 支钢筋计失效（R03GPH～R05GPH、R11GPH 和 R14GPH），衬砌结构钢筋的最大累计拉应力为 54.27MPa（厂房 2 号机组肘管外侧，高程 367.200m，仪器编号 R08GPH），蓄水后的累计降幅约 1.77MPa，变幅较小；其他测点蓄水后的变幅在 －9.99～19.83MPa 之间，在机组发电运行阶段，混凝土结构内的钢筋应力变化较平稳见表 5－13、图 5－23～图 5－25。

表 5－13　　　　　　　　　引水洞洞身锚杆应力计观测成果统计表

仪器编号	安 装 位 置	高程/m	钢筋应力/MPa			蓄水后总变化量/MPa
			2021－11－9 蓄水前	2022－6－13 库水位 461.00m	2023－3－22 当前值	
R01GPH	厂房 2 号机组尾水管	362.807	－39.65	－45.28	－41.97	－2.32
R02GPH	厂房 2 号机组尾水管	362.815	－42.94	－53.49	－30.32	12.61
R06GPH	厂房 2 号机组肘管外侧	365.150	5.66	2.95	4.33	－1.34
R07GPH	厂房 2 号机组肘管外侧	365.150	11.14	6.54	1.15	－9.99
R08GPH	厂房 2 号机组肘管外侧	367.200	56.04	53.33	54.27	－1.77
R09GPH	厂房 2 号机组肘管外侧	367.200	14.26	7.85	11.36	－2.89
R10GPH	厂房 2 号机组肘管外侧	369.250	－10.98	－12.02	－7.88	3.10
R12GPH	厂房 2 号机组下游墙	369.250	－5.29	9.47	－0.34	4.95
R13GPH	厂房 2 号机组下游墙	381.500	－48.16	－49.86	－49.22	－1.05
R15GPH	厂房 2 号机组下游墙	399.103	－21.82	－22.89	－26.92	－5.10
R16GPH	厂房 2 号机组止推环	387.128	－8.42	－9.58	－13.15	－4.73
R17GPH	厂房 2 号机组止推环	387.106	6.72	15.10	8.01	1.29
R18GPH	厂房 2 号机组止推环	382.627	10.41	7.66	10.74	0.33
R19GPH	厂房 2 号机组止推环	382.619	31.48	44.56	51.31	19.83
R20GPH	厂房 2 号机组止推环	382.631	5.73	5.74	5.46	－0.27

续表

仪器编号	安 装 位 置	高程/m	钢筋应力/MPa			蓄水后总变化量/MPa
			2021-11-9 蓄水前	2022-6-13 库水位 461.00m	2023-3-22 当前值	
R21GPH	厂房 2 号机组止推环	382.643	15.05	15.87	15.30	0.26
R22GPH	厂房 2 号机组止推环	379.076	28.74	28.44	30.20	1.46
R23GPH	厂房 2 号机组止推环	379.063	30.68	41.88	50.41	19.73
R24GPH	厂房 2 号机组蜗壳 2-2 断面	383.826	2.58	4.31	0.79	−1.78
R25GPH	厂房 2 号机组蜗壳 2-2 断面	382.506	−13.29	−10.57	−9.11	4.18
R26GPH	厂房 2 号机组蜗壳 2-2 断面	382.492	19.39	16.05	15.18	−4.21
R27GPH	厂房 2 号机组蜗壳 2-2 断面	379.608	17.03	18.54	24.42	7.40
R28GPH	厂房 2 号机组蜗壳 3-3 断面	385.438	19.18	19.56	14.97	−4.21
R29GPH	厂房 2 号机组蜗壳 3-3 断面	382.518	−24.85	−20.76	−22.16	2.70
R30GPH	厂房 2 号机组蜗壳 3-3 断面	382.502	12.30	12.03	9.05	−3.25
R31GPH	厂房 2 号机组蜗壳 3-3 断面	379.574	18.77	22.52	21.94	3.17
R32GPH	厂房 2 号机组蜗壳 2-2 断面	386.229	15.98	15.54	12.71	−3.27
R33GPH	厂房 2 号机组蜗壳 2-2 断面	382.517	−19.74	−20.57	−20.51	−0.77
R34GPH	厂房 2 号机组蜗壳 2-2 断面	382.503	21.12	21.40	19.58	−1.54
R35GPH	厂房 2 号机组蜗壳 2-2 断面	378.786	0.90	0.23	−2.24	−3.14
R36GPH	厂房 2 号机组蜗壳 3-3 断面	386.306	12.60	12.47	9.91	−2.69
R37GPH	厂房 2 号机组蜗壳 3-3 断面	382.509	−29.87	−31.24	−31.97	−2.10
R38GPH	厂房 2 号机组蜗壳 3-3 断面	382.512	6.18	7.63	7.71	1.53
R39GPH	厂房 2 号机组蜗壳 3-3 断面	378.702	6.29	8.79	8.93	2.63

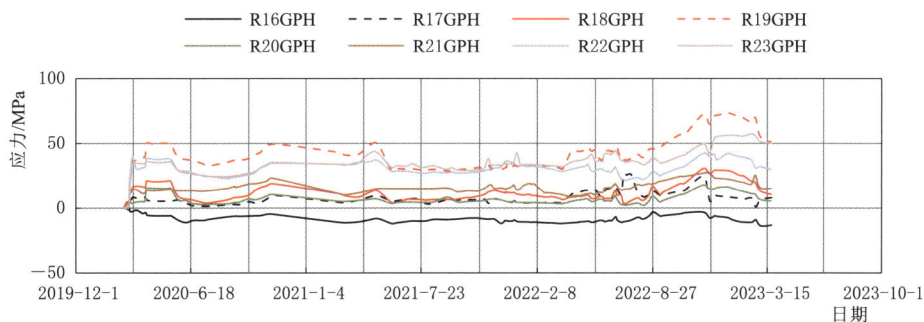

图 5-23　厂房 2 号机组止推环外侧钢筋计应力变化过程曲线图

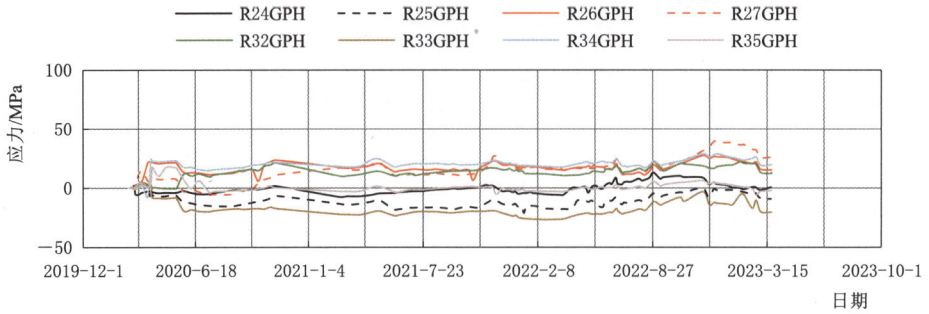

图 5－24　厂房 2 号机组 2－2 断面蜗壳外侧钢筋计应力变化过程曲线图

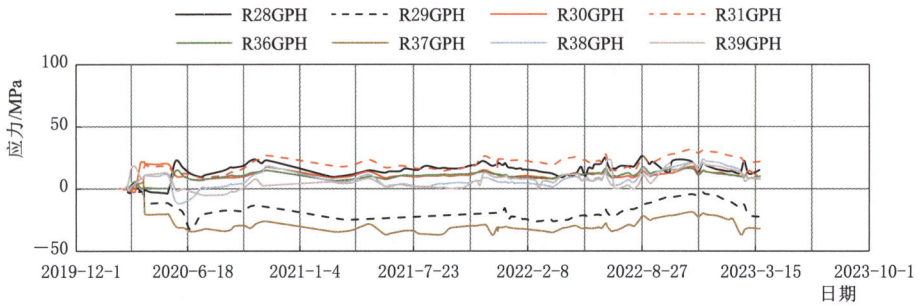

图 5－25　厂房 2 号机组 3－3 断面蜗壳外侧钢筋计应力变化过程曲线图

5.2.6　钢结构应力

2 号机组尾水肘管和蜗壳外侧安装埋设的钢板计最大拉应力为 68.14MPa（2 号机组蜗壳外侧高程 382.50m，仪器编号 GB20GPH），蓄水后的总变化量约 58.28MPa，最大压应力为 56.02MPa（厂房 2 号机组蜗壳 3－3 断面高程 382.50m，仪器编号 GB21GPH），蓄水后的总变化量约 20.98MPa；大部分钢板计均表现为压应力，且拉应力值相对压应力值较小，变化幅度较平稳，见表 5－14、图 5－26～图 5－28。

表 5－14　　　　　　　　　　　厂房 2 号机组钢板计观测成果统计表

仪器编号	安 装 位 置	高程/m	钢结构应力/MPa			蓄水后总变化量/MPa
			2021－11－16 蓄水前	2022－6－13 库水位 461.00m	2023－3－22 当前值	
GB01GPH	2 号机组肘管外侧	365.20	30.23	26.81	25.49	－4.74
GB02GPH	2 号机组肘管外侧	365.20	29.91	14.61	16.71	－13.21
GB03GPH	2 号机组肘管外侧	367.20	5.59	－6.99	－9.17	－14.76
GB07GPH	2 号机组蜗壳 2－2 断面	383.80	－14.37	－20.28	－19.35	－4.97
GB08GPH	2 号机组蜗壳 2－2 断面	382.50	－6.22	－11.19	－7.23	－1.01
GB09GPH	2 号机组蜗壳 2－2 断面	382.50	12.51	10.88	11.03	－1.48

续表

仪器编号	安装位置	高程/m	钢结构应力/MPa			蓄水后总变化量/MPa
			2021-11-16 蓄水前	2022-6-13 库水位 461.00m	2023-3-22 当前值	
GB10GPH	2号机组蜗壳2-2断面	379.60	−15.77	1.40	−11.73	4.04
GB13GPH	2号机组蜗壳3-3断面	382.50	−13.99	−11.50	−7.61	6.37
GB14GPH	2号机组蜗壳3-3断面	379.60	−6.37	−6.37	−8.24	−1.86
GB15GPH	2号机组蜗壳2-2断面	386.20	7.93	14.22	11.89	3.96
GB16GPH	2号机组蜗壳2-2断面	382.50	−19.89	33.41	32.71	52.60
GB17GPH	2号机组蜗壳2-2断面	382.50	6.92	−7.93	−4.74	−11.66
GB18GPH	2号机组蜗壳2-2断面	378.80	−16.39	−33.88	−28.36	−11.97
GB20GPH	2号机组蜗壳3-3断面	382.50	9.87	67.13	68.14	58.28
GB21GPH	2号机组蜗壳3-3断面	382.50	−35.04	−57.81	−56.02	−20.98
GB22GPH	2号机组蜗壳3-3断面	378.70	−4.58	−2.95	−4.12	0.47
GB24GPH	2号机组蜗壳4-4断面	382.50	−17.87	2.72	2.49	20.36
GB25GPH	2号机组蜗壳4-4断面	382.50	−22.92	−29.29	−28.90	−5.98
GB26GPH	2号机组蜗壳4-4断面	378.30	−7.46	−2.72	−11.27	−3.81

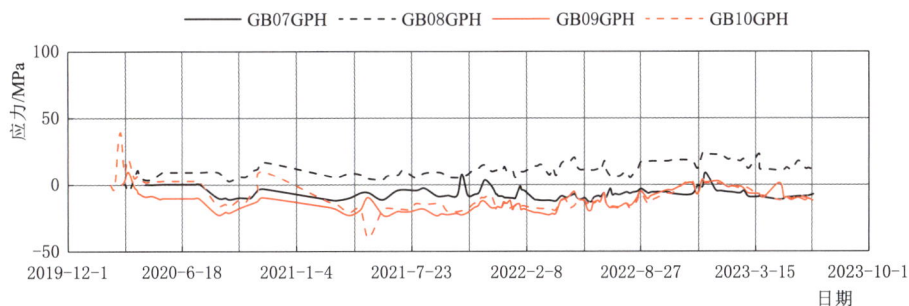

图5-26 厂房2号机组蜗壳外侧钢板计GB07GPH～GB10GPH应力变化过程曲线图

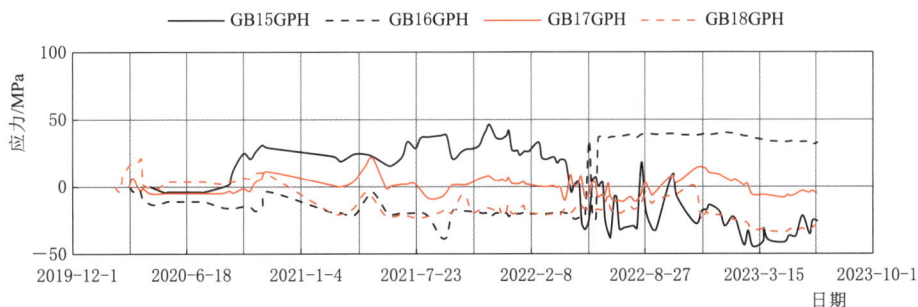

图5-27 厂房2号机组蜗壳外侧钢板计GB15GPH～GB18GPH应力变化过程曲线图

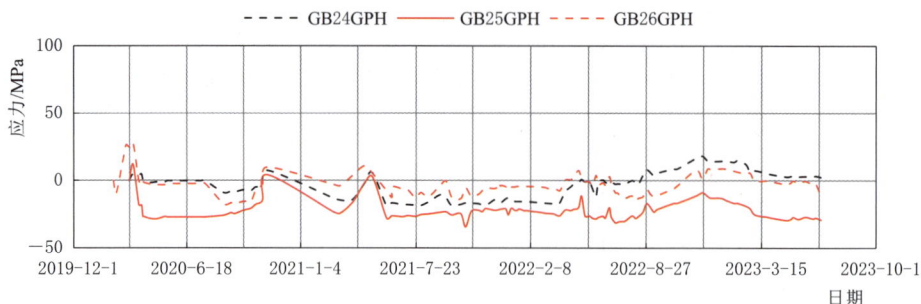

图 5 - 28　厂房 2 号机组蜗壳外侧钢板计 GB24GPH～GB26GPH 应力变化过程曲线图

5.2.7　小结

厂房基础的最大累计沉降量为 5.12mm，蓄水后的最大累计增幅约 3.28mm，沉降量的变化幅度与表面沉降测点的基本一致，变化趋势较平稳。截至 2023 年 3 月，测缝计测得的最大缝面开合度为 0.73mm（J02GPH、高程 395.20m），蓄水后的最大降幅 0.37mm（J02GPH），缝面开合度值较小，变化较平稳。厂房边坡及基岩结合面的地下水位在蓄水后的变幅较小，最大累计增幅约 1.74m（P07GPH），地下水位的变幅较平稳。厂房基础排水廊道内测压孔测得的扬压力水位与测压管口平齐，无压力，变幅平稳；量水堰测得的最大渗流量为 0.0178L/s，渗流量较小，变幅较平稳。衬砌结构钢筋的最大累计拉应力为 54.27MPa（厂房 2 号机组肘管外侧，断面高程 367.20m，仪器编号 R08GPH），蓄水后的累计降幅约 1.77MPa，变幅较小。2 号机组尾水肘管和蜗壳外侧安装埋设的钢板计最大拉应力为 68.14MPa（2 号机组蜗壳外侧断面高程 382.50m，仪器编号 GB20GPH），蓄水后的累计增幅约 58.28MPa，最大压应力为 56.02MPa（厂房 2 号机组蜗壳 3 - 3 断面高程 382.50m，仪器编号 GB21GPH），蓄水后的累计增幅约 20.98MPa。

5.2.8　安全评价

卡洛特水电站地面厂房工程的结构布置合理，建筑物运行安全稳定，渗漏集水井内的渗水量很小，基础防渗帷幕的效果很好，厂房后边坡的深层排水系统正常，排水量也很小；自 2022 年 6 月 29 日投入商业运行以来，截至 2023 年 3 月，已正常运行 9 个月，各项安全监测数据变化正常，监测指标均小于设计允许值，地面厂房结构建筑物运行正常。

第6章

溢洪道监测成果分析

6.1 坝顶表面变形

溢洪道坝顶表面变形安装埋设了 11 个引张线测点、12 个视准线测点和 15 个沉降测点。引张线测点测得的累计水平位移量在 −2.22～3.75mm 之间，变幅较小；坝顶视准线测点的最大累计水平位移量为 10.23mm（8 号坝段 TP08SCS），蓄水后的累计增幅约10.23mm，其他测点的增幅均在 0.93～8.79mm 之间，变幅较小；坝顶的最大累计沉降量为 5.04mm（4 号坝段 BM12SCS），蓄水后的累计增幅约 5.04mm，其他测点的变幅均在 5.00mm 内，变幅较小，见表 6-1～表 6-3、图 6-1～图 6-5。

表 6-1　　　　　　　　　　溢洪道坝顶引张线水平位移变化成果统计表

仪器编号	安 装 位 置	高程/m	位移量/mm			蓄水后总变化量/mm
			2022-5-22 基准值	2022-7-2 库水位 461.00m	2022-3-23 当前值	
EX01SCS	2 号坝段	469.50	0	−0.25	0.03	0.03
EX02SCS	3 号坝段	469.50	0	−0.81	−2.22	−2.22
EX03SCS	4 号坝段	469.50	0	−0.91	0.37	0.37
EX04SCS	5 号坝段	469.50	0	−0.94	−0.88	−0.88
EX05SCS	6 号坝段	469.50	0	−0.34	2.59	2.59
EX06SCS	7 号坝段	469.50	0	−0.12	3.75	3.75
EX07SCS	8 号坝段	469.50	0	−0.41	2.19	2.19
EX08SCS	9 号坝段	469.50	0	−1.88	−0.09	−0.09
EX09SCS	10 号坝段	469.50	0	−0.72	−0.34	−0.34
EX10SCS	11 号坝段	469.50	0	−0.66	0.22	0.22
EX11SCS	12 号坝段	469.50	0	−0.59	1.97	1.97

表 6-2　　　　　　　　　　溢洪道坝顶视准线水平位移变化成果统计表

仪器编号	安 装 位 置	高程/m	位移量/mm			蓄水后总变化量/mm
			2021-11-11 蓄水前	2022-6-14 库水位 461.00m	2023-3-23 当前值	
TP01SCS	1 号坝段	469.50	0	−0.20	0.93	0.93
TP02SCS	2 号坝段	469.50	0	0.71	2.11	2.11
TP03SCS	3 号坝段	469.50	0	1.35	5.14	5.14
TP04SCS	4 号坝段	469.50	0	1.32	2.64	2.64

续表

仪器编号	安 装 位 置	高程/m	位移量/mm			蓄水后总变化量/mm
			2021 - 11 - 11 蓄水前	2022 - 6 - 14 库水位 461.00m	2023 - 3 - 23 当前值	
TP05SCS	5 号坝段	469.50	0	0.95	7.28	7.28
TP06SCS	6 号坝段	469.50	0	1.26	8.00	8.00
TP07SCS	7 号坝段	469.50	0	2.19	8.79	8.79
TP08SCS	8 号坝段	469.50	0	3.26	10.23	10.23
TP09SCS	9 号坝段	469.50	0	0.89	6.63	6.63
TP10SCS	10 号坝段	469.50	0	−1.91	7.86	7.86
TP11SCS	11 号坝段	469.50	0	2.18	2.74	2.74
TP12SCS	12 号坝段	469.50	0	0.16	2.71	2.71

表 6 - 3　　　　　　　　　　　溢洪道坝顶沉降变化成果统计表

仪器编号	安 装 位 置	高程/m	沉降量/mm			蓄水后总变化量/mm
			2021 - 11 - 13 蓄水前	2022 - 6 - 22 库水位 461.00m	2023 - 3 - 23 当前值	
BM09SCS	1 号坝段上游侧	469.50	0	0.36	0.43	0.43
BM10SCS	2 号坝段上游侧	469.50	0	1.49	3.47	3.47
BM11SCS	3 号坝段上游侧	469.50	0	1.92	4.92	4.92
BM12SCS	4 号坝段上游侧	469.50	0	2.33	5.04	5.04
BM13SCS	5 号坝段上游侧	469.50	0	1.94	3.54	3.54
BM14SCS	6 号坝段上游侧	469.50	0	1.88	2.78	2.78
BM15SCS	7 号坝段上游侧	469.50	0	1.09	1.92	1.92
BM16SCS	8 号坝段上游侧	469.50	0	1.07	1.95	1.95
BM17SCS	9 号坝段上游侧	469.50	0	1.43	2.81	2.81
BM18SCS	10 号坝段上游侧	469.50	0	0.82	1.34	1.34
BM19SCS	11 号坝段上游侧	469.50	0	−1.88	−3.84	−3.84
BM20SCS	12 号坝段上游侧	469.50	0	−1.80	−5.00	−5.00
BM21SCS	3 号坝段下游侧	469.50	0	0	4.28	4.28
BM22SCS	5 号坝段下游侧	469.50	0	0	4.19	4.19
BM23SCS	8 号坝段下游侧	469.50	0	0	4.07	4.07

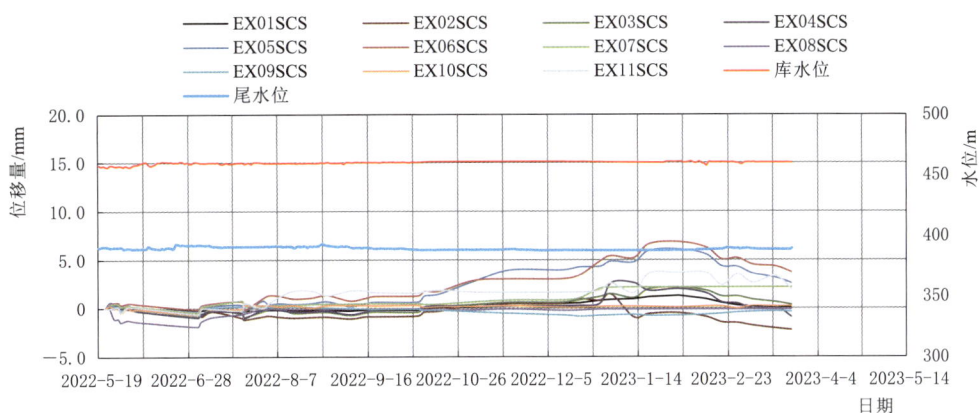

图 6-1 溢洪道坝顶引张线测点顺河向位移的变化过程曲线图

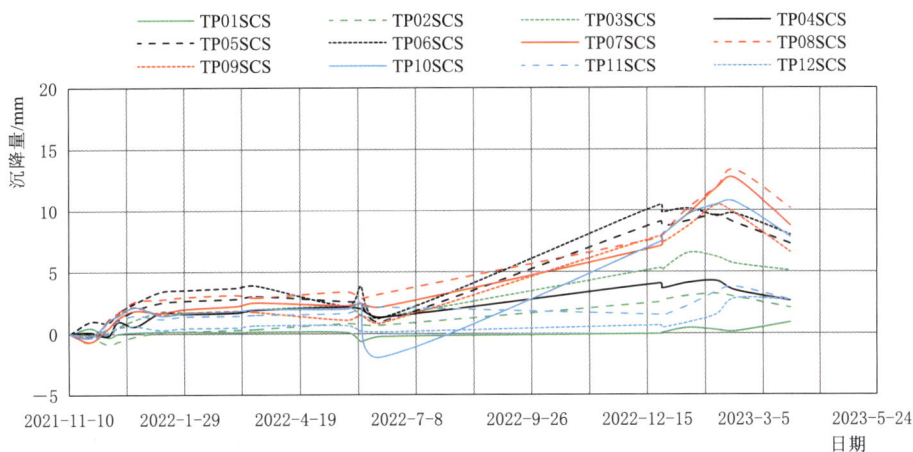

图 6-2 溢洪道坝顶视准线测点顺河向位移变化过程曲线图

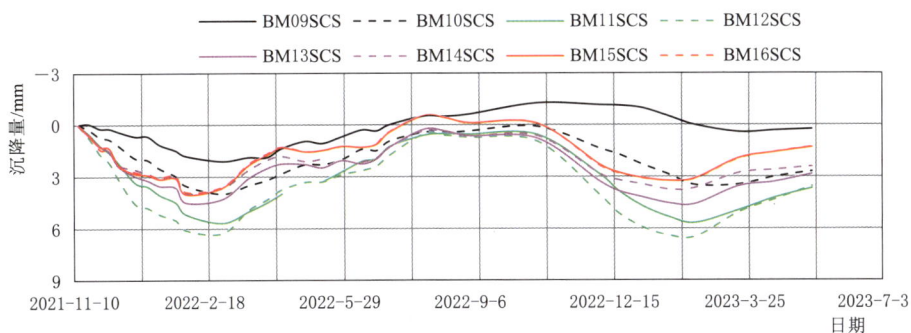

图 6-3 溢洪道坝顶 BM09SCS～BM16SCS 沉降变化分布图

6.2 基础沉降变形（水准标点）

溢洪道控制段基础廊道共埋设 8 个沉降监测测点，2023 年 3 月，基础廊道底板上的

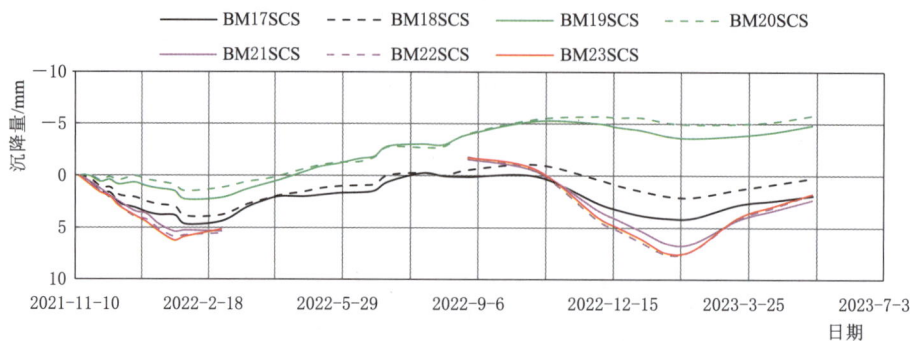

图 6-4　溢洪道坝顶 BM17SCS～BM23SCS 沉降变化分布图

图 6-5　溢洪道坝顶水准标点布置示意图

水准标点测得的基础廊道表现为上抬现象，上抬量在 0.86mm（5 号坝段 BM03SCS）～ 1.86mm（7 号坝段 BM05SCS)之间，蓄水后的变化量较小，见表 6-4、图 6-6。

表 6-4　　　　　　　　　　　　基础廊道沉降变化成果统计表

仪器编号	安 装 位 置	高程/m	沉降量/mm			蓄水后总变化量/mm
			2021-11-15 蓄水前	2022-6-23 库水位 461.00m	2023-3-23 当前值	
BM01SCS	3 号坝段基础廊道	417.00	0	−1.53	−1.67	−1.67
BM02SCS	4 号坝段基础廊道	417.00	0	−1.11	−1.65	−1.65
BM03SCS	5 号坝段基础廊道	428.00	0	−0.13	−0.86	−0.86

续表

仪器编号	安装位置	高程/m	沉降量/mm			蓄水后总变化量/mm
			2021-11-15 蓄水前	2022-6-23 库水位 461.00m	2023-3-23 当前值	
BM04SCS	6号坝段基础廊道	428.00	0	−0.32	−1.64	−1.64
BM05SCS	7号坝段基础廊道	428.00	0	−0.44	−1.86	−1.86
BM06SCS	8号坝段基础廊道	428.00	0	−0.27	−1.56	−1.56
BM07SCS	9号坝段基础廊道	428.00	0	−0.21	−0.90	−0.90
BM08SCS	10号坝段基础廊道	428.00	0	−1.06	−1.58	−1.58

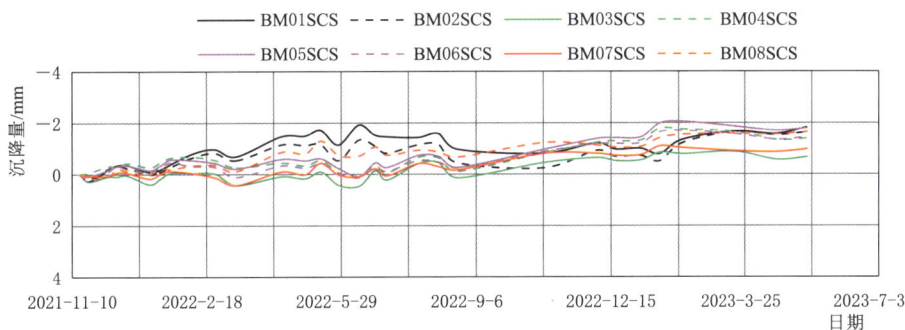

图 6-6　基础廊道沉降变化历时曲线图

6.3　基础水平位移

　　溢洪道基础廊道共安装 4 台垂线坐标仪，用于监测溢洪道控制段基础的变形。2023 年 3 月，控制段基础顺水流方向的最大累计水平位移量为 3.40mm（8 号坝段 IP04SCS），蓄水后的累计增幅约 3.36mm；控制段基础向左、右岸方向的最大累计水平位移量为 3.07mm（1 号坝段 IP01SCS），蓄水后的累计增幅约 2.84mm，蓄水后的位移量变化较小，见表 6-5、图 6-7、图 6-8。

表 6-5　　　　　　控制段基础廊道倒垂孔水平位移变化成果统计表

仪器编号	安装位置	高程/m	位移方向	位移量/mm			蓄水后总变化量/mm
				2021-11-16 蓄水前	2022-6-23 库水位 461.00m	2023-3-23 当前值	
PL01SCS	1号坝段基础廊道	417.00	X	0	0.71	2.45	2.45
			Y	0	−0.90	1.84	1.84

续表

仪器编号	安装位置	高程/m	位移方向	位移量/mm			蓄水后总变化量/mm
				2021-11-16 蓄水前	2022-6-23 库水位461.00m	2023-3-23 当前值	
IP01SCS	1号坝段基础廊道	417.00	X	0.11	0.35	0.53	0.42
			Y	-0.23	-2.18	-3.07	-2.84
IP02SCS	3号坝段基础廊道	417.00	X	-0.10	0.76	1.39	1.49
			Y	-0.06	-1.72	-3.04	-2.98
IP03SCS	5号坝段基础廊道	428.00	X	0.02	0.57	-0.42	-0.44
			Y	-0.05	-0.73	-0.89	-0.84
IP04SCS	8号坝段基础廊道	428.00	X	0.04	1.59	3.40	3.36
			Y	0	1.19	1.41	1.41
IP05SCS	溢洪道右岸坝肩	469.50	X	0	-0.10	-0.38	-0.38
			Y	0	0.09	1.47	1.47

注　表中 X 向为顺水流方向，坝体朝下游方向位移为正，向上游方向位移为负；Y 向为左、右岸方向，坝体朝左岸方向位移为正，向右岸方向位移为负。

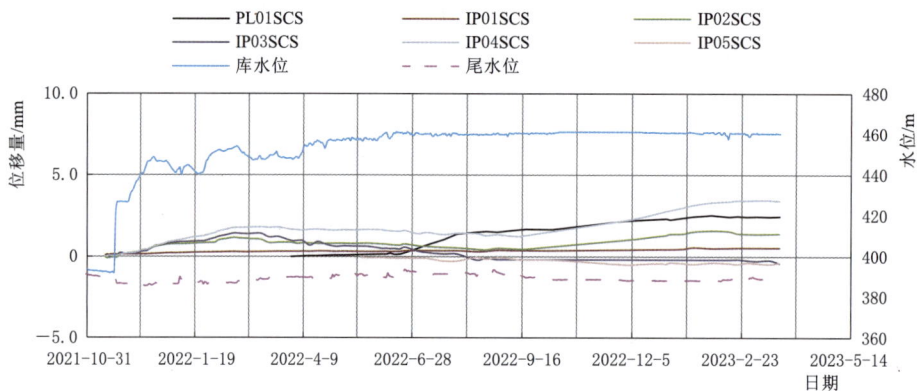

图 6-7　基础廊道倒垂孔 X 向（顺水流方向）位移变化过程曲线图

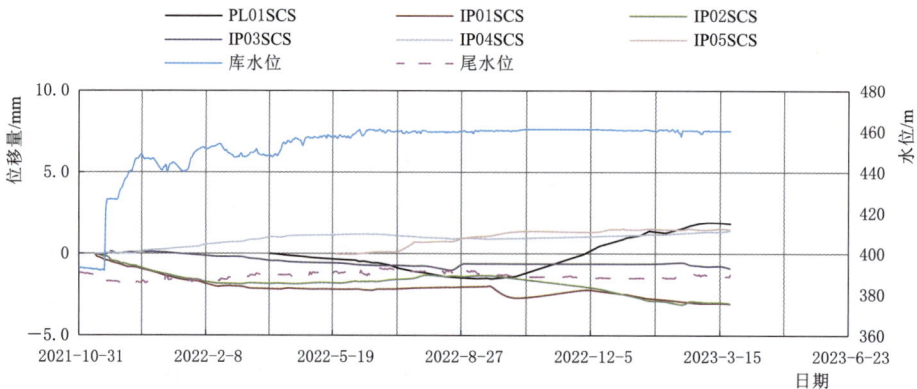

图 6-8　基础廊道倒垂孔 Y 向（左、右岸方向）位移变化过程曲线图

6.4 基础沉降变形（基岩变形计）

在溢洪道控制段基础共安装埋设了 4 支基岩变形计，其中失效 1 支（M03SCS）；2023 年 3 月，测得控制段最大累计上抬量为 2.73mm（M01SCS），3 号坝段的上抬量大于 8 号坝段；蓄水后的最大累计增幅约为 1.02mm（M01SCS），变化趋势较平稳，见表 6-6、图 6-9。

表 6-6　　　　　　　溢洪道控制段基础基岩变形计观测成果统计表

仪器编号	安装位置	高程/m	沉降量/mm			蓄水后总变化量/mm
			2021-11-13 蓄水前	2022-6-14 库水位 461.00m	2023-3-23 当前值	
M01SCS	3 号坝段基岩结合面（上游侧）	414.10	−1.70	−2.32	−2.73	−1.02
M02SCS	3 号坝段基岩结合面（下游侧）	417.10	−1.55	−1.98	−2.08	−0.53
M04SCS	8 号坝段基岩结合面（下游侧）	417.10	−0.89	−0.36	−0.40	0.49

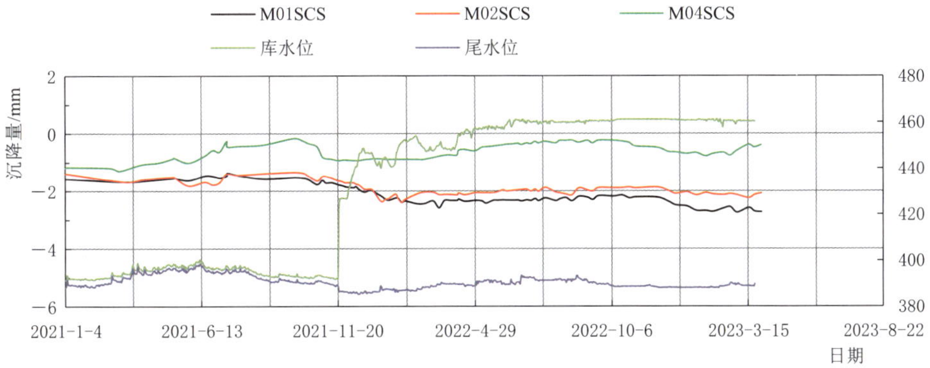

图 6-9　溢洪道控制段基础基岩变形计沉降量变化过程曲线图

6.5 缝面开合度

溢洪道控制段与两岸边坡的接触缝上共安装埋设了 8 支测缝计，在 10 号坝段迎水面的裂缝上安装埋设了 2 支裂缝计，在闸墩顶部的混凝土裂缝上安装埋设了 5 支裂缝计，2023 年 3 月，测得的最大缝面开合度为 1.02mm（AJ01SCS、溢洪道控制段 10 号坝段迎水面），蓄水后的累计变幅均在 0.15mm 内，变化较小。在 2020 年 2—3 月分别对两岸岸坡接触缝部位进行了接缝灌浆，两岸边坡接触缝的缝面在灌浆后的变幅较小，表明缝面已充填密实，见表 6-7、图 6-10～图 6-12。

表 6 – 7　　　　　　　　控制段与两岸边坡接触缝测缝计观测成果统计表

仪器编号	安装位置	高程/m	开合度/mm			蓄水后总变化量/mm
			2021－11－13 蓄水前	2022－6－29 库水位 461.00m	2023－3－23 当前值	
J02SCS	10 号坝段右侧岸坡	433.50	－0.19	－0.16	－0.13	0.05
J03SCS	2 号坝段左侧岸坡	445.50	－0.14	－0.13	－0.09	0.05
J04SCS	11 号坝段右侧边坡	448.50	0.25	0.30	0.32	0.06
J05SCS	1 号坝段左侧边坡	460.50	－0.09	－0.09	－0.04	0.05
J06SCS	12 号坝段右侧边坡	462.40	－0.28	－0.24	－0.14	0.13
J07SCS	3 号坝段基岩接合面上游齿槽	413.90	－0.09	－0.06	－0.04	0.05
AJ01SCS	10 号坝段迎水面裂缝修补	436.30	－0.01	－0.13	1.02	1.03
AJ02SCS	10 号坝段迎水面裂缝修补	436.30	0.14	0.07	0.13	0
AJ03SCS	6 号坝段闸墩顶部裂缝修补	469.50	0	0	0.04	0.04
AJ04SCS	7 号坝段闸墩顶部裂缝修补	469.50	0	0	0.01	0.01
AJ05SCS	8 号坝段闸墩顶部裂缝修补	469.50	0	0	0.04	0.04
AJ06SCS	9 号坝段闸墩顶部裂缝修补	469.50	0	0	－0.01	－0.01
AJ07SCS	10 号坝段闸墩顶部裂缝修补	469.50	0	0	0.02	0.02

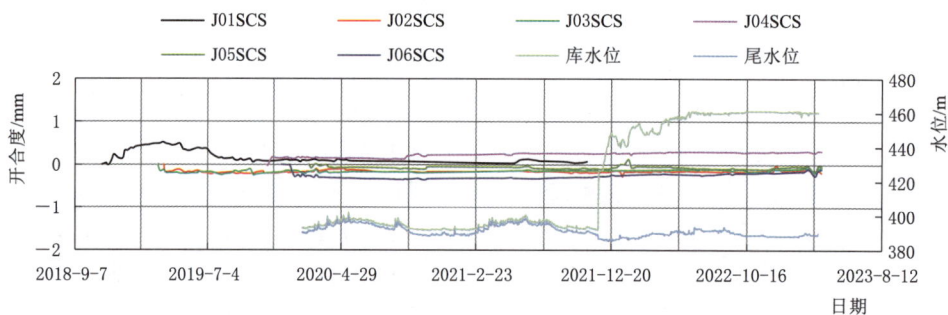

图 6 – 10　溢洪道控制段与两岸岸坡接触缝缝面开合度变化过程曲线图

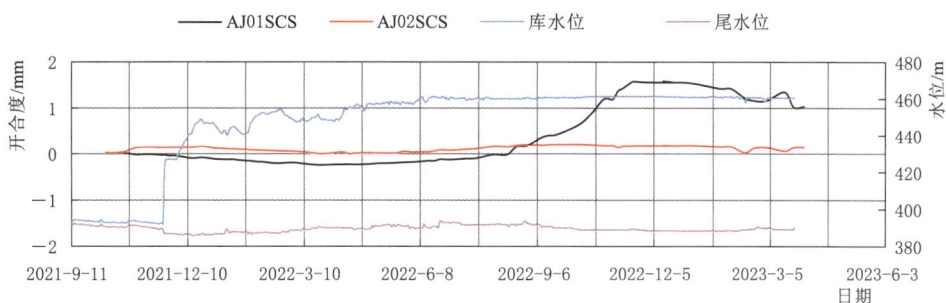

图 6-11　溢洪道控制段裂缝修补后的缝面开合度变化过程曲线图

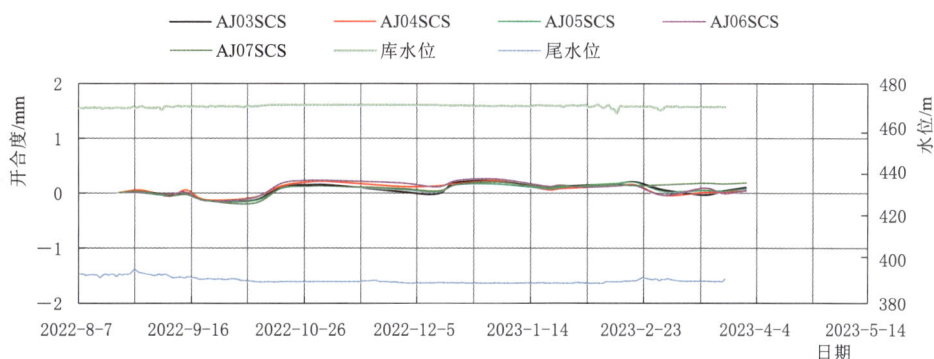

图 6-12　溢洪道控制段与两岸岸坡接触缝缝面开合度变化过程曲线图

6.6　渗流渗压

通过溢洪道控制段基础及两岸岸坡部位的渗压计观测成果分析，2023 年 3 月，库水位持续稳定在 460.50m 附近运行，泄洪表孔全部关闭，控制段基础及两岸边坡基岩面结合部位的渗压水位较平稳，蓄水后的渗压水位最大增幅约 10.50m（P03SCS），变幅较小，见表 6-8、图 6-13 和图 6-14。

表 6-8　　　　溢洪道控制段基础及两岸边坡渗压计观测成果统计表　　　　单位：m

仪器编号	安装位置	高程	渗压水位			蓄水后总变化量
			2021-11-13 蓄水前	2022-6-14 库水位 461.00m	2023-3-31 当前值	
P01SCS	溢洪道控制段 3 号坝段左岸边坡基岩结合面	426.10	426.34	430.99	429.62	3.28
P02SCS	溢洪道控制段 10 号坝段右侧岸坡	433.50	436.90	444.13	445.87	8.97
P03SCS	溢洪道控制段 2 号坝段左侧边坡	445.50	445.55	455.53	456.05	10.50

续表

仪器编号	安 装 位 置	高程	渗压水位			蓄水后总变化量
			2021－11－13 蓄水前	2022－6－14 库水位 461.00m	2023－3－31 当前值	
P04SCS	溢洪道控制段 11 号坝段右侧边坡	448.50	451.68	452.31	454.05	2.37
P05SCS	溢洪道控制段 3 号坝段 基岩结合面（中段）	416.70	417.22	417.07	416.97	－0.25
P06SCS	溢洪道控制段 3 号坝段基岩结合面 （下游侧）	417.00	416.98	416.98	416.98	0
P07SCS	溢洪道控制段 8 号坝段基岩结合面 （上游侧）	424.60	425.23	426.00	427.28	2.05
P08SCS	溢洪道控制段 8 号坝段基岩结合面 （下游侧）	416.80	420.05	421.13	421.06	1.01

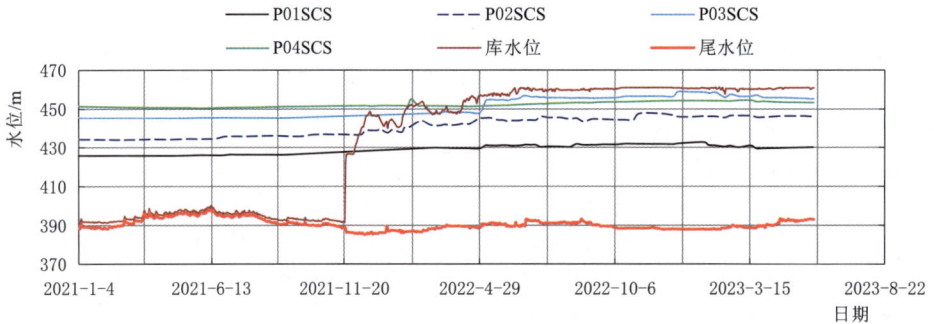

图 6－13　溢洪道控制段两岸边坡接触面的水位变化过程曲线图

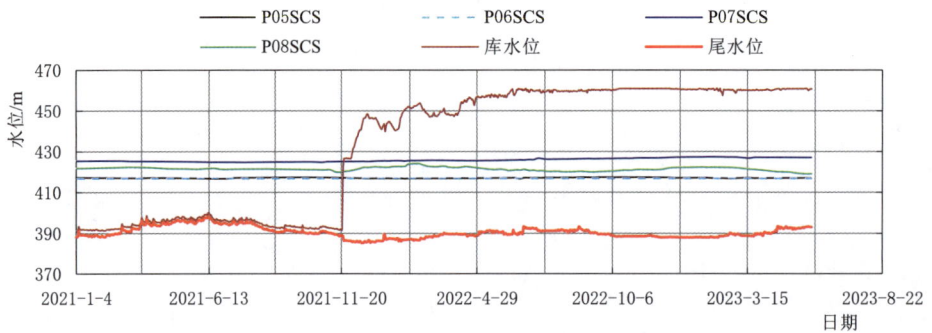

图 6－14　溢洪道控制段基础地下水位变化过程曲线图

6.7　坝基扬压力

溢洪道控制段基础廊道内已安装了 8 个测压管，在泄槽段排水廊道内安装了 14 个测压管当库水位在 460.20m 附近时排沙底孔和泄洪表孔闸门均已关闭，测压孔内的水位变幅较小；基础廊道内测压管蓄水后的累计最大增幅约 4.329m（5 号坝段，BV03SCS），其他测点的变幅在 −0.059～0.675m 之间，蓄水后的变化较平稳；泄槽段排水廊道内测压管在蓄水后的累计最大增幅约为 12.044m（右岸排水廊道，BV14SC），其他测点的变幅在 −0.326～9.439m 之间，蓄水后的增幅较明显。2023 年 3 月，孔内的水位变化已维持平稳，后续将持续跟踪观测，见表 6-9、图 6-15～图 6-18。

表 6-9　　　　溢洪道控制段及泄槽段基础廊道测压管观测成果统计表　　　　单位：m

仪器编号	安装位置	孔口高程	渗压水位			蓄水后总变化量
			2021-11-10 蓄水前	2022-6-25 库水位 461.00m	2023-3-24 当前值	
BV01SCS	3 号坝段基础廊道	417.30	417.033	417.328	417.328	0.295
BV02SCS	4 号坝段基础廊道	417.30	417.033	417.305	417.305	0.272
BV03SCS	5 号坝段基础廊道	428.40	424.057	428.386	428.386	4.329
BV04SCS	6 号坝段基础廊道	428.30	427.952	427.980	428.141	0.189
BV05SCS	7 号坝段基础廊道	428.30	428.020	427.984	427.992	−0.028
BV06SCS	8 号坝段基础廊道	428.30	428.115	428.061	428.056	−0.059
BV07SCS	9 号坝段基础廊道	428.30	427.465	428.112	428.140	0.675
BV08SCS	10 号坝段基础廊道	428.30	428.065	428.020	428.066	0.001
BV01SC	泄槽段左岸排水廊道	416.90	416.605	416.630	416.918	0.313
BV02SC	泄槽段左岸排水廊道	414.30	413.625	413.799	413.735	0.110
BV03SC	泄槽段左岸排水廊道	412.00	411.766	411.770	411.770	0.004
BV04SC	泄槽段左岸排水廊道	409.60	409.358	409.366	409.434	0.076
BV05SC	泄槽段左岸排水廊道	406.70	406.118	406.118	406.591	0.473
BV06SC	泄槽段下游侧排水廊道	405.20	405.085	404.807	404.759	−0.326
BV07SC	泄槽段下游侧排水廊道	405.20	404.603	404.603	404.802	0.199
BV08SC	泄槽段下游侧排水廊道	405.20	404.344	404.624	405.023	0.679
BV09SC	泄槽段右岸排水廊道	405.20	404.703	404.714	404.983	0.280
BV10SC	泄槽段右岸排水廊道	406.70	404.461	404.470	406.376	1.915
BV11SC	泄槽段右岸排水廊道	409.60	402.662	402.662	407.157	4.495
BV12SC	泄槽段右岸排水廊道	412.10	403.528	403.529	410.794	7.266

续表

仪器编号	安 装 位 置	孔口高程	渗 压 水 位			蓄水后总变化量
			2021-11-10 蓄水前	2022-6-25 库水位 461.00m	2023-3-24 当前值	
BV13SC	泄槽段右岸排水廊道	414.30	403.121	403.121	412.560	9.439
BV14SC	泄槽段右岸排水廊道	416.90	404.510	404.652	416.554	12.044

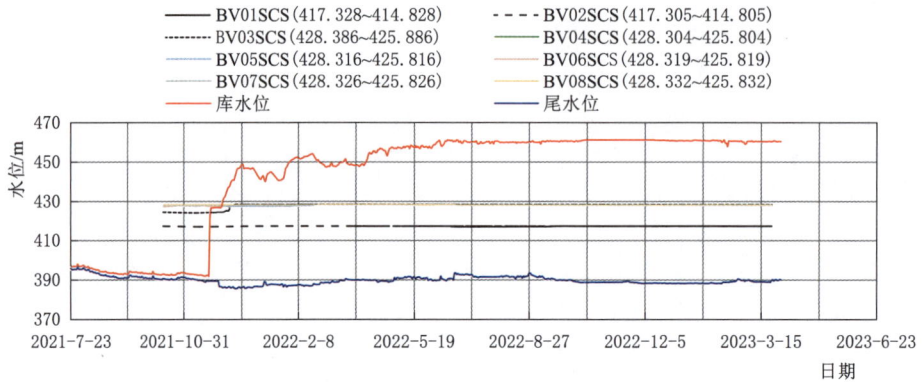

图 6-15　溢洪道控制段基础廊道测压孔内的水位变化过程曲线图

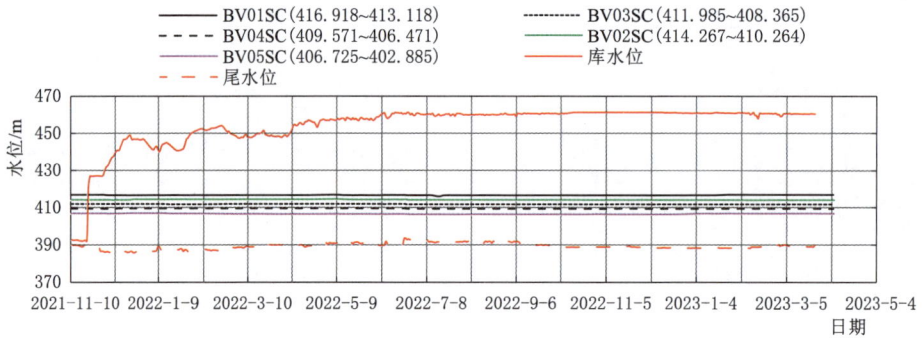

图 6-16　溢洪道泄槽段左侧导墙排水廊道测压孔内的水位变化过程曲线图

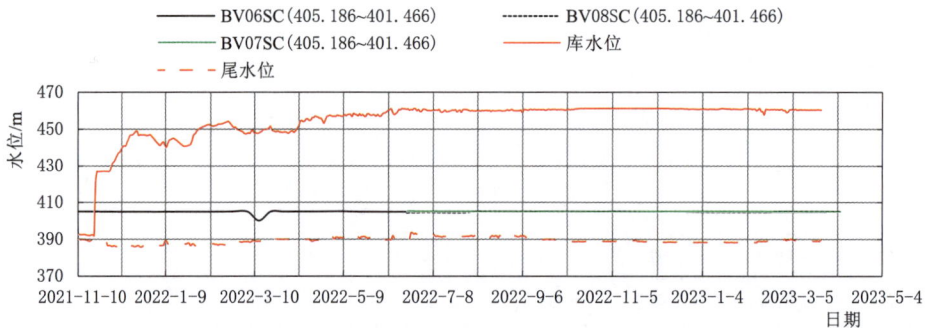

图 6-17　溢洪道泄槽段挑坎段排水廊道测压孔内的水位变化过程曲线图

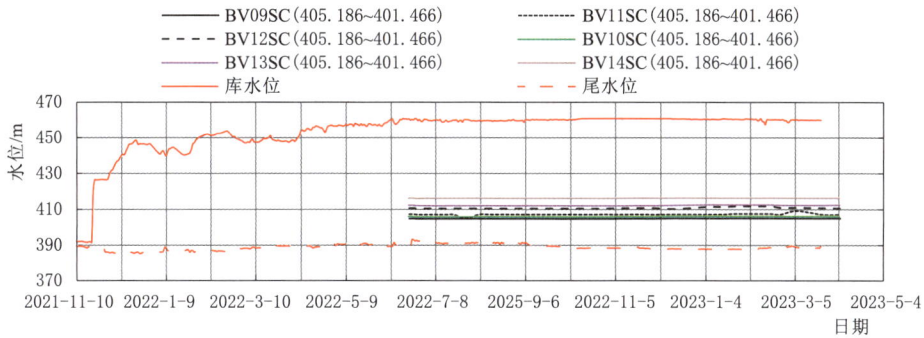

图 6-18 溢洪道泄槽段右侧导墙排水廊道测压孔内的水位变化过程曲线图

6.8 绕坝渗流

通过溢洪道两岸边坡绕渗孔内的地下水位观测成果及过程曲线分析，截至 2023 年 3 月，水位低于库水位的测孔蓄水后的最大累计增幅约 1.79m（右岸边坡，BV18SCS），其他绕渗孔内的水位变幅较小，部分测孔内的地下水位呈下降趋势，最大降幅约 5.22m（BV13SCS），暂未发现异常的绕渗现象；2023 年 3 月，库水位在 460.40m 附近，绕渗孔内的水位变幅较小，见表 6-10、图 6-19～图 6-21。

表 6-10　　　溢洪道左、右岸边坡绕渗孔内水位观测成果统计表　　　单位：m

仪器编号	安装位置	高程	绕渗水位			蓄水后总变化量
			2021-11-10 蓄水前	2022-6-25 库水位 461.00m	2023-3-24 当前值	
BV09SCS	控制段左岸边坡	469.73	462.85	462.76	463.11	0.26
BV10SCS	控制段左岸边坡	469.90	437.55	437.57	439.04	1.48
BV11SCS	控制段左岸边坡	461.65	437.34	438.17	435.73	−1.61
BV12SCS	控制段左岸边坡	453.76	433.90	435.64	432.94	−0.96
BV13SCS	控制段左岸边坡	430.47	425.72	422.51	420.50	−5.22
BV14SCS	控制段右岸边坡	469.60	461.33	462.76	461.48	0.15
BV15SCS	控制段右岸边坡	455.93	451.68	451.08	450.68	−1.00
BV16SCS	控制段右岸边坡	441.15	430.24	430.06	430.32	0.08
BV17SCS	控制段右岸边坡	469.76	460.11	460.00	460.01	−0.10
BV18SCS	控制段右岸边坡	469.80	441.76	443.01	443.55	1.79

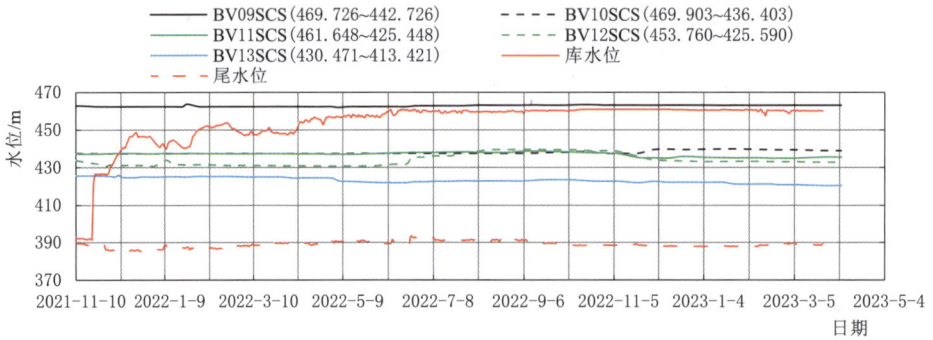

图 6－19　溢洪道左岸边坡绕渗孔内水位变化过程曲线图

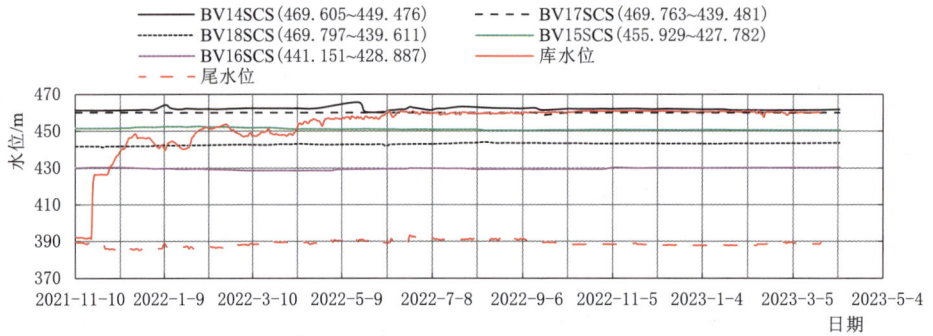

图 6－20　溢洪道右岸边坡绕渗孔内水位变化过程曲线图

图 6－21　溢洪道控制段两岸边坡绕渗孔布置示意图

6.9 渗流量

在溢洪道控制段两侧的排水廊道内布置了 2 套量水堰，从 2021 年 11 月 10 日开始观测，截至 2023 年 3 月，渗流量基本稳定在 0.01～0.11L/s，蓄水阶段在库水位的上升过程中，渗流量的变化较平稳。在泄槽段排水廊道末端的集水井口布置了 2 套量水堰，因排水沟内的淤积清理和集水井内安装水泵的影响，2022 年 7 月 10 日量水堰开始观测，截至 2023 年 3 月，渗流量基本稳定在 0.54～6.56L/s，两岸排水廊道内排水孔的渗流量很小，部分渗流水来自泄槽段底板预埋盲管的渗水。库水位维持在 460.20m 附近，廊道内的渗流量变化较平稳，见表 6-11、图 6-22 和图 6-23。

表 6-11　　　　　　　　溢洪道量水堰观测成果统计表

仪器编号	安 装 位 置	高程/m	渗流量/(L/s)			蓄水后总变化量/(L/s)
			2021-11-15 蓄水前	2022-6-14 库水位 461.00m	2023-3-23 当前值	
WE01SCS	溢洪道泄槽段左岸排水廊道的排水沟内	416.80	0	0.24	0.11	0.11
WE02SCS	溢洪道泄槽段右岸排水廊道的排水沟内	416.80	0	0	0.01	0.01
WE01SC	溢洪道泄槽段集水井口左侧排水沟内	405.20	0	2.38	6.56	6.56
WE02SC	溢洪道泄槽段集水井口右侧排水沟内	405.20	0	1.45	0.54	0.54

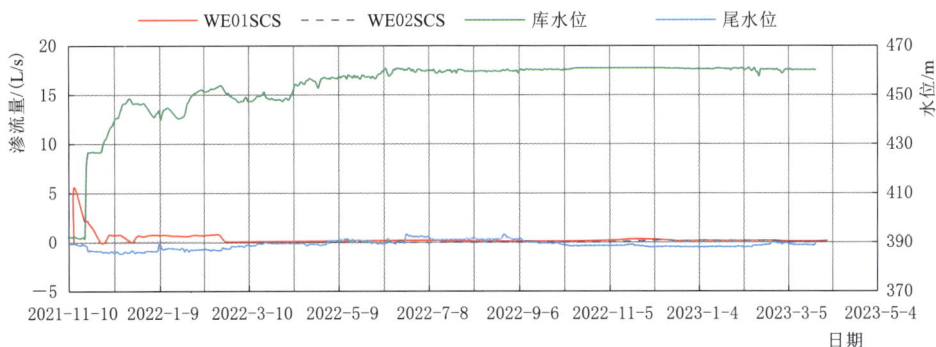

图 6-22　溢洪道控制段 WE01SCS、WE02SCS 量水堰渗流量变化过程曲线图

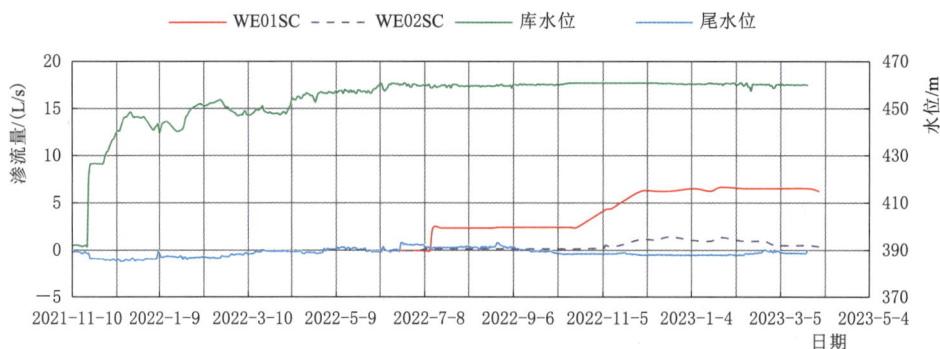

图 6－23　溢洪道泄槽段 WE01SC、WE02SC 量水堰渗流量变化过程曲线图

6.10　钢筋应力

溢洪道控制段结构混凝土内的钢筋计应力大都表现为压应力，1 号排沙孔周边结构钢筋计的最大累计压应力为 96.89MPa（R02SCS），约占设计钢筋应力（360MPa）的 26.91％，蓄水后的压应力最大增幅约 6.49MPa（R04SCS），钢筋应力的变幅较小。溢流表孔溢流面内的钢筋计的最大累计压应力为 62.60MPa（R17SCS），约占设计钢筋应力（360MPa）的 17.08％，蓄水后的压应力增幅约 1.81MPa，溢流面未过流，应力值较小。弧形闸门支承结构内的钢筋应力大都表现为压应力，最大累计压应力为 48.07MPa（R32SCS），约占设计钢筋应力（360MPa）的 13.35％，钢筋应力较小，蓄水后的压应力均呈减小趋势，最大累计降幅约 20.28MPa（R21SCS）。通过各钢筋计的应力与时间变化过程曲线来看，相应结构内钢筋计的应力较小，变幅也较平稳，见表 6－12、图 6－24～图 6－27。

表 6－12　　　　　　　　溢洪道控制段钢筋计观测成果统计表

仪器编号	安 装 位 置	高程/m	钢筋应力/MPa			蓄水后总变化量/MPa
			2021－11－13 蓄水前	2022－6－14 库水位 461.00m	2023－3－31 当前值	
R02SCS	1 号泄洪排沙孔 1－1 断面	422.80	－98.70	－100.77	－96.89	1.81
R03SCS	1 号泄洪排沙孔 1－1 断面	423.50	－23.77	－24.66	－25.79	－2.02
R04SCS	1 号泄洪排沙孔 1－1 断面	429.20	－18.92	－20.22	－25.41	－6.49
R05SCS	1 号泄洪排沙孔 1－1 断面	435.10	－38.02	－43.26	－40.33	－2.31

续表

仪器编号	安 装 位 置	高程/m	钢筋应力/MPa			蓄水后总变化量/MPa
			2021-11-13 蓄水前	2022-6-14 库水位 461.00m	2023-3-31 当前值	
R06SCS	1号泄洪排沙孔 1-1断面	435.50	−34.95	−31.54	−34.49	0.47
R08SCS	8号坝段表孔 1-1断面	424.80	−6.52	−9.08	−13.25	−6.73
R09SCS	8号坝段表孔 1-1断面	424.80	−14.84	−25.71	−24.28	−9.45
R10SCS	8号坝段表孔 1-1断面	438.90	−17.99	−4.78	−7.61	10.38
R12SCS	8号坝段表孔 1-1断面	444.10	−21.60	−14.39	−29.86	−8.26
R13SCS	8号坝段表孔 1-1断面	444.10	−19.53	−9.17	−14.14	5.39
R14SCS	8号坝段表孔 2-2断面	424.80	−28.69	−27.97	−42.14	−13.46
R15SCS	8号坝段表孔 2-2断面	424.80	−36.68	−46.58	−38.23	−1.55
R16SCS	8号坝段表孔 2-2断面	425.00	−38.19	−40.07	−36.41	1.78
R17SCS	8号坝段表孔 2-2断面	424.90	−60.79	−61.07	−62.60	−1.81
R18SCS	8号坝段表孔 2-2断面	430.00	−32.54	−32.02	−39.29	−6.76
R20SCS	4号坝段弧形 闸门支承结构	449.40	−62.15	−42.00	−47.94	14.22
R21SCS	4号坝段弧形 闸门支承结构	453.80	−19.57	−0.64	0.71	20.28
R22SCS	4号坝段弧形 闸门支承结构	453.20	−9.92	−25.73	−15.82	−5.89
R23SCS	4号坝段弧形 闸门支承结构	455.10	−59.74	−42.95	−40.35	19.39

续表

仪器编号	安 装 位 置	高程 /m	钢筋应力/MPa			蓄水后 总变化量 /MPa
			2021－11－13 蓄水前	2022－6－14 库水位 461.00m	2023－3－31 当前值	
R24SCS	4 号坝段弧形 闸门支承结构	453.20	－20.89	－14.07	－15.70	5.19
R25SCS	8 号坝段弧形 闸门支承结构	449.40	－14.14	－3.06	－10.02	4.12
R27SCS	8 号坝段弧形 闸门支承结构	453.10	－5.03	3.29	－4.60	0.43
R28SCS	8 号坝段弧形 闸门支承结构	455.10	15.88	24.17	9.49	－6.39
R30SCS	10 号坝段弧形 闸门支承结构	451.00	21.78	27.74	25.82	4.04
R31SCS	10 号坝段弧形 闸门支承结构	452.70	－31.20	－19.33	－22.97	8.23
R32SCS	10 号坝段弧形 闸门支承结构	452.20	－51.54	－42.39	－48.07	3.47
R33SCS	10 号坝段弧形 闸门支承结构	454.90	－23.07	－14.14	－13.21	9.86
R34SCS	10 号坝段弧形 闸门支承结构	451.10	－36.41	－19.99	－18.82	17.59

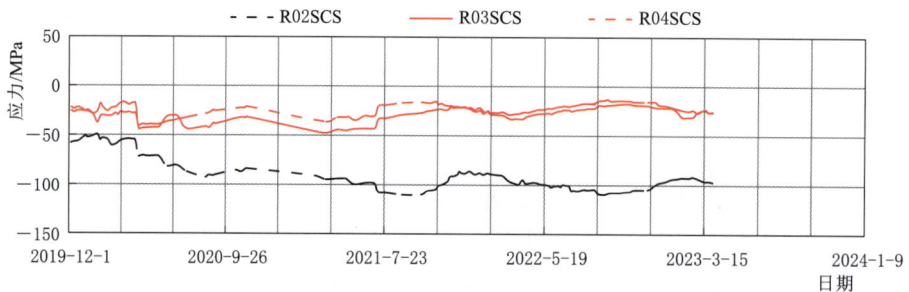

图 6－24　控制段 1 号排沙孔底板及边墙混凝土内钢筋应力变化过程曲线图

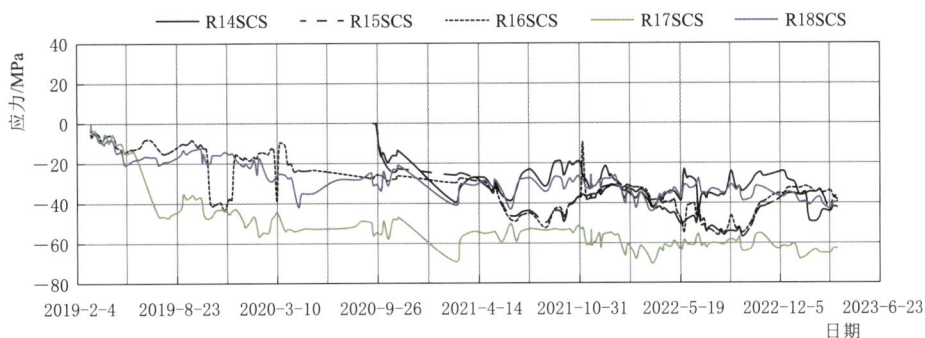

图 6-25 8 号坝段溢流面弧门牛腿部位混凝土内钢筋应力变化过程曲线图

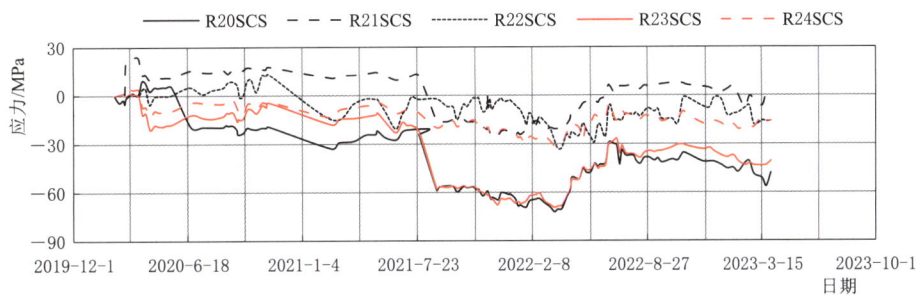

图 6-26 控制段 4 号坝段铰支座溢流面混凝土内钢筋应力变化过程曲线图

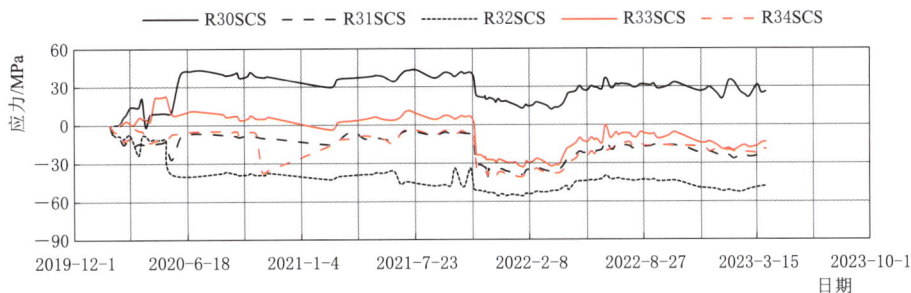

图 6-27 控制段 10 号坝段弧形闸门支承结构混凝土内钢筋应力变化过程曲线图

6.11 锚索锚固力

溢洪道控制段闸墩共安装 9 台锚索测力计，截至 2023 年 3 月，锚索的锚固力在 1931.98～2877.01kN 之间，预应力锚索的锚固力在张拉锁定后的最大累计损失率为 12.63％，对应损失值为 286.00kN（4 号闸墩 CMS-11 号结构锚索孔，高程 454.00m，D03SCS），蓄水后的最大累计损失值为 206.48kN（D08SCS），蓄水后的锚固力呈逐渐减小趋势，变化较平稳，见表 6-13、图 6-28。

表 6－13　　　　　　　　溢洪道边坡及闸墩锚索测力计观测成果统计表

仪器编号	安装位置	高程/m	锁定锚固力/kN	蓄水前 锚固力/kN	库水位461.00m 锚固力/kN	当前值 锚固力/kN	锁定后损失值/kN	锁定后损失率/%	蓄水后总变化量/kN
				2021－11－13	2022－6－29	2023－3－31			
D01SCS	溢洪道控制段 4 号闸墩 ZMS－12 号结构锚索孔	452.00	2894.5	2742.75	2635.56	2619.46	275.03	9.50	－123.29
D02SCS	溢洪道控制段 4 号闸墩 ZMS－7 号结构锚索孔	455.00	2854.7	2653.34	2514.31	2532.98	321.71	11.27	－120.36
D03SCS	溢洪道控制段 4 号闸墩 CMS－11 号结构锚索孔	454.00	2264.6	2095.26	1977.43	1978.58	286.00	12.63	－116.68
D04SCS	溢洪道控制段 8 号闸墩 ZMS－12 号结构锚索孔	449.40	3191.5	3012.88	2979.59	2877.01	314.46	9.85	－135.87
D05SCS	溢洪道控制段 8 号闸墩 ZMS－7 号结构锚索孔	453.10	3184.3	3023.59	2848.55	2823.91	360.37	11.32	－199.68
D06SCS	溢洪道控制段 8 号闸墩 CMS－11 号结构锚索孔	454.00	2278.8	2222.69	2226.38	2228.00	50.83	2.23	5.31
D07SCS	溢洪道控制段 10 号闸墩 ZMS－12 号结构锚索孔	454.00	3016.1	2956.49	2752.14	2789.06	227.00	7.53	－167.43
D08SCS	溢洪道控制段 10 号闸墩 ZMS－7 号结构锚索孔	454.00	3097.8	2934.82	2785.11	2728.34	369.44	11.93	－206.48
D09SCS	溢洪道控制段 10 号闸墩 CMS－11 号结构锚索孔	454.00	2101.6	1977.51	1920.98	1931.98	169.57	8.07	－45.52

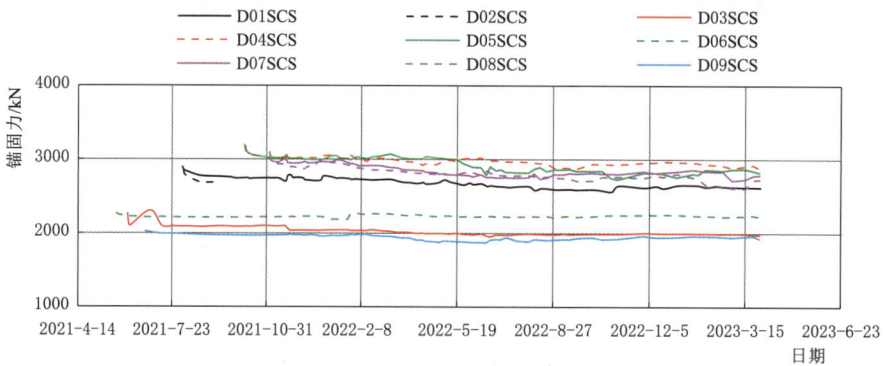

图 6－28　溢洪道控制段闸墩锚索测力计的锚固力变化过程曲线图

6.12　混凝土温度

溢洪道控制段 3 号和 8 号坝段结构混凝土内共布置 43 支温度计，混凝土内部温度均稳定在 10～20℃，表面温度计主要受环境气温变化的影响较明显，基岩温度的变幅较稳定，基本维持在 20～25℃，变幅较小，见表 6-14～表 6-17、图 6-29～图 6-33。

表 6-14 溢洪道控制段 3 号坝段混凝土内温度计观测成果统计表

仪器编号	安装位置	高程/m	温度/℃			蓄水后总变化量/℃
			2021-11-13 蓄水前	2022-6-14 库水位 461.00m	2023-3-31 当前值	
T01SCS	3 号坝段	420.10	23.4	19.2	13.4	−10.0
T02SCS	3 号坝段	420.10	26.7	19.4	14.6	−12.1
T04SCS	3 号坝段	420.10	25.4	21.9	14.4	−11.0
T05SCS	3 号坝段	420.10	30.4	17.8	13.9	−16.5
T08SCS	3 号坝段	458.00	23.9	27.3	19.9	−4.0
T10SCS	3 号坝段	465.00	27.1	21.3	13.2	−13.9

表 6-15 溢洪道控制段 8 号坝段基岩温度计观测成果统计表

仪器编号	安装位置	高程/m	温度/℃			蓄水后总变化量/℃
			2021-11-13 蓄水前	2022-6-14 库水位 461.00m	2023-3-31 当前值	
T11SCS	8 号坝段坝基	415.00	22.7	25.7	19.9	−2.8
T12SCS	8 号坝段坝基	419.00	22.5	27.4	20.4	−2.1
T13SCS	8 号坝段坝基	422.10	22.8	22.7	22.4	−0.4
T14SCS	8 号坝段坝基	424.10	22.9	23.9	23.1	0.2

表 6-16 溢洪道控制段 8 号坝段库水温及气温温度计观测成果统计表

仪器编号	安装位置	高程/m	温度/℃			蓄水后总变化量/℃
			2021-11-13 蓄水前	2022-6-14 库水位 461.00m	2023-3-31 当前值	
T17SCS	8 号坝段	451.00	16.7	19.4	13.2	−3.5
T18SCS	8 号坝段	455.00	14.5	19.8	17.3	2.8
T19SCS	8 号坝段	458.00	14.6	30.0	25.1	10.5
T20SCS	8 号坝段	461.00	15.0	26.2	17.4	2.4
T21SCS	8 号坝段	465.10	12.5	13.0	16.5	4.0
T22SCS	8 号坝段	426.90	24.1	29.0	19.9	−4.2
T23SCS	8 号坝段	437.00	33.0	28.4	25.5	−7.5
T24SCS	8 号坝段	447.00	26.8	24.7	19.5	−7.3

表 6 - 17　　　　溢洪道控制段 8 号坝段混凝土内部温度计观测成果统计表

仪器编号	安 装 位 置	高程 /m	温度/℃			蓄水后 总变化量 /℃
			2021 - 11 - 13 蓄水前	2022 - 6 - 14 库水位 461.00m	2023 - 3 - 31 当前值	
T25SCS	8 号坝段	420.00	26.8	22.1	18.2	-8.6
T26SCS	8 号坝段	422.50	23.6	21.0	20.6	-3.0
T27SCS	8 号坝段	426.90	23.4	19.9	19.6	-3.8
T28SCS	8 号坝段	426.90	24.8	20.5	18.4	-6.4
T29SCS	8 号坝段	429.00	25.5	27.2	18.6	-6.9
T30SCS	8 号坝段	434.00	22.9	31.3	25.4	2.5
T31SCS	8 号坝段	434.00	18.7	28.1	16.5	-2.2
T32SCS	8 号坝段	437.00	28.3	24.9	14.6	-13.7
T33SCS	8 号坝段	437.00	22.9	27.5	14.1	-8.8
T36SCS	8 号坝段	445.00	22.6	28.7	16.9	-5.7
T38SCS	8 号坝段	455.00	26.2	33.4	18.1	-8.1
T39SCS	8 号坝段	455.00	23.9	32.8	17.4	-6.5
T40SCS	8 号坝段	455.00	18.3	26.5	16.5	-1.8
T41SCS	8 号坝段	465.00	20.4	27.0	18.2	-2.2
T42SCS	8 号坝段	465.00	24.1	25.7	8.5	-15.6
T43SCS	8 号坝段	465.00	21.3	24.6	15.8	-5.5

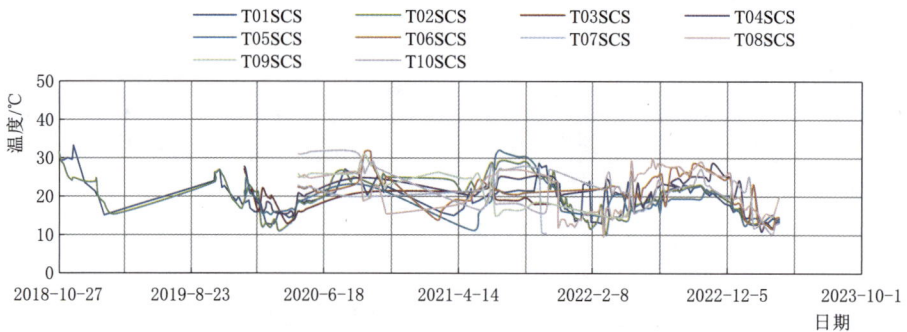

图 6 - 29　溢洪道控制段 3 号坝段混凝土内温度变化过程曲线图

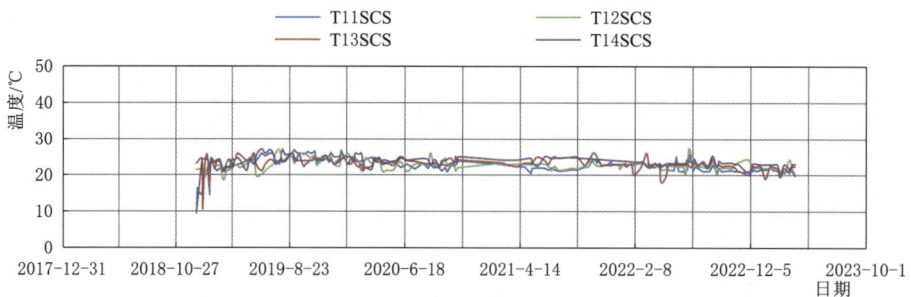

图 6 - 30　溢洪道控制段 8 号坝段基岩温度变化过程曲线图

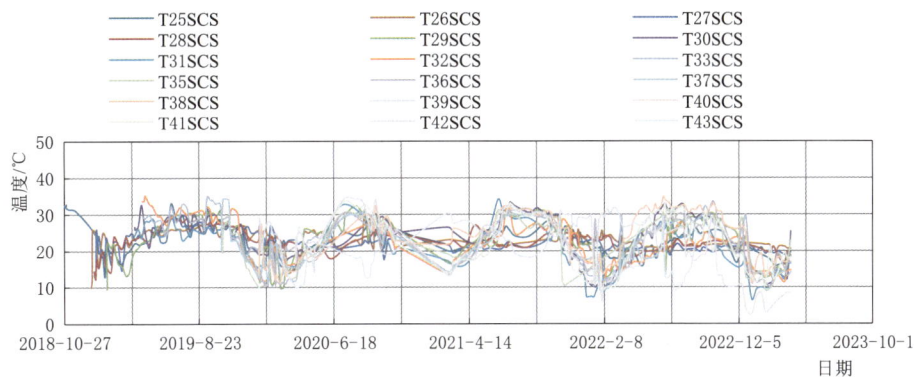

图 6-31 溢洪道控制段 8 号坝段混凝土内部温度变化过程曲线图

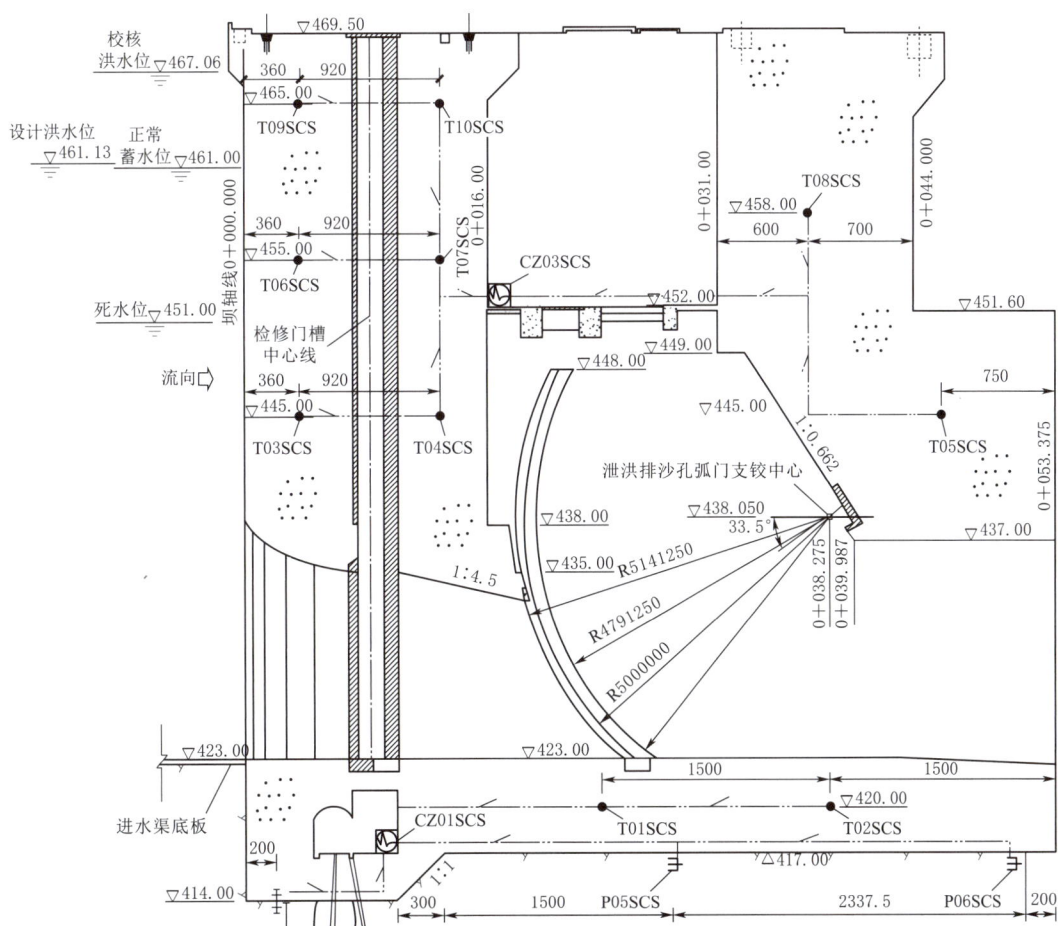

图 6-32 溢洪道控制段 3 号坝段温度计布置示意图

（高程、水位单位：m；其余尺寸单位：cm）

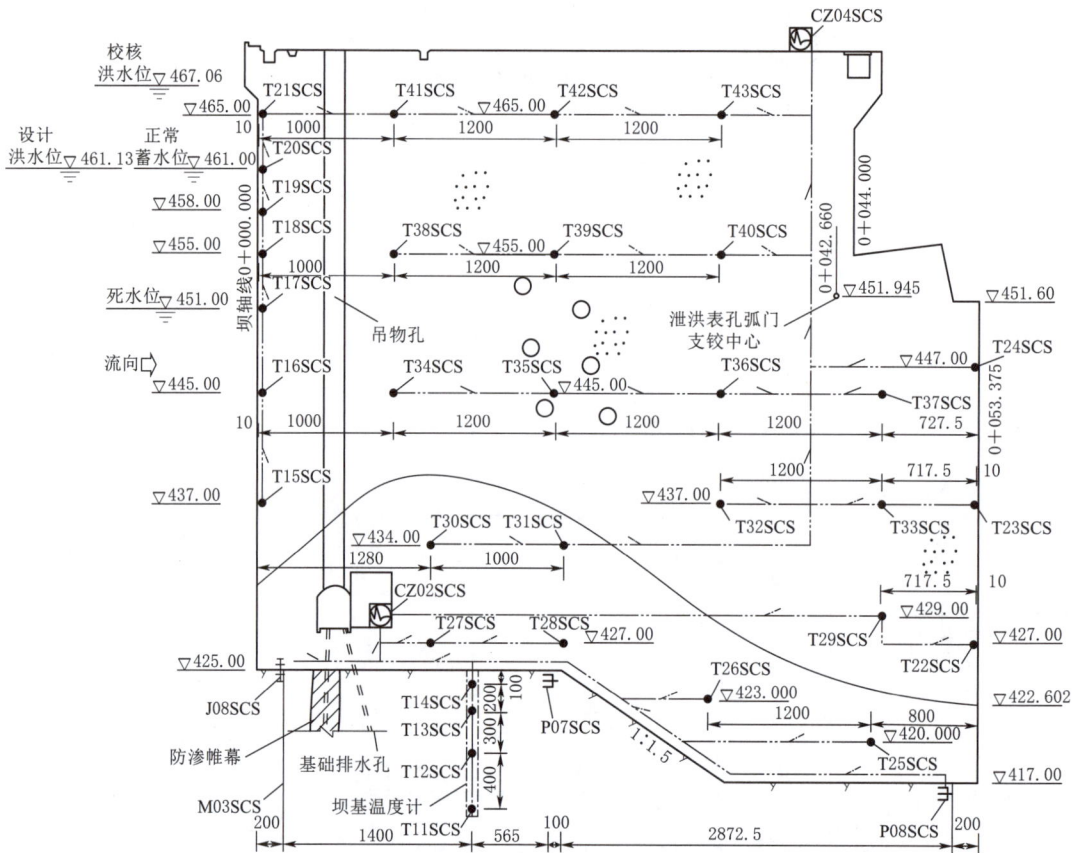

图 6 - 33　溢洪道控制段 8 号坝段温度计布置示意图
（高程单位：m；尺寸单位：cm）

6.13　结论

　　溢洪道控制段坝顶引张线测点测得的累计水平位移量在－2.22～3.75mm 之间，变幅较小；坝顶视准线测点的最大累计水平位移量为 10.23mm（8 号坝段，TP08SCS），蓄水后的累计增幅约 10.23mm，其他测点的增幅均在 0.93～8.79mm 之间，变幅较小；坝顶的最大累计沉降量为 5.04mm（4 号坝段，BM12SCS），蓄水后的累计增幅约 5.04mm，其他测点的变幅均在 5.00mm 内，变幅较小。基础廊道底板上的水准标点测得的基础廊道表现为上抬现象，上抬量在 1.86（7 号坝段，BM05SCS）～0.86mm（5 号坝段，BM03SCS）之间，蓄水后的变化量较小。控制段基础顺水流方向的最大累计水平位移量为 3.40mm（8 号坝段，IP04SCS），蓄水后的累计增幅约 3.36mm；控制段基础向左、右岸方向的最大累计水平位移量为 3.07mm（1 号坝段，IP01SCS），蓄水后的累计增幅约 2.84mm，蓄水后的位移量变化较小。控制段最大累计上抬量为 2.73mm（1 号坝段，M01SCS），3 号坝段的上抬量大于 8 号坝段；蓄水后的最大累计增幅约 1.02mm（1 号坝段，M01SCS），变化趋势较平稳。最大缝面开合度为 1.02mm（溢洪道控制段 10 号坝段迎水面，AJ01SCS），蓄水后的累计变幅均在 0.15mm 内，变化较小。控制段基础及两岸边坡基岩面结合部位的渗压水位较平稳，蓄水后的渗压水位最大增幅约 10.50m（P03SCS），变幅较小。排水廊道内的渗流量基本稳定在 0.54～6.56L/s，两岸排水廊道内排水孔的渗流量很小，部分渗流水来自泄槽段底板预埋盲管的渗水。库水位维持在高程 460.20m 附近，廊道内的渗流量变化较平稳。弧形闸门支承结构内的钢筋应力大都表现为压应力，最大累计压应力为 48.07MPa（R32SCS），约占设计钢筋应力（360MPa）的 13.35%，钢筋应力较小，蓄水后的压应力均呈减小趋势，最大累计降幅约 20.28MPa（R21SCS）。通过各钢筋计的应力与时间变化过程曲线来看，相应结构内钢筋计的应力较小，变幅也较平稳。锚索测力计的锚固力在 1931.98～2877.01kN 之间，锚固力在张拉锁定后的最大累计损失率为 12.63%，对应损失值为 286.00kN（4 号闸墩 CMS-11 号结构锚索孔，高程 454.00m，D03SCS），蓄水后的最大累计损失值为 206.48kN（D08SCS），蓄水后的锚固力呈逐渐减小趋势，变化幅度较平稳。混凝土内部温度均稳定在 10～20℃期间，表面温度计主要受环境气温变化的影响较明显，基岩温度计的变幅较稳定，基本维持在 20～25℃期间，变幅较小。

第7章
高边坡监测成果分析

7.1 导流洞进口边坡监测成果

7.1.1 表面变形观测

  导流洞进口边坡在两个监测断面共计布置 6 个表面变形测点，仪器编号 TP01DT～TP06DT，其中 TP03DT 和 TP06DT 已淹没。表面变形测点顺河床水流方向（X）的最大累计位移量为 16.16mm（TP04DT），蓄水后的累计降幅约 2.48mm；朝临空面方向（Y 方向）的最大累计位移量为 16.29mm（TP04DT），蓄水后的累计降幅为 7.97mm，水平位移量较小，变幅较平稳；最大累计沉降量为 12.13mm（TP04DT），蓄水后的累计降幅 4.33mm，变幅较小，见表 7-1、图 7-1～图 7-3。

表 7-1   导流洞进口边坡外观墩变形特征值统计表

仪器编号	安装位置	高程/m	位移方向	位移量/mm			蓄水后总变化量/mm
				2021-11-12 蓄水前	2022-6-25 库水位 461.00m	2023-3-22 当前值	
TP01DT	1-1断面	513.00	X	−10.61	−6.21	−6.63	3.98
			Y	19.19	11.86	13.51	−5.68
			H	−1.01	−2.22	−6.97	−5.96
TP02DT	1-1断面	473.00	X	−2.03	1.11	1.23	3.26
			Y	19.54	12.99	13.04	−6.51
			H	−15.84	−14.77	−19.38	−3.54
TP04DT	2-2断面	512.00	X	18.64	16.80	16.16	−2.48
			Y	24.25	16.28	16.29	−7.97
			H	16.46	16.42	12.13	−4.33
TP05DT	2-2断面	473.00	X	14.74	10.44	11.11	−3.63
			Y	22.61	14.92	14.29	−8.32
			H	−2.07	−8.06	−14.48	−12.41

注 X 表示顺河床水流方向的位移，向下游方向的位移为正，反之为负；Y 表示垂直于水流方向的位移，向临空面方向的位移为正，反之为负；H 表示垂直位移，沉降为正，反之为负。

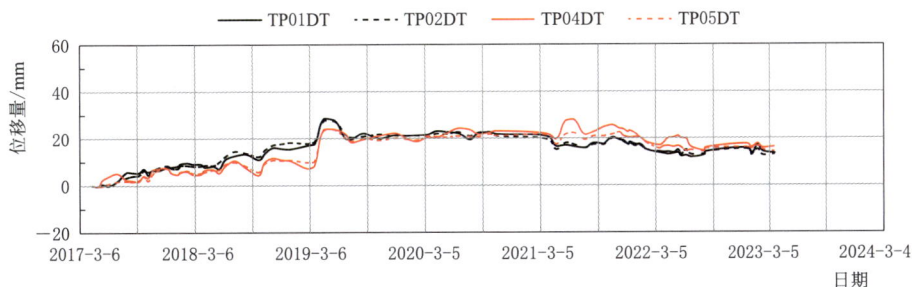

图 7-1 进口边坡外观墩朝临空面方向（Y 方向）的位移变化过程曲线图

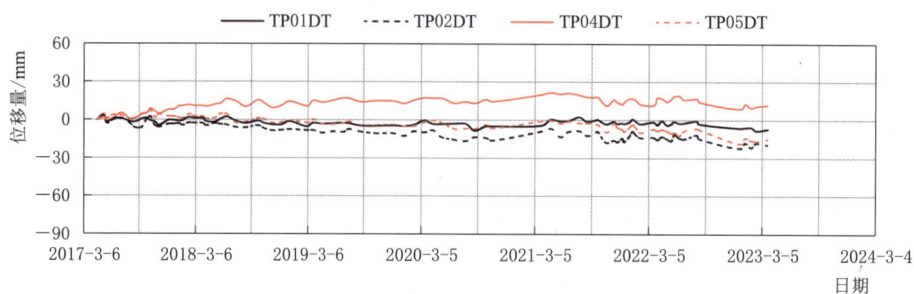

图 7 - 2　进口边坡外观墩垂直方向（**H** 方向）的位移变化过程曲线图

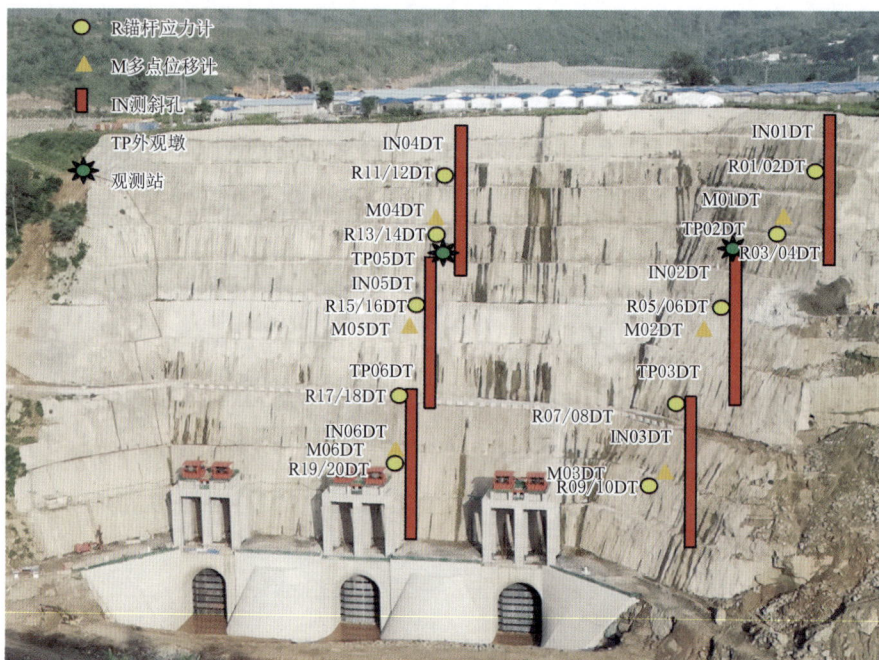

图 7 - 3　导流洞进口边坡监测仪器布置示意图

7.1.2　深层水平位移（多点位移计）

　　导流洞进口边坡多点位移计的最大累计位移量为 23.66mm（M04DT），蓄水后累计增幅为 0.13mm，边坡深层的水平位移量较小，变化趋势已基本平稳；其他测点的累计位移量为 1.45～20.33mm，位移量变化较稳定，见表 7-2、图 7-4 和图 7-5。

表 7-2　　　　　　　　　　导流洞进口边坡多点位移计观测成果统计表

仪器编号	安装位置	高程/m	观测日期	位移量/mm 孔口	5m	10m	20m	备注
M01DT	1-1断面	484.50	2021-11-12	10.10	4.10	3.37	3.16	蓄水前
			2022-6-27	10.47	5.03	3.98	4.66	
			2023-3-29	10.89	5.36	4.16	3.30	
	蓄水后总变化量			0.79	1.26	0.78	0.14	
M02DT	1-1断面	454.50	2021-11-12	14.24	4.54	1.76	0.41	蓄水前
			2022-6-27	17.01	4.78	2.04	0.64	
			2023-3-29	20.33	5.69	2.14	0.75	
	蓄水后总变化量			6.09	1.15	0.37	0.34	
M03DT	1-1断面	419.50	2021-11-12	1.90	0.15	-0.48	-1.44	蓄水前
			2022-6-27	1.57	0.13	-0.11	-1.24	
			2023-3-29	1.45	-1.06	-1.48	-1.33	
	蓄水后总变化量			-0.45	-1.21	-1.00	0.11	
M04DT	2-2断面	484.50	2021-11-12	23.52	9.04	3.14	0.78	蓄水前
			2022-6-27	23.04	8.84	3.30	0.83	
			2023-3-29	23.66	8.97	3.07	0.75	
	蓄水后总变化量			0.13	-0.07	-0.07	-0.04	
M05DT	2-2断面	454.60	2021-11-12	15.23	4.19	2.69	1.64	蓄水前
			2022-6-27	16.61	4.93	3.73	1.75	
			2023-3-29	18.15	5.74	5.23	1.85	
	蓄水后总变化量			2.92	1.55	2.54	0.21	
M06DT	2-2断面	419.50	2021-11-12	8.54	4.92	2.45	0.99	蓄水前
			2022-6-27	7.40	4.00	2.24	0.73	
			2023-3-29	7.81	4.02	2.32	0.88	
	蓄水后总变化量			-0.73	-0.90	-0.13	-0.11	

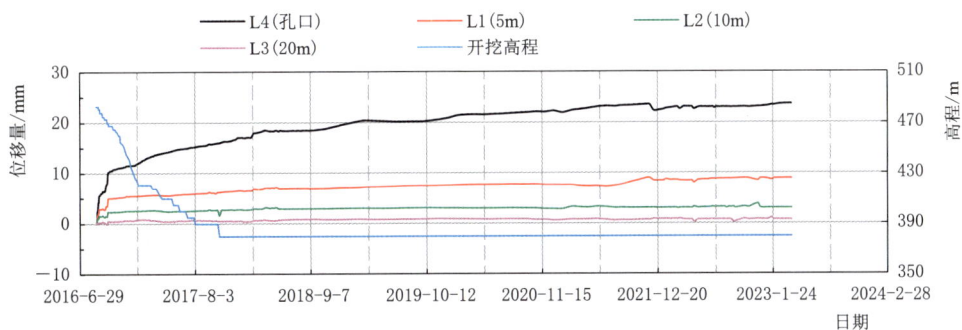

图 7-4　进口边坡高程 484.50m 多点位移计 M04DT 位移量变化过程曲线图

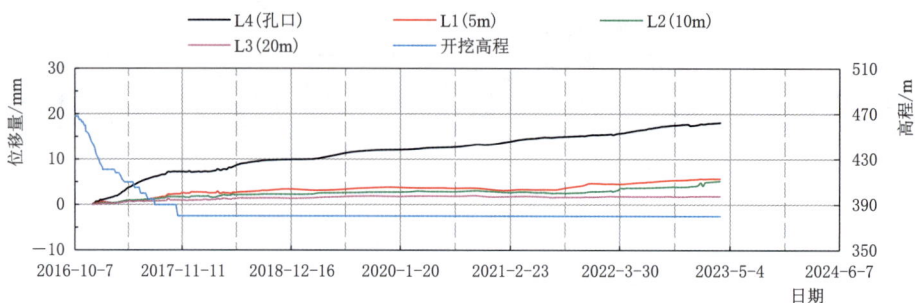

图 7-5　进口边坡高程 454.60m 多点位移计 M05DT 位移量变化过程曲线图

7.1.3　深层水平位移（测斜孔）

导流洞进口边坡在两个监测断面共计布置 6 个测斜孔，仪器编号 IN01DT～IN06DT，其中 IN03DT 和 IN06DT 已淹没。通过测斜管的观测成果和位移过程曲线分析，2023 年 3 月，主位移方向 A0°向（临空面方向）的最大累计位移量为 29.98mm（IN02DT），蓄水后的累计增幅约 3.40mm；次位移方向 B0°向（平行于河流方向位移）的最大累计位移量为 22.11mm（IN05DT），蓄水后的累计降幅约 3.38mm；测斜孔从 2016 年 8 月安装埋设观测至 2023 年 3 月，变化量均在正常范围内，数据显示边坡的变形趋势逐渐平稳，目前未发现影响边坡整体稳定性的滑移或错动变形，见表 7-3、图 7-6～图 7-9。

表 7-3　　　　　　　　　　　导流洞进口边坡测斜孔观测成果统计表

仪器编号	安装位置	高程/m	观测日期	累计位移量/mm				孔口位移量/mm		合位移/mm
				A0°方向（临空向）		B0°方向（顺河向）		A0°	B0°	
				最大值	最小值	最大值	最小值			
IN01DT	1-1 断面	514.00	2021-11-12	4.53	-0.39	-0.03	-12.01	2.75	-7.01	7.53
			2022-6-18	5.01	-0.78	0.99	-10.77	2.05	-5.64	6.00
			2023-3-13	3.65	-2.07	2.30	-8.28	0.58	-5.57	5.60
	蓄水后总变化量			-0.88	-1.68	2.33	3.73	-2.17	1.44	-1.93
IN02DT	1-1 断面	474.00	2021-11-8	26.58	1.27	7.73	-13.62	3.53	-0.76	3.61
			2022-6-18	30.20	3.59	3.35	-15.38	8.23	-3.68	9.02
			2023-3-14	29.98	3.83	5.07	-14.46	10.13	-0.98	10.17
	蓄水后总变化量			3.40	2.56	-2.66	-0.84	6.60	-0.22	6.56
IN04DT	2-2 断面	512.50	2021-11-8	5.23	-16.27	1.73	-19.62	-3.79	-17.45	17.86
			2022-6-18	6.15	-15.38	1.38	-17.37	-3.74	-12.55	13.09
			2023-3-13	5.34	-15.31	1.86	-14.88	-3.82	-11.15	11.79
	蓄水后总变化量			0.11	0.96	0.13	4.74	-0.03	6.30	-6.07
IN05DT	2-2 断面	474.00	2021-11-8	17.05	-5.07	25.49	1.72	14.81	25.49	29.48
			2022-6-18	22.68	-3.48	22.46	1.67	19.36	22.46	29.65
			2023-3-14	20.84	-3.73	22.11	1.42	18.27	22.11	28.68
	蓄水后总变化量			3.79	1.34	-3.38	-0.30	3.46	-3.38	-0.80

　　注　A 方向为主测方向（顺坡方向），B 方向为次测方向（顺水流方向），与 A 方向垂直。位移为正表明测斜管朝 A0°、B0°方向倾斜，反之向 A180°、B180°方向倾斜。孔口处累计位移即从孔底开始每隔 0.5m 逐点累计至孔口的挠度位移。

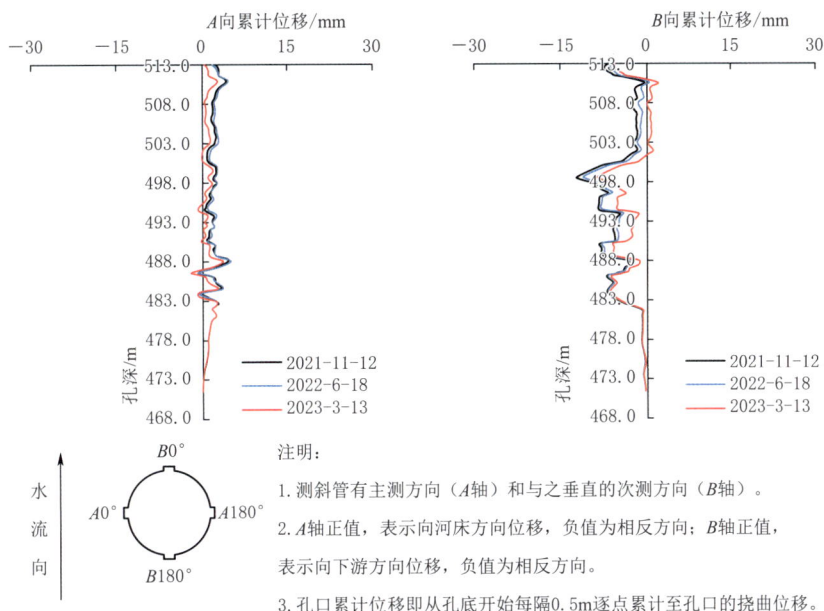

图 7－6　测斜孔 IN01DT 位移变化过程线图

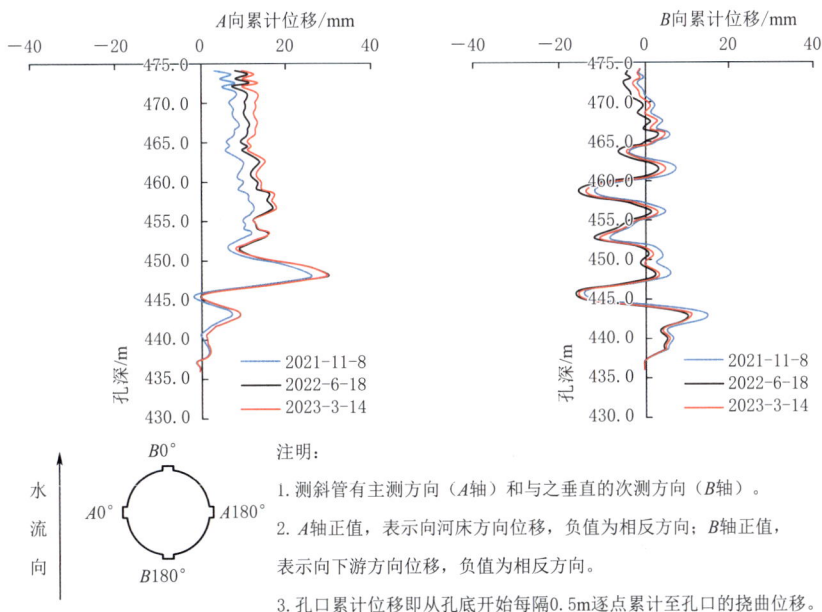

图 7－7　测斜孔 IN02DT 位移变化过程线图

7.1.4　渗流渗压

在两个监测断面的 3 个测斜孔底部各安装埋设了 1 支渗压计，通过导流洞进口边坡渗

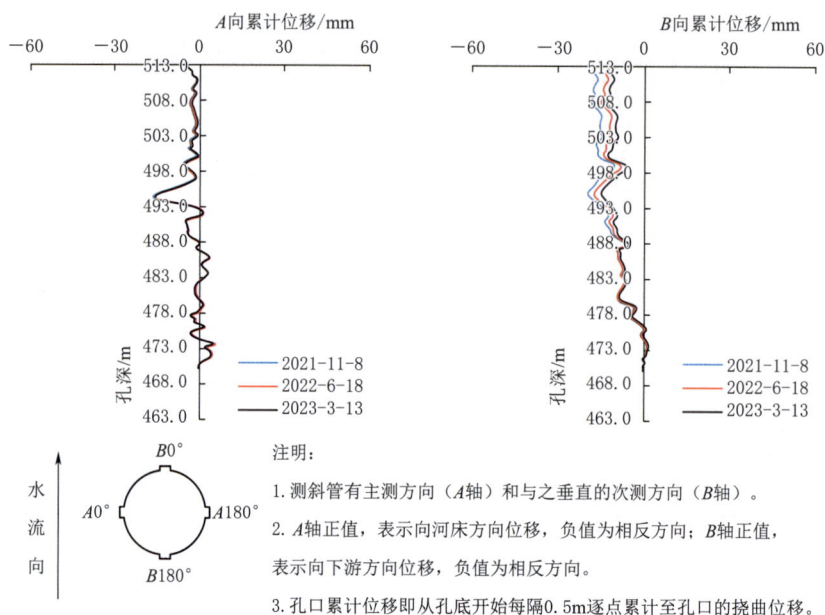

注明:

1. 测斜管有主测方向（A轴）和与之垂直的次测方向（B轴）。

2. A轴正值，表示向河床方向位移，负值为相反方向；B轴正值，表示向下游方向位移，负值为相反方向。

3. 孔口累计位移即从孔底开始每隔0.5m逐点累计至孔口的挠曲位移。

图 7－8　测斜孔 IN04DT 位移变化过程线图

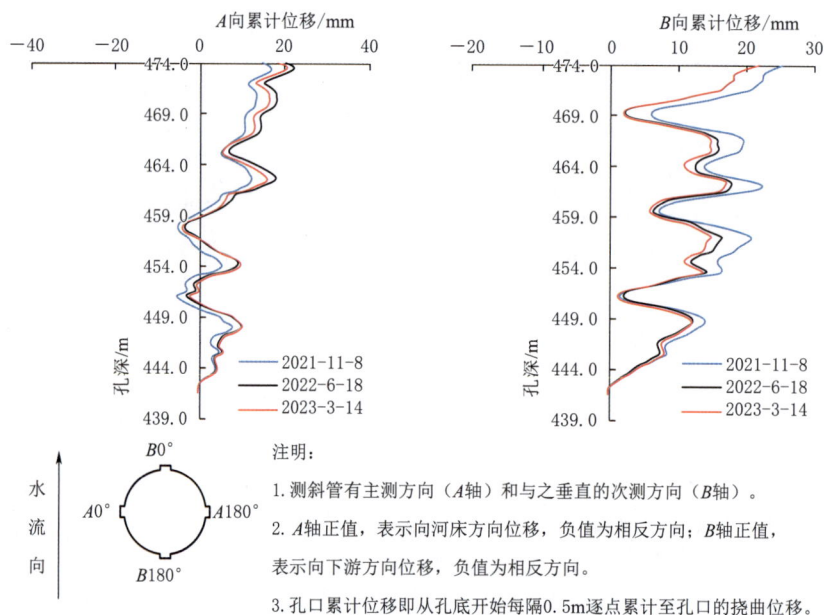

注明:

1. 测斜管有主测方向（A轴）和与之垂直的次测方向（B轴）。

2. A轴正值，表示向河床方向位移，负值为相反方向；B轴正值，表示向下游方向位移，负值为相反方向。

3. 孔口累计位移即从孔底开始每隔0.5m逐点累计至孔口的挠曲位移。

图 7－9　测斜孔 IN05DT 位移变化过程线图

压计的观测成果及过程曲线分析，蓄水后的最大水位增幅约 35.06m（P02DT），2023 年 3 月，最高渗压水位约 456.39m（P01DT），各测点的水位变化趋势与库水位变化基本一致，见表 7－4、图 7－10。

表 7-4　　　　导流洞进口边坡 P01DT～P03DT 渗压计观测成果统计表　　　单位：m

仪器编号	安装位置	高程	渗 压 水 位			蓄水后总变化量
			2021-11-12 蓄水前	2022-6-27 库水位 461.00m	2023-3-24 当前值	
P01DT	1-1 断面	434.72	434.72	456.65	456.39	21.67
P02DT	1-1 断面	403.85	412.70	441.53	447.76	35.06
P03DT	2-2 断面	436.08	436.08	455.22	454.93	18.85

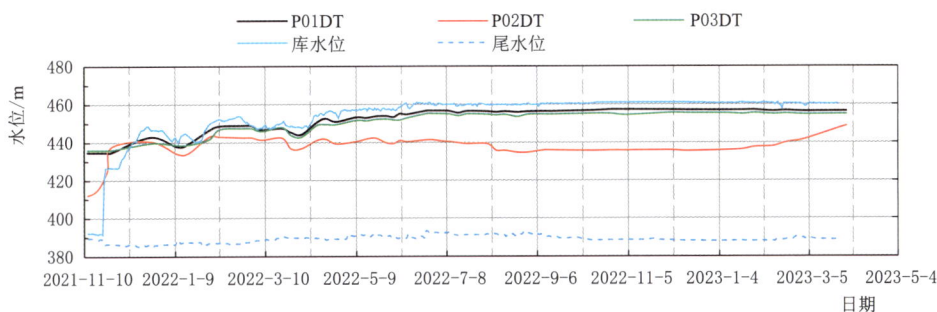

图 7-10　导流洞进口边坡内的地下水位变化过程曲线图

7.1.5　锚杆应力

导流洞进口边坡锚杆应力计的最大锚杆应力为 227.77MPa（高程 462.479m，埋深 5m，R16DT），约占设计钢筋应力（360MPa）的 63.27%，蓄水后的最大累计增幅约 23.04MPa（R08DT），变幅较小，锚杆应力的变化趋势已基本平稳；其中测点 R18DT 锚杆应力测值在蓄水后有突降现象，分析由于边坡内岩层多为泥岩，长时间浸泡后，锚杆附近岩层软化，导致锚杆拉应力突然减小，目前该测点的锚杆应力变幅较平稳，见表 7-5、图 7-11 和图 7-12。

表 7-5　　　　进口边坡锚杆应力计观测成果统计表

仪器编号	安装位置	高程/m	锚杆应力/MPa			蓄水后总变化量/MPa
			2021-11-12 蓄水前	2022-6-27 库水位 461.00m	2023-3-22 当前值	
R01DT	1-1 断面	499.038	50.89	34.76	57.99	7.10
R03DT	1-1 断面	482.531	116.23	101.80	117.69	1.45
R04DT	1-1 断面	482.531	216.50	220.66	232.43	15.94
R07DT	1-1 断面	437.327	-10.18	-10.59	-11.59	-1.42
R08DT	1-1 断面	437.327	164.85	182.18	187.89	23.04
R13DT	2-2 断面	482.368	245.06	226.54	251.35	6.28

仪器编号	安 装 位 置	高程/m	锚杆应力/MPa			蓄水后总变化量/MPa
			2021-11-12 蓄水前	2022-6-27 库水位461.00m	2023-3-22 当前值	
R14DT	2-2 断面	482.368	118.84	126.82	134.98	16.14
R16DT	2-2 断面	462.479	234.00	246.97	227.77	−6.23
R17DT	2-2 断面	439.729	105.16	95.26	88.36	−16.80
R18DT	2-2 断面	439.729	138.92	13.83	16.31	−122.60
R19DT	2-2 断面	417.300	54.48	49.91	20.54	−33.95

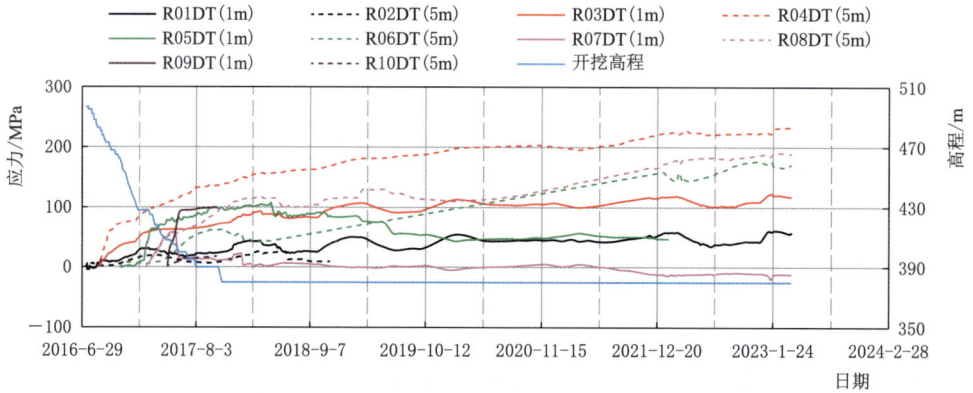

图 7-11　进口边坡 1-1 断面锚杆应力计的应力变化过程曲线图

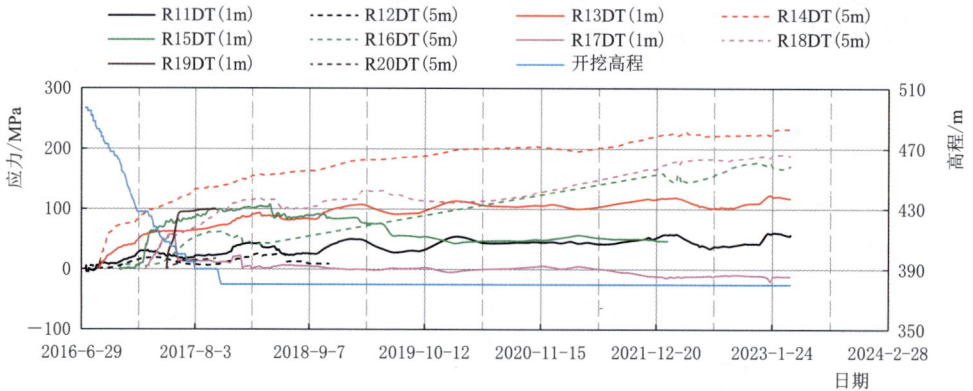

图 7-12　进口边坡 2-2 断面锚杆应力计的应力变化过程曲线图

7.1.6　小结

结合导流洞进口边坡本期的观测成果分析，导流洞进口边坡为逆向坡或横向坡结构，边坡岩体总体较完整，边坡的稳定条件相对较好。外观监测点测得的水平位移量均在

20.0mm 内，变幅较小；多点位移计测得的边坡深层水平位移，最大累计位移量为 23.66mm（2－2 监测断面 484.50m，M04DT），蓄水后累计增幅为 0.13mm，变化幅度较小；锚杆应力计的监测成果均表现为拉应力，应力的变化趋势已逐渐趋于平稳；导流洞进口边坡测斜孔主位移方向 A 向（临空面方向）的最大累计位移量为 29.98mm（IN02DT），蓄水后的累计增幅约 3.40mm，数据显示边坡的变形趋势逐渐稳定，目前未发现影响边坡整体稳定性的滑移或错动变形。

7.2 导流洞出口边坡监测成果

7.2.1 表面变形观测

在导流洞出口边坡的两个监测断面上共计布置 7 个表面变形观测点，测点编号 TP07DT～TP13DT。TP11DT 因厂房边坡变更开挖支护高程被挖除。

导流洞出口洞脸边坡为顺向坡结构，边坡稳定性条件差，表面变形测点顺河床水流方向（X 方向）的最大累计位移量为 63.75mm（TP07DT），蓄水后的累计增幅为 5.23mm；朝临空面方向（Y 方向）的最大累计位移量为 37.59mm（TP07DT），蓄水后的累计增幅约 8.01mm；最大累计沉降量为 53.93mm（TP07DT），蓄水后的累计增幅为 0.97mm。蓄水后，从各方向上的位移过程曲线来看，位移量的变幅较小，测点各方向上的变化趋势已趋于平稳，见表 7－6、图 7－13～图 7－16。

表 7－6 　　　　　　　导流洞出口边坡表面变形特征值统计表

仪器编号	安装位置	高程 /m	位移方向	位移量/mm			蓄水后总变化量 /mm
				2021－11－8 蓄水前	2022－6－25 库水位 461.00m	2023－3－22 当前值	
TP07DT	1－1 断面	476.00	X	58.52	61.95	63.75	5.23
			Y	29.59	35.91	37.59	8.01
			H	52.96	53.82	53.93	0.97
TP08DT	1－1 断面	445.00	X	23.32	23.62	23.32	0.00
			Y	21.87	26.53	27.87	6.00
			H	9.48	7.28	7.88	－1.60
TP09DT	1－1 断面	415.00	X	29.57	30.14	32.15	2.58
			Y	17.98	22.33	23.43	5.45
			H	－17.78	－21.22	－23.00	－5.22
TP10DT	1－1 断面	412.00	X	40.34	43.99	47.80	7.46
			Y	28.34	35.17	37.18	8.84
			H	－27.17	－30.12	－29.11	－1.94

续表

仪器编号	安装位置	高程/m	位移方向	位移量/mm			蓄水后总变化量/mm
				2021-11-8 蓄水前	2022-6-25 库水位461.00m	2023-3-22 当前值	
TP12DT	2-2断面	415.00	X	−22.01	−16.32	−17.17	4.85
			Y	20.63	24.40	26.66	6.03
			H	−6.84	−5.22	−7.11	−0.27

注 X 表示顺河床水流方向的位移,向下游方向的位移为正,反之为负;Y 表示垂直于水流方向的位移,向临空面方向的位移为正,反之为负;H 表示垂直位移,沉降为正,反之为负。

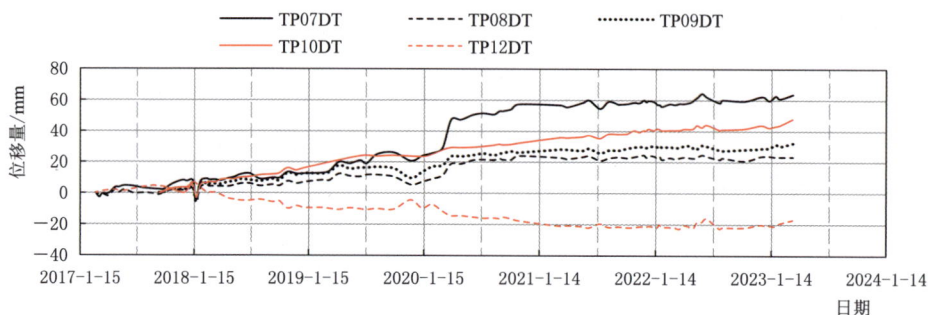

图 7-13 出口边坡外观墩顺水流方向(X 方向)的位移变化过程曲线图

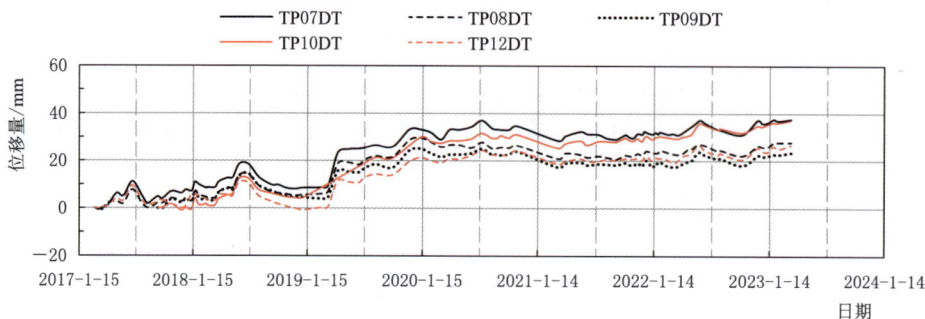

图 7-14 出口边坡外观墩朝临空面方向(Y 方向)位移变化过程曲线图

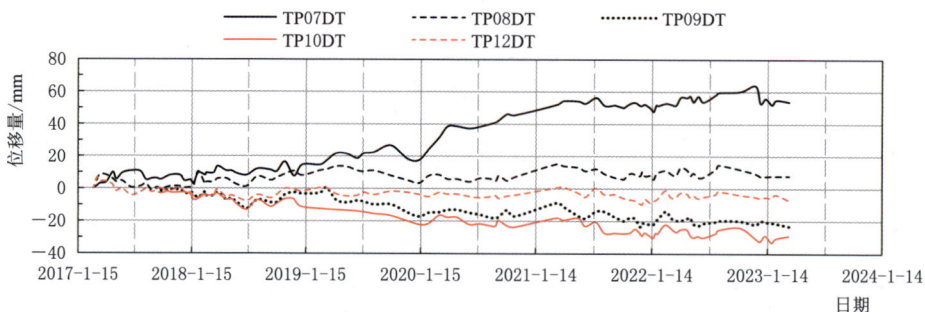

图 7-15 出口边坡外观墩朝铅锤方向(H 方向)的位移变化过程曲线图

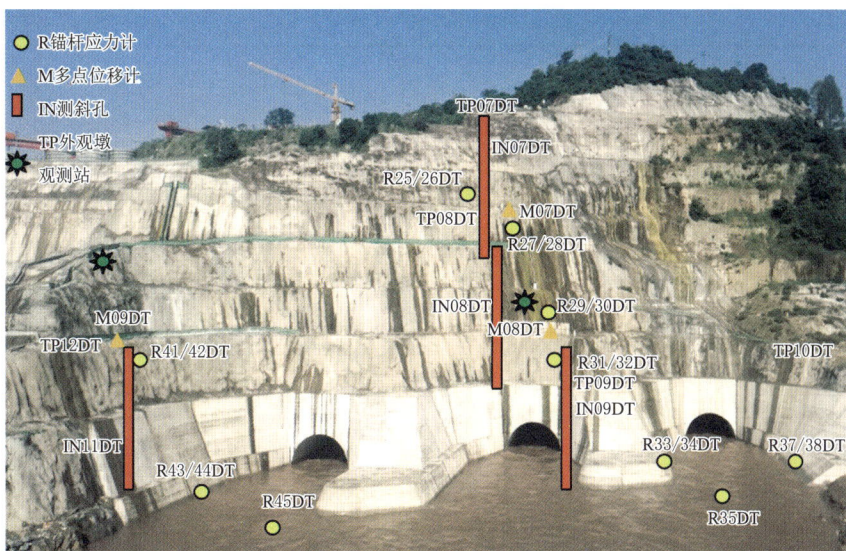

图 7 - 16 导流洞出口边坡监测仪器布置示意图

7.2.2 深层水平位移（多点位移计）

导流洞出口边坡多点位移计的最大累计位移量为 11.68mm（2 - 2 断面，高程 416.40m，M09DT），蓄水后的累计降幅约 0.62mm，其他测点的累计位移量均小于 7mm，变幅也相对较小，变化趋势趋于平稳，见表 7 - 7、图 7 - 17。

表 7 - 7　　　　　　　导流洞出口边坡多点位移计观测成果统计表

仪器编号	安装位置	高程 /m	观测日期	位移量/mm				备注
				孔口	5m	10m	20m	
M07DT	1 - 1 断面	446.20	2021 - 11 - 12	4.58	2.50	2.13	−1.18	蓄水前
			2022 - 6 - 23	4.83	2.96	1.75	−0.77	
			2023 - 3 - 24	5.33	3.26	2.09	−0.54	
	蓄水后总变化量			0.75	0.76	−0.04	0.64	
M08DT	1 - 1 断面	416.20	2021 - 11 - 12	6.67	3.80	0.02	−0.12	蓄水前
			2022 - 6 - 23	6.62	3.89	0.12	0.06	
			2023 - 3 - 24	6.82	3.82	0.05	−0.17	
	蓄水后总变化量			0.15	0.02	0.03	−0.05	
M09DT	2 - 2 断面	416.40	2021 - 11 - 12	12.30	6.49	6.84	0.04	蓄水前
			2022 - 6 - 23	11.86	6.31	6.69	0.25	
			2023 - 3 - 24	11.68	7.42	6.50	−0.40	
	蓄水后总变化量			−0.62	0.92	−0.35	−0.45	

仪器编号	安装位置	高程/m	观测日期	位移量/mm				备注
				孔口	5m	10m	20m	
M16DT	导流洞出口边坡塌方体	463.70	2021 - 11 - 12	1.39	-0.24	-0.27	-6.72	蓄水前
			2022 - 6 - 23	1.46	0.10	0.09	-6.87	
			2023 - 3 - 24	1.67	-0.12	-0.03	-6.49	
	蓄水后总变化量			0.28	0.12	0.24	0.23	

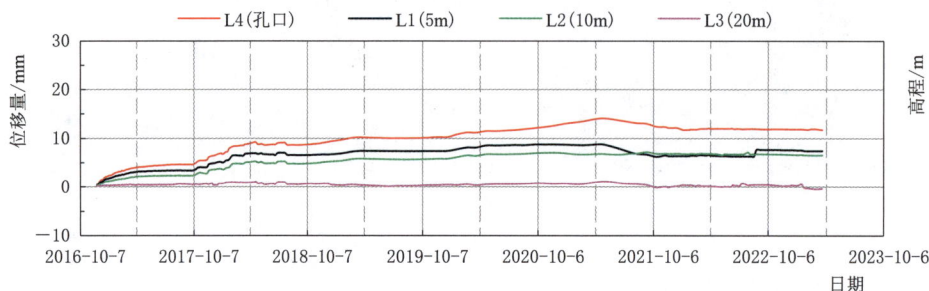

图 7-17　出口边坡高程 416.40m 多点位移计 M09DT 位移量变化过程曲线图

7.2.3　深层水平位移（测斜孔）

通过导流洞出口边坡测斜管的观测成果和位移过程曲线分析。在导流洞出口边坡的开挖施工阶段，边坡的深层水平位移量增幅较明显，期间的平均月增幅约 15mm；从 2018 年 9 月导流洞过流后到目前的位移量增幅约 6.9mm，位移量的增幅与施工期相比逐渐减缓。

目前，主位移方向 A0°向（临空向）的最大累计位移量为 15.28mm（IN11DT），蓄水后的累计增幅约 3.63mm，位移量较小；次位移方向 B0°向（顺水流方向）的最大累计位移量为 67.57mm（IN11DT），蓄水后的累计增幅约 4.43mm，变幅较小；测斜孔从 2016 年 10 月安装埋设，观测至 2023 年 3 月，变化量均在正常范围内，数据显示边坡的变形趋势较稳定，目前未发现影响边坡整体稳定性的滑移或错动变形，见表 7-8、图 7-18～图 7-20。

表 7-8　　　　　　　　导流洞出口边坡测斜孔观测成果统计表

仪器编号	安装位置	高程/m	观测日期	累计位移量/mm				孔口位移/mm		合位移/mm
				A0°方向（临空向）		B0°方向（顺河向）		A0°	B0°	
				最大值	最小值	最大值	最小值			
IN07DT	1-1 断面	476.50	2021 - 11 - 9	0.67	-9.82	12.87	-3.10	-3.05	12.87	13.23
			2022 - 6 - 16	-0.58	-10.67	7.03	-5.09	-2.94	7.03	7.62
			2023 - 3 - 27	-0.59	-13.48	1.12	-10.34	-7.01	-0.21	7.01
	蓄水后总变化量			-1.26	-3.66	-11.75	-7.24	-3.96	-13.08	-6.22

续表

仪器编号	安装位置	高程/m	观测日期	累计位移量/mm				孔口位移/mm		合位移/mm
				A0°方向（临空向）		B0°方向（顺河向）		A0°	B0°	
				最大值	最小值	最大值	最小值			
IN08DT	1-1断面	445.00	2021-11-9	3.38	-4.47	10.54	-12.38	-0.50	9.49	9.50
			2022-6-16	4.27	-6.42	14.24	-8.99	2.25	5.34	5.79
			2023-3-15	5.75	-7.03	15.08	-9.07	3.01	3.75	4.81
	蓄水后总变化量			2.37	-2.56	4.54	3.31	3.51	-5.74	-4.69
IN11DT	2-2断面	415.00	2021-11-9	11.65	-26.08	63.14	-1.33	-15.95	63.14	65.12
			2022-6-16	13.70	-25.36	68.27	-1.20	-15.23	68.27	69.94
			2023-3-20	15.28	-21.01	67.57	-0.95	-19.33	67.57	70.28
	蓄水后总变化量			3.63	5.07	4.43	0.38	-3.38	4.43	5.16

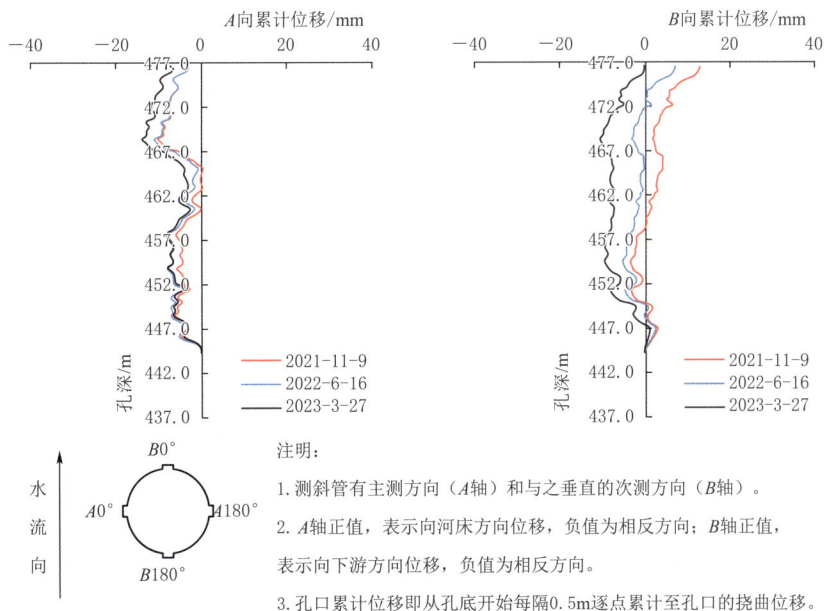

注：
1. 测斜管有主测方向（A轴）和与之垂直的次测方向（B轴）。
2. A轴正值，表示向河床方向位移，负值为相反方向；B轴正值，表示向下游方向位移，负值为相反方向。
3. 孔口累计位移即从孔底开始每隔0.5m逐点累计至孔口的挠曲位移。

图 7-18 测斜孔 IN07DT 位移变化过程线图

7.2.4 渗流渗压

导流洞出口边坡共安装埋设 5 支渗压计，受降雨的地表水下渗和 1 号营地生活水下渗的影响，蓄水后测得的渗压水位最大增幅约 1.88m（P05DT）；其他测点蓄水后测得的渗压水位变幅相对较小，见表 7-9、图 7-21。

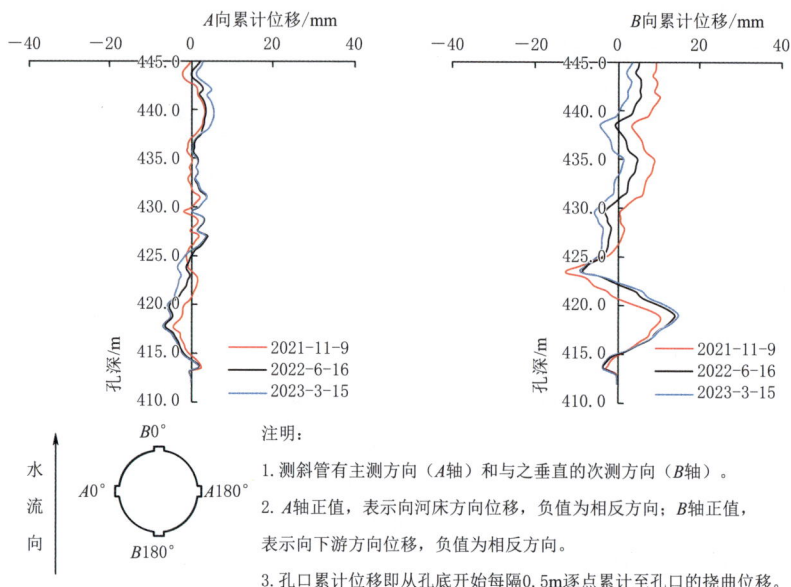

注明：

1. 测斜管有主测方向（A轴）和与之垂直的次测方向（B轴）。

2. A轴正值，表示向河床方向位移，负值为相反方向；B轴正值，表示向下游方向位移，负值为相反方向。

3. 孔口累计位移即从孔底开始每隔0.5m逐点累计至孔口的挠曲位移。

图 7-19　测斜孔 IN08DT 位移变化过程线图

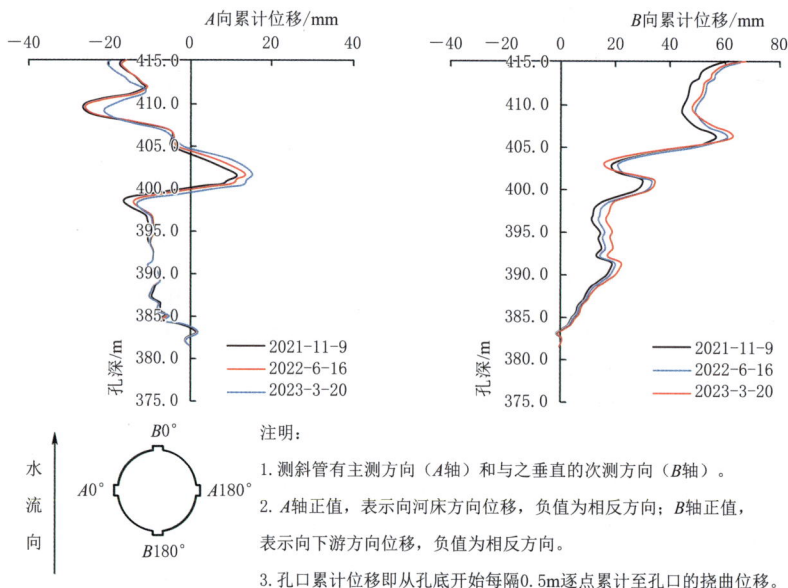

注明：

1. 测斜管有主测方向（A轴）和与之垂直的次测方向（B轴）。

2. A轴正值，表示向河床方向位移，负值为相反方向；B轴正值，表示向下游方向位移，负值为相反方向。

3. 孔口累计位移即从孔底开始每隔0.5m逐点累计至孔口的挠曲位移。

图 7-20　测斜孔 IN11DT 位移变化过程线图

表 7-9　　　　　　　导流洞出口边坡渗压计观测成果统计表　　　　　　　单位：m

仪器编号	安装位置	高程	渗 压 水 位			蓄水后总变化量
			2021-11-12 蓄水前	2022-6-23 库水位 461.00m	2023-3-24 当前值	
P04DT	1-1 断面	410.40	419.09	417.73	417.91	0.18
P05DT	1-1 断面	378.75	407.07	410.27	408.95	1.88
P06DT	1-1 断面	379.5	390.77	393.28	390.13	−0.64

仪器编号	安 装 位 置	高程	渗 压 水 位			蓄水后总变化量
			2021－11－12蓄水前	2022－6－23库水位461.00m	2023－3－24当前值	
P07DT	2－2断面	378.24	389.39	394.92	390.93	1.54
P08DT	2－2断面	379.46	391.31	394.70	385.55	－5.76

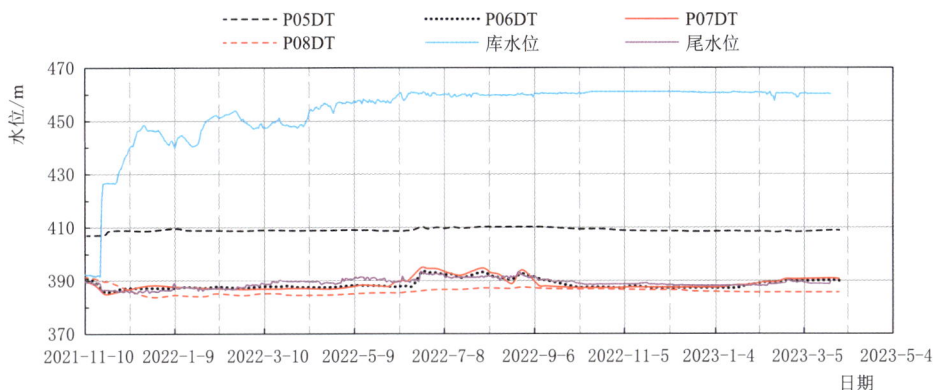

图 7－21　导流洞出口边坡内的地下水位变化过程曲线图

7.2.5　锚杆应力

导流洞出口边坡锚杆应力计的最大锚杆应力为 160.64MPa（1－1 断面，高程391.800m，R33DT），约占设计钢筋应力（360MPa）的 44.13%，蓄水后的累计增幅约6.93MPa（R33DT），锚杆的应力变化较小；其他测点的锚杆应力变幅在 －13.43～47.11MPa 之间，锚杆应力计的变幅逐渐趋于平稳，见表 7－10、图 7－22 和图 7－23。

表 7－10　　　　导流洞出口边坡锚杆应力计观测成果统计表

仪器编号	安 装 位 置	高程/m	锚杆应力/MPa			蓄水后总变化量/MPa
			2021－11－12蓄水前	2022－6－10库水位461.00m	2023－3－22当前值	
R26DT	1－1断面	460.073	1.06	4.25	7.50	6.43
R27DT	1－1断面	444.069	130.79	136.06	139.14	8.35
R28DT	1－1断面	444.069	132.64	143.49	144.89	12.25
R29DT	1－1断面	424.184	－12.63	－29.94	－11.43	1.20
R30DT	1－1断面	424.184	50.81	41.07	44.27	－6.54
R31DT	1－1断面	414.261	－6.19	－1.30	－5.22	0.97
R33DT	1－1断面	391.800	153.71	158.71	160.64	6.93
R34DT	1－1断面	391.800	26.72	26.86	32.52	5.79
R35DT	1－1断面	379.500	97.11	151.54	145.67	－13.43

续表

仪器编号	安 装 位 置	高程/m	锚杆应力/MPa			蓄水后总变化量/MPa
			2021-11-12 蓄水前	2022-6-10 库水位 461.00m	2023-3-22 当前值	
R37DT	1-1断面	404.200	-0.77	1.37	0.02	0.79
R38DT	1-1断面	404.200	-3.56	-1.20	-1.13	2.43
R43DT	2-2断面	392.900	0.26	-1.21	-9.92	-10.18
R45DT	2-2断面	379.500	-34.45	-43.10	-50.55	5.89
R65DT	导流洞出口边坡塌方体	462.300	58.98	11.66	55.92	-3.06
R66DT	导流洞出口边坡塌方体	462.300	104.76	112.37	118.51	13.75
R67DT	导流洞出口边坡塌方体	450.800	20.94	27.00	68.05	47.11
R68DT	导流洞出口边坡塌方体	450.800	21.89	27.00	28.48	6.59

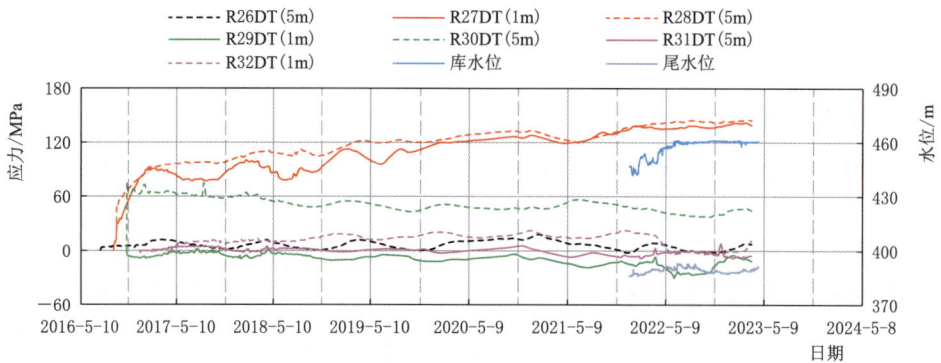

图 7-22　导流洞出口边坡 1-1 断面锚杆应力变化过程曲线图

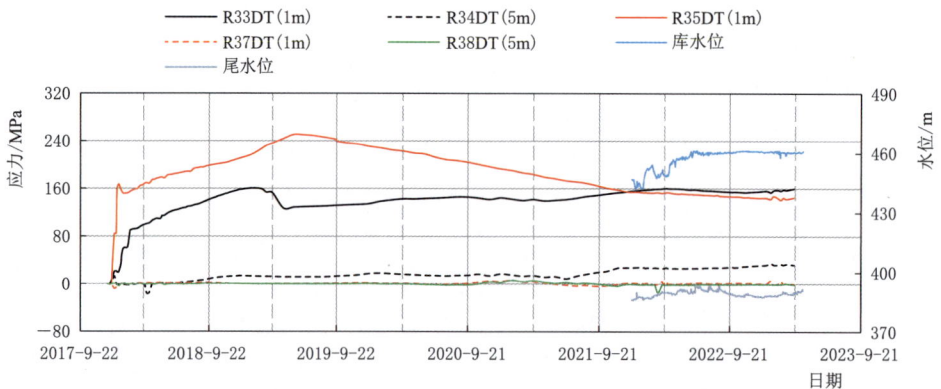

图 7-23　导流洞出口边坡 1-1 断面锚杆应力变化过程曲线图

7.2.6 锚索锚固力

导流洞出口边坡安装的 2 台锚索测力计补偿张拉后，锚索测力计的锚固力在 1069.90～1090.79kN 之间，锁定后的锚固力最大增幅为 55.72kN，蓄水后的锚固力最大累计增幅为 61.52kN（D02DT），蓄水期间的锚固力变幅较平稳，见表 7－11、图 7－24。

表 7－11　　　　　　　导流洞出口边坡锚索测力计观测成果统计表

仪器编号	安装位置	高程/m	锁定值/kN	蓄水前	蓄水后				蓄水后总变化量/kN
				锚固力/kN	锚固力/kN	锚固力/kN	锁定后损失值/kN	锁定后损失率/%	
				2021-11-12	2022-6-17	2023-3-24			
D01DT	导流洞出口边坡塌方部位	473.40	1053.25	1021.75	1073.85	1069.90	−16.64	−1.58	48.14
D02DT	导流洞出口边坡塌方部位	464.30	1035.07	1029.27	1080.07	1090.79	−55.72	−5.38	61.52

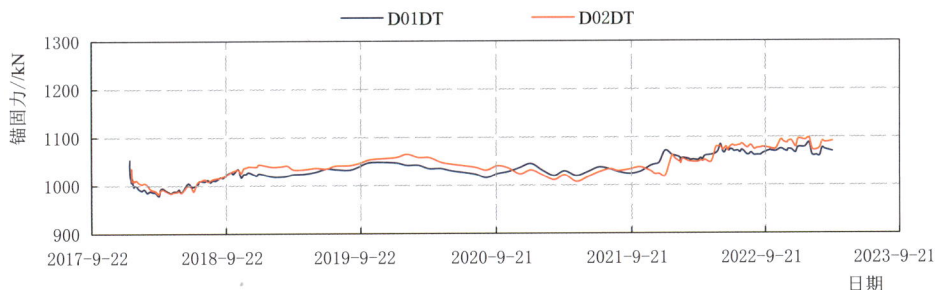

图 7－24　导流洞出口边坡锚索测力计的锚固力变化过程曲线图

7.2.7 小结

结合导流洞出口边坡的观测成果及过程曲线分析，导流洞出口边坡为顺向坡的地质结构，边坡岩体总体较完整，边坡顶部为砂砾石覆盖层，该部位顺水流方向（X 方向）的变形量为 63.75mm（TP07DT），蓄水后的累计增幅为 5.23mm；朝临空面方向（Y 方向）的最大累计位移量为 37.59mm（TP07DT），蓄水后的累计增幅约为 8.01mm；最大累计沉降量为 53.93mm（TP07DT），蓄水后的累计增幅为 0.97mm，变幅较小。

锚杆应力计的最大拉应力为 160.64MPa（1-1 断面，高程 391.80m，R33DT），约占设计钢筋应力（360MPa）的 44.13%，蓄水后的累计增幅约 6.93MPa（R33DT），锚杆的应力变化较小；其他测点的锚杆应力变幅在 −13.43～47.11MPa 之间，锚杆应力计的变幅逐渐趋于平稳；导流洞出口边坡受汛期降雨和 1 号营地生活水下渗的影响，渗压计测得的渗压水位最大增幅约为 1.88m（P05DT），其他测点蓄水后测得的渗压水位变幅相对较小；测斜孔从 2016 年 10 月安装埋设，观测至 2023 年 3 月，变化量均在正常范围内，数据显示边坡的变形趋势较稳定，目前未发现影响边坡整体稳定性的滑移或错动变形。

7.3　溢洪道左右岸边坡监测成果

7.3.1　表面变形观测

溢洪道进水渠左岸边坡已安装埋设 5 个表面变形测点，仪器编号 TP01SAC～TP03SAC、TP06SAC、TP07SAC；溢洪道进水渠右岸边坡已安装埋设 5 个外部变形测点，仪器编号 TP04SAC、TP05SAC、TP09SACN、TP12SACN、YHD。

截至 2023 年 3 月，溢洪道进水渠边坡表面变形测点顺河床水流方向（X 方向）的最大累计位移量为 95.35mm（溢洪道引水渠右岸边坡高程 507.00m，TP09SACN），蓄水后的累计增幅约 14.30mm；朝临空面方向（Y 方向）的最大累计位移量为 192.57mm（溢 0－060.00 桩号，TP09SACN），蓄水后的累计增幅约 20.21mm，边坡锚索加固完成后的累计增幅约 7.62mm；最大累计沉降量为 36.99mm（溢 0－060.00 桩号，TP09SACN），蓄水后的累计增幅为 3.89mm；在边坡的加固措施完成后，边坡的变形趋势基本平稳，见表 7－12、图 7－25～图 7－29。

表 7－12　　　溢洪道进水渠边坡表面外观墩观测成果统计表

仪器编号	安装位置	高程/m	位移方向	位移量/mm			蓄水后总变化量/mm
				蓄水前	库水位461.00m	当前值	
				2021－11－12	2022－6－25	2023－3－22	
TP01SAC	左岸边坡1－1断面	517.00	X	−13.10	−12.76	−12.22	0.88
			Y	1.41	−10.66	−8.32	−9.73
			H	6.48	8.86	7.08	0.60
TP02SAC	左岸边坡1－1断面	500.00	X	1.57	6.36	5.90	4.33
			Y	15.20	8.72	10.15	−5.05
			H	−15.75	−16.89	−20.99	−5.24
TP03SAC	左岸边坡1－1断面	469.50	X	7.87	13.04	13.65	5.78
			Y	13.23	9.48	10.14	−3.09
			H	−4.43	−6.86	−12.41	−7.98
TP04SAC	右岸边坡2－2断面	510.00	X	−39.62	−51.23	−54.13	−14.50
			Y	85.65	100.65	107.95	22.31
			H	17.61	24.12	26.61	9.00
TP05SAC	右岸边坡2－2断面	469.50	X	0	−3.69	−2.89	−2.89
			Y	0	23.14	20.67	20.67
			H	0	3.71	4.30	4.30
TP06SAC	左岸边坡弧顶	511.00	X	5.35	8.23	11.75	6.40
			Y	28.73	29.37	29.02	0.29
			H	13.14	13.99	5.08	−8.06

续表

仪器编号	安装位置	高程/m	位移方向	位移量/mm			蓄水后总变化量/mm
				蓄水前	库水位461.00m	当前值	
				2021-11-12	2022-6-25	2023-3-22	
TP09SAC	右岸危岩体	507.00	X	-81.05	-92.29	-95.35	-14.30
			Y	172.35	185.82	192.57	20.21
			H	33.10	34.85	36.99	3.89
TP12SAC	右岸危岩体	502.00	X	-39.78	-47.51	-48.05	-8.27
			Y	134.06	143.60	149.58	15.52
			H	18.16	20.13	22.35	4.19
YHD	右岸危岩体	504.00	X	-52.69	-61.13	-64.11	-11.42
			Y	162.35	174.11	180.57	18.22
			H	28.58	31.07	31.53	2.95

注　X 表示顺溢洪道水流方向的位移，向下游方向的位移为正，反之为负；Y 表示垂直于水流方向的位移，向临空面方向的位移为正，反之为负；H 表示垂直位移，沉降为正，反之为负。

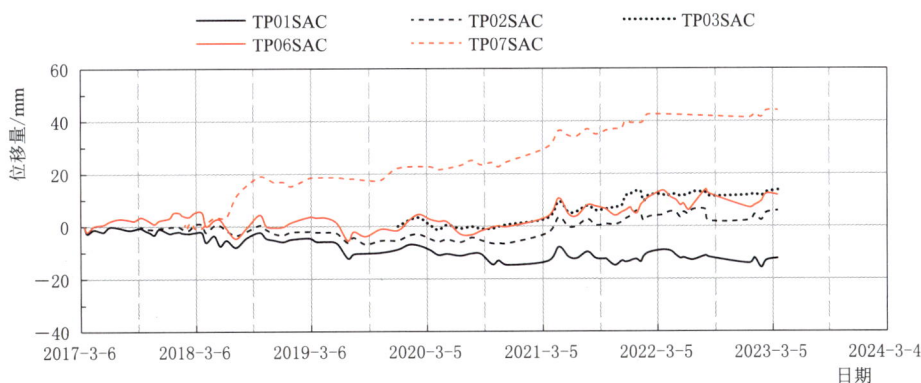

图7-25　溢洪道进水渠左岸边坡外观标点顺水流方向（X 方向）的位移量变化过程曲线图

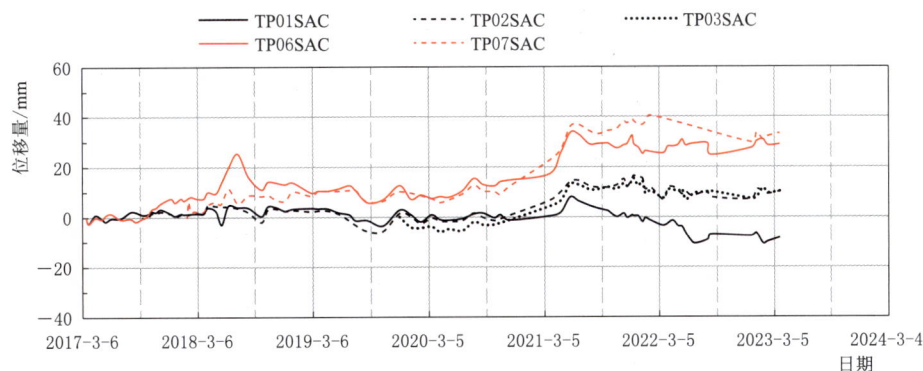

图7-26　溢洪道进水渠左岸边坡外观标点朝临空面（Y 方向）的位移量变化过程曲线图

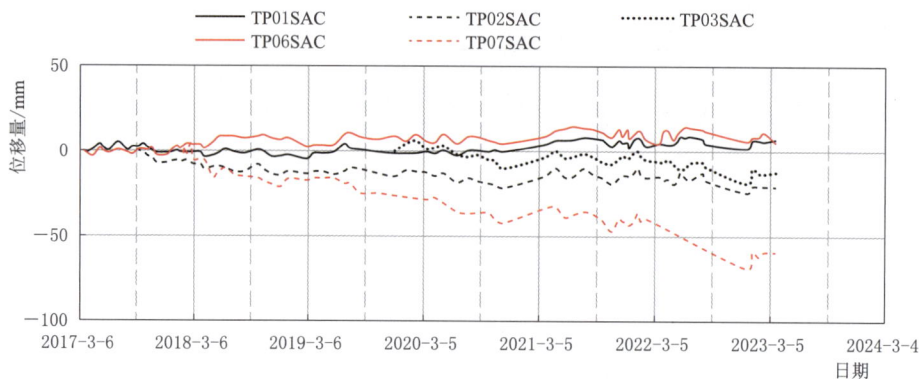

图 7 – 27　溢洪道进水渠右岸边坡外观标点顺水流方向（X 方向）的
位移量变化过程曲线图

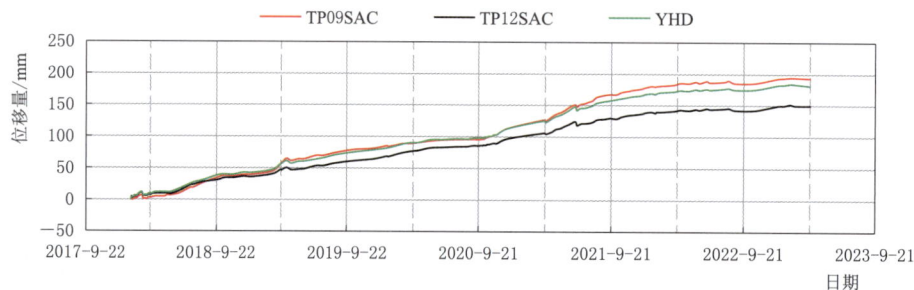

图 7 – 28　溢洪道进水渠右岸边坡外观标点朝临空面方向（Y 方向）的
位移量变化过程曲线

图 7 – 29　溢洪道进水渠两岸边坡外观标点布置示意图

7.3.2　深层水平位移（多点位移计）

溢洪道进水渠左、右岸边坡安装埋设的多点位移计从 2017 年 7 月起测，监测工程边坡在开挖过程中的内部深层水平位移量的增幅主要集中在工程的开挖施工阶段，期间最大月增幅约 5mm。

目前，溢洪道进水渠边坡多点位移计的最大累计位移量为 80.86mm（M03SAC），蓄水后的累计增幅约 15.38mm，在边坡锚索加固完成后的累计增幅约 9.67mm，变幅较小；在 2022 年 4 月 10 日危岩体的锚索加固完成后，危岩体边坡的深层水平位移变形趋势趋于收敛，见表 7-13、图 7-30 和图 7-31。

表 7-13　　　　　溢洪道进水渠边坡多点位移计观测成果统计表

仪器编号	安装位置	高程/m	观测日期	位移量/mm				备注
				孔口	5m	10m	20m	
M01SAC	1-1断面	501.500	2021-11-12	14.24	11.22	8.56	4.23	蓄水前
			2022-6-28	15.14	11.96	8.96	4.45	
			2023-3-23	15.63	16.24	9.39	4.63	
	蓄水后总变化量			1.39	5.02	0.83	0.40	
M02SAC	1-1断面	471.409	2021-11-12	3.65	3.03	2.48	0.95	蓄水前
			2022-6-28	4.42	3.97	3.15	1.31	
			2023-3-23	4.88	4.47	3.42	1.50	
	蓄水后总变化量			1.23	1.45	0.94	0.55	
M03SAC	2-2断面	486.271	2021-11-12	65.48	47.51	39.98	28.72	蓄水前
			2022-6-28	74.08	50.27	41.87	30.13	
			2023-3-23	80.86	52.19	42.41	30.91	
	蓄水后总变化量			15.38	4.68	2.43	2.19	
M04SAC	2-2断面	457.408	2021-11-12	8.55	7.45	3.03	-1.38	蓄水前
			2022-6-28	22.72	16.05	7.27	-2.53	
			2023-3-23	49.76	33.23	12.95	-4.34	
	蓄水后总变化量			41.21	25.78	9.93	-2.96	

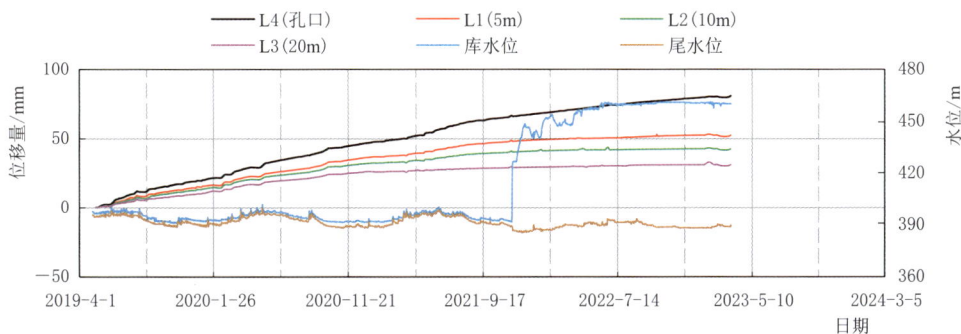

图 7-30　进水渠左岸边坡 M03SAC 多点位移计的位移量变化过程曲线图

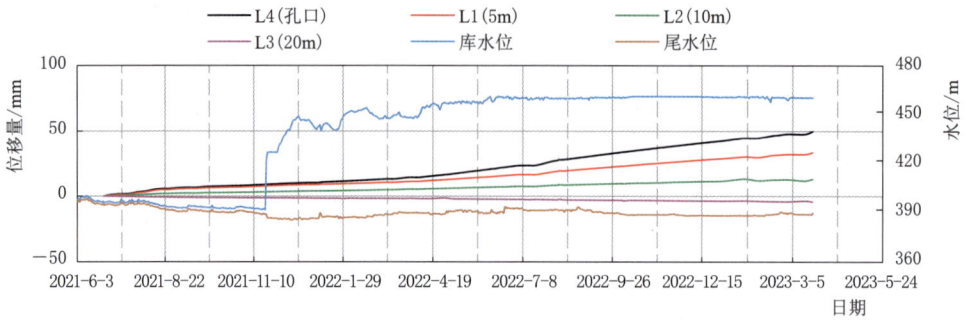

图 7 - 31　进水渠左岸边坡 M04SAC 多点位移计的位移量变化过程曲线图

7.3.3　深层水平位移（测斜孔）

溢洪道进水渠边坡测斜孔主位移方向（朝临空面方向）上的孔口累计位移量为 14.72mm（IN03SAC），次位移方向（顺水流方向）上的孔口累计位移量为 24.65mm；进水渠左岸边坡为逆向坡结构，有利于边坡的稳定，朝临空面方向的滑移趋势不明显；IN04SAC 测斜孔在高程 485.00m 处有一滑移面，该部位为顺向坡结构，主要是顺水流朝下游方向的滑移变形。在 2022 年 4 月边坡的结构加固处理工程结束后，边坡的变形逐渐趋于平稳；当前的变形量均在正常范围内，未发现影响边坡整体稳定性的滑移或错动变形，边坡的运行状态正常，见表 7 - 14、图 7 - 32～图 7 - 38。

表 7 - 14　　　　　　　　　溢洪道进水渠边坡测斜孔观测成果统计表

仪器编号	埋设部位	高程/m	观测日期	A 向临空面方向/mm		B 向顺水流方向/mm		孔口累计位移/mm			备注
				A0°		B0°		A0°方向	B0°方向	合位移	
				最大值	最小值	最大值	最小值				
IN01SAC	溢洪道进水渠左岸边坡 1 - 1 断面（溢 0 - 270.00）	518.00	2021 - 11 - 16	8.92	-3.47	12.17	0.61	1.77	11.36	11.50	
			2022 - 6 - 18	12.38	-2.00	11.51	0.50	3.86	8.46	9.30	
			2023 - 3 - 13	13.98	-1.41	15.85	0.67	4.24	15.85	16.40	
	蓄水后总变化量			5.06	2.06	3.68	0.06	2.47	4.49	4.90	
IN02SAC	溢洪道进水渠左岸边坡 1 - 1 断面（溢 0 - 270.00）	500.00	2021 - 11 - 4	8.68	-3.89	8.85	-2.97	-3.89	-2.84	4.82	
			2022 - 6 - 19	8.61	-5.48	8.80	-1.61	-5.48	-1.61	5.71	
			2023 - 3 - 14	9.66	-5.74	10.60	1.52	-5.74	1.88	6.04	
	蓄水后总变化量			0.98	-1.85	1.75	4.49	-1.85	4.72	1.22	
IN03SAC	溢洪道进水渠左岸边坡 1 - 1 断面（溢 0 - 270.00）	471.00	2021 - 11 - 10	12.87	-21.25	3.24	-14.74	-13.04	-9.35	16.05	
			2022 - 6 - 19	13.53	-20.99	2.41	-16.54	-10.48	-9.85	14.38	
			2023 - 3 - 13	14.72	-21.57	3.59	-24.65	-11.41	-5.10	12.50	
	蓄水后总变化量			1.85	-0.32	0.35	-9.91	1.63	4.25	-3.55	

续表

仪器编号	埋设部位	高程/m	观测日期	A 向临空面方向/mm		B 向顺水流方向/mm		孔口累计位移/mm			备注
				A0°		B0°		A0°方向	B0°方向	合位移	
				最大值	最小值	最大值	最小值				
IN04SAC	溢洪道进水渠右岸边坡 2−2 断面（溢 0−080.00）	510.00	2021−11−10	—	—	—	—	—	—	—	补钻孔，另取基准值
			2022−6−19	0.94	−0.33	3.00	−0.04	0.94	3.00	3.14	
			2023−3−3	0.18	−2.51	2.50	−2.64	−2.04	−2.64	3.34	
	蓄水后总变化量			−0.76	−2.18	−0.50	−2.60	−2.98	−5.64	0.20	
IN05SAC	溢洪道进水渠右岸边坡 2−2 断面（溢 0−080.00）	510.00	2021−11−10	—	—	—	—	—	—	—	补钻孔，另取基准值
			2022−6−19	0.00	0.00	1.20	−0.42	0.00	0.78	0.78	
			2023−3−3	6.18	−7.31	0.92	−9.79	−7.31	−9.79	12.22	
	蓄水后总变化量			6.18	−7.31	−0.28	−9.37	−7.31	−10.57	11.44	
IN06SACN	溢洪道进水渠右岸边坡危岩体	504.00	2021−11−27	−0.09	−0.56	0.41	−0.57	−0.50	−0.57	0.76	
			2022−6−15	1.20	−0.08	0.72	−0.89	0.85	0.72	1.12	
			2023−3−3	1.67	0.24	3.71	−0.05	1.52	3.71	4.01	
	蓄水后总变化量			1.76	0.80	3.30	0.52	2.02	4.28	3.25	

注　A 方向为主测方向（顺坡方向），B 方向为次测方向（顺水流方向），与 A 方向垂直。位移为正表明测斜管朝 A0°、B0°方向倾斜，反之朝 A180°、B180°方向倾斜。孔口处累计位移即从孔底开始每隔 0.5m 逐点累计至孔口的挠度位移。

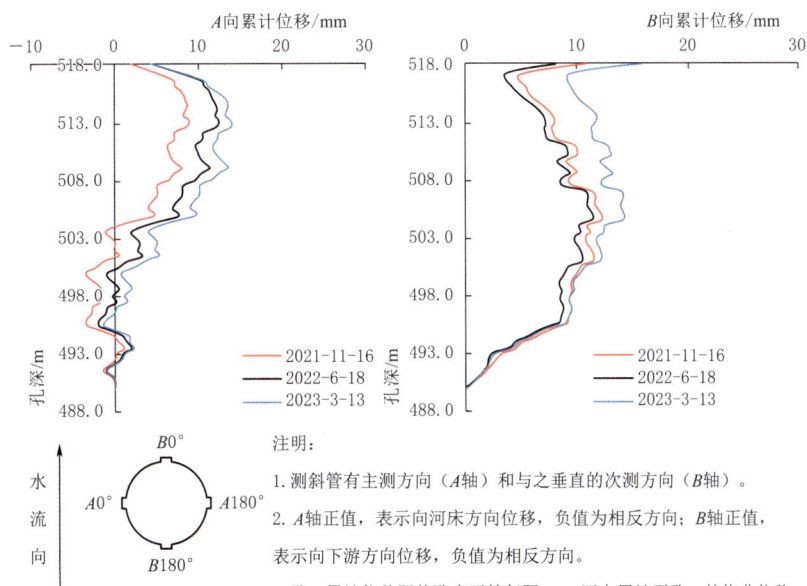

注明：
1. 测斜管有主测方向（A 轴）和与之垂直的次测方向（B 轴）。
2. A 轴正值，表示向河床方向位移，负值为相反方向；B 轴正值，表示向下游方向位移，负值为相反方向。
3. 孔口累计位移即从孔底开始每隔 0.5m 逐点累计至孔口的挠曲位移。

图 7−32　测斜孔 IN01SAC 位移变化过程线图

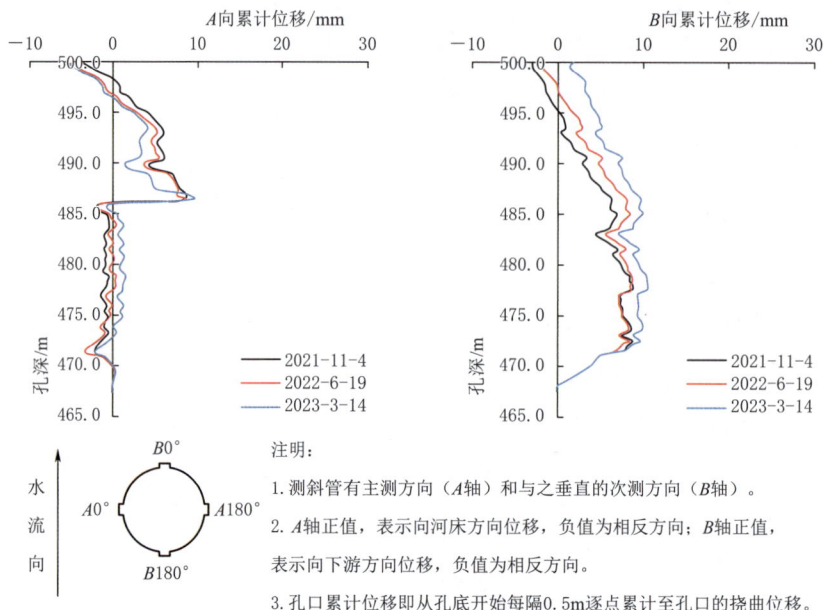

图 7 - 33　测斜孔 IN02SAC 位移变化过程线图

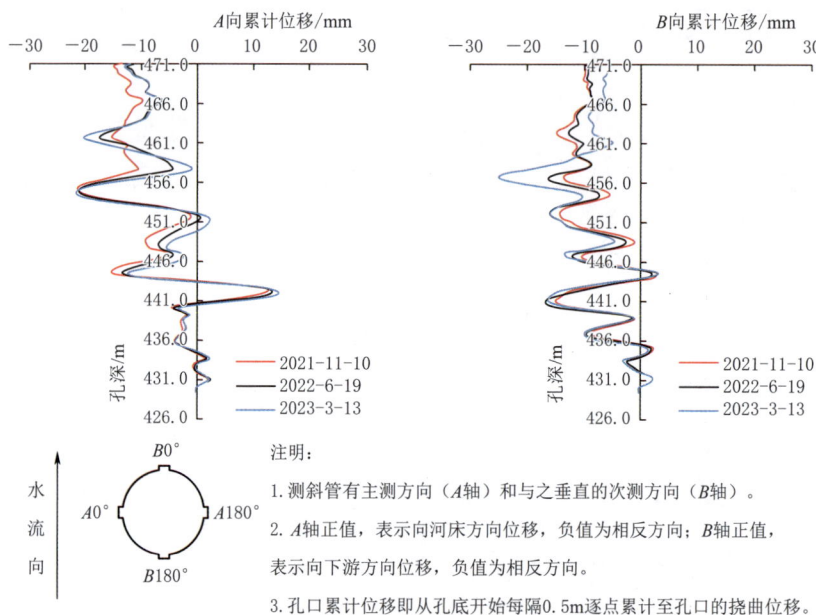

图 7 - 34　测斜孔 IN03SAC 位移变化过程线图

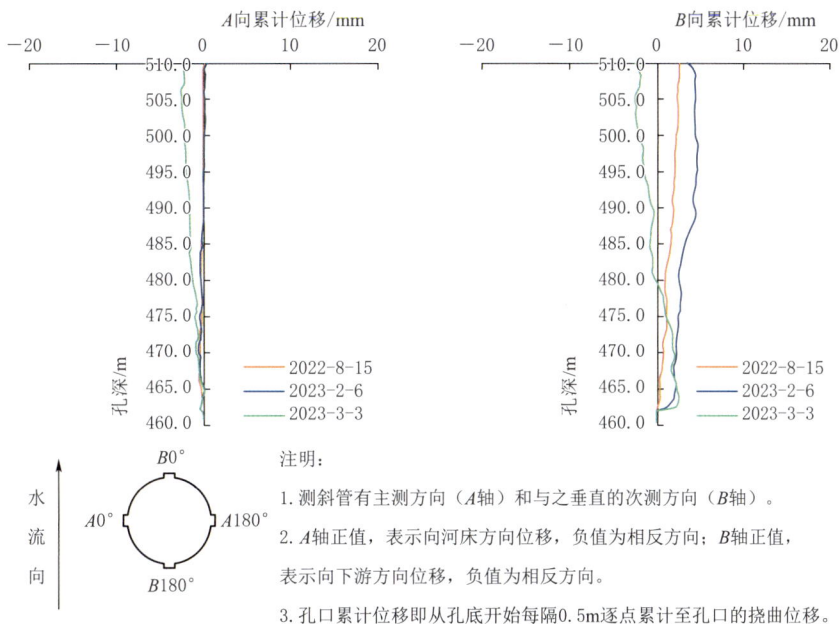

注明：

1. 测斜管有主测方向（A轴）和与之垂直的次测方向（B轴）。

2. A轴正值，表示向河床方向位移，负值为相反方向；B轴正值，表示向下游方向位移，负值为相反方向。

3. 孔口累计位移即从孔底开始每隔0.5m逐点累计至孔口的挠曲位移。

图 7-35　测斜孔 IN04SAC 位移变化过程线图

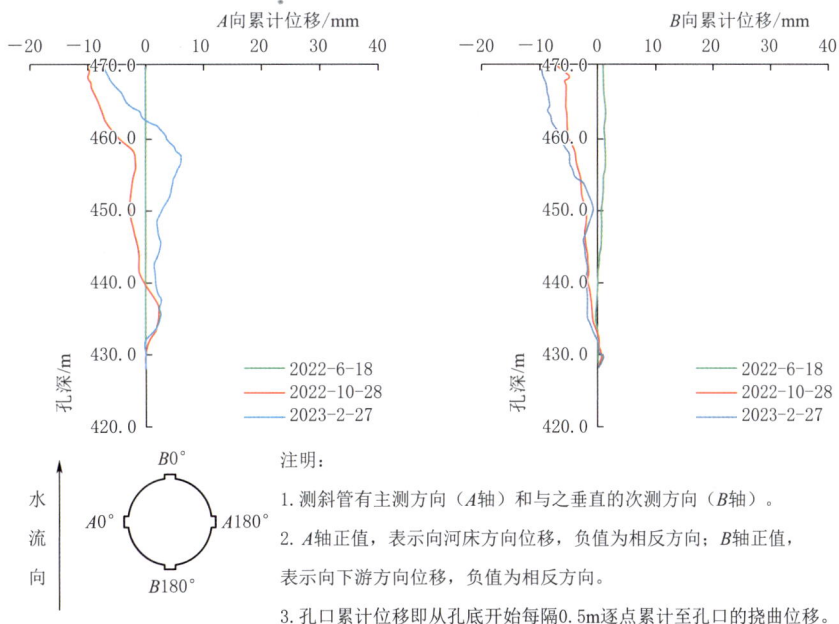

注明：

1. 测斜管有主测方向（A轴）和与之垂直的次测方向（B轴）。

2. A轴正值，表示向河床方向位移，负值为相反方向；B轴正值，表示向下游方向位移，负值为相反方向。

3. 孔口累计位移即从孔底开始每隔0.5m逐点累计至孔口的挠曲位移。

图 7-36　测斜孔 IN05SAC 位移变化过程线图

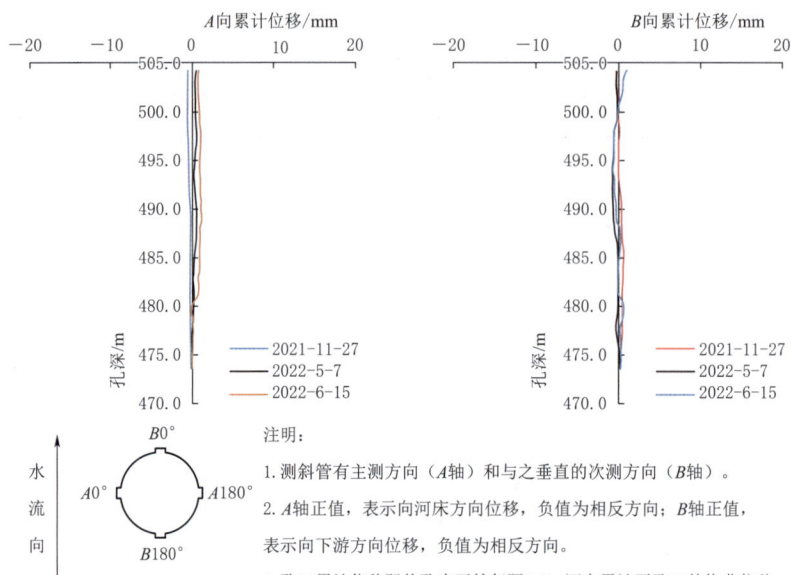

图 7 - 37　测斜孔 IN06SACN 位移变化过程线图

图 7 - 38　溢洪道左、右岸边坡测斜孔布置示意图

7.3.4　渗流渗压

通过溢洪道进水渠边坡测斜孔内的渗压计观测成果过程曲线分析，进水渠段两岸边坡库水位高程以上测点的地下水位较低，部分测孔内表现为干孔，对边坡的变形有利；库水位高程以下测点的地下水位与库水位的变化幅度基本一致，见表 7 - 15、图 7 - 39。

7.3.5　锚杆应力

溢洪道进水渠工程边坡马道锁口部位安装的锚杆应力计设计布置的是两点式锚杆应力计组，第一测点距坡面 1m，第二测点距坡面 5m；与支护结构的锚杆同时安装埋设，在本级边坡的开挖支护施工过程中，锚杆应力的增幅明显，期间最大月增幅约 22MPa，随着工程边坡的逐步开挖远离锚杆应力计监测点，锚杆的应力增幅逐渐减小。

表 7-15   溢洪道进水渠边坡渗压计观测成果统计表

仪器编号	安装位置	高程/m	渗压水位/m			蓄水后总变化量/m	备注
			2021-11-13 蓄水前	2022-6-28 库水位 461.00m	2023-3-24 当前值		
P01SAC	进水渠左岸侧边坡 1-1 断面	464.50	464.67	464.52	464.61	-0.06	干孔
P02SAC	进水渠左岸侧边坡 1-1 断面	426.30	438.42	456.63	456.13	17.70	
P03SAC	进水渠右岸侧边坡 2-2 断面	464.40	464.66	464.47	464.38	-0.28	干孔
P04SAC	进水渠右岸侧边坡 2-2 断面	426.60	426.63	457.93	457.16	30.53	

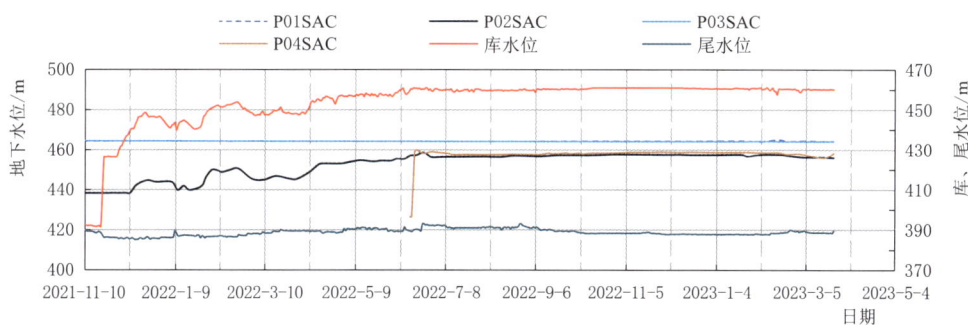

图 7-39   溢洪道进水渠右岸边坡地下水位变化过程线图

目前，溢洪道进水渠边坡已安装的锚杆应力计最大累计应力为 214.28MPa（R02SACN），蓄水后的累计增幅约 18.98MPa，占结构锚杆设计值 360MPa 的 59.52%，在边坡的加固锚索支护完成后，锚杆应力计的变化趋势已逐渐平稳，见表 7-16、图 7-40 和图 7-41。

表 7-16   溢洪道进水渠边坡锚杆应力统计表

仪器编号	安装位置	高程/m	锚杆应力/MPa			蓄水后总变化量/MPa
			2021-11-13 蓄水前	2022-6-28 库水位 461.00m	2023-3-23 当前值	
R01SACN	右岸边坡危岩体	504.40	73.15	94.87	108.12	34.96
R02SACN	右岸边坡危岩体	504.40	195.30	203.00	214.28	18.98
R03SACN	右岸边坡危岩体	495.00	33.22	48.34	51.78	18.57
R04SACN	右岸边坡危岩体	495.00	56.95	77.24	94.00	37.04
R03SAC	左岸边坡	509.50	47.09	43.71	52.44	5.35
R04SAC	左岸边坡	509.50	47.67	44.34	67.28	19.61
R06SAC	左岸边坡	499.20	34.45	31.22	38.78	4.33

仪器编号	安装位置	高程/m	锚杆应力/MPa			蓄水后总变化量/MPa
			2021-11-13 蓄水前	2022-6-28 库水位 461.00m	2023-3-23 当前值	
R07SAC	左岸边坡	484.20	45.05	43.17	54.83	9.79
R08SAC	左岸边坡	484.20	58.32	47.49	62.97	4.65
R09SAC	左岸边坡	468.50	71.36	70.24	75.13	3.18
R10SAC	左岸边坡	468.50	−0.46	−0.95	−4.80	−4.33
R11SAC	左岸边坡	454.60	24.11	−5.08	−6.73	−2.42
R12SAC	左岸边坡	454.60	−4.58	−7.21	−8.75	−4.00
R13SAC	左岸边坡	441.50	132.23	168.79	176.16	43.93
R14SAC	左岸边坡	441.50	1.41	−1.39	−9.24	−10.65
R15SAC	左岸边坡	509.00	64.68	52.23	70.99	6.32
R17SAC	右岸边坡	499.10	53.54	61.38	49.01	−4.53
R18SAC	右岸边坡	499.10	−8.21	−6.84	1.64	9.85
R20SAC	右岸边坡	484.30	73.23	63.99	39.50	−33.73
R21SAC	右岸边坡	468.70	34.95	36.10	47.86	12.91
R22SAC	右岸边坡	468.70	62.35	76.02	92.61	30.26
R24SAC	右岸边坡	454.50	130.73	118.20	53.82	−76.91
R25SAC	右岸边坡	440.20	209.68	126.46	135.36	−74.32
R26SAC	右岸边坡	440.20	1.13	−1.25	−2.41	−3.55

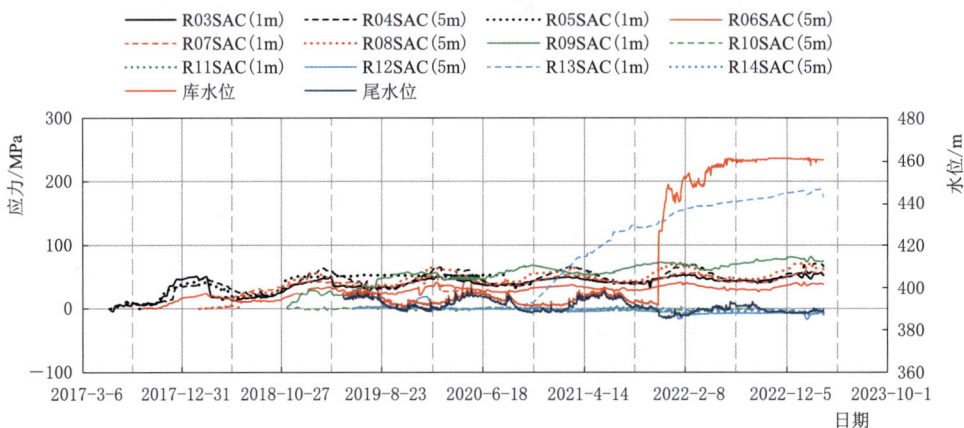

图 7 - 40　溢洪道进水渠左岸边坡锚杆应力变化过程曲线图

7.3.6　小结

综合溢洪道进水渠边坡的监测成果分析，截至 2023 年 3 月，表面变形测点顺河床水

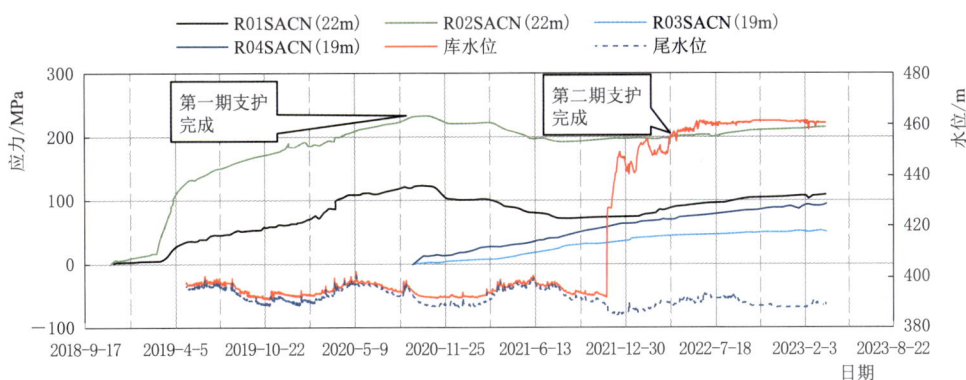

图 7-41 溢洪道进水渠右岸边坡危岩体锚杆应力变化过程曲线图

流方向（X 方向）的最大累计位移量为 95.35mm（溢洪道引水渠右岸边坡高程 507.00m，TP09SACN），蓄水后的累计增幅约 14.30mm；朝临空面方向（Y 方向）的最大累计位移量为 192.57mm（溢 0－060.00，TP09SACN），蓄水后的累计增幅约 20.21mm，边坡锚索加固完成后的累计增幅约 7.62mm；最大累计沉降量为 36.99mm（溢 0－060.00，TP09SACN），蓄水后的累计增幅为 3.89mm；在边坡的加固措施施工完成后，边坡的变形趋势逐渐趋于稳定；边坡内部的深层水平位移最大累计位移量为 80.86mm（M03SAC），蓄水后的累计增幅约 15.38mm，在 2022 年 4 月 10 日危岩体边坡的锚索加固完成后的累计增幅约 9.67mm，变幅较小，危岩体边坡的深层水平位移变形趋势已趋于平稳，蓄水后的位移量与施工期相比明显减小；受库水位上升的影响，进水渠两岸边坡库水位以下的地下水位最大增幅约 30.53m，地下水位的变化幅度与库水位变化基本一致；边坡的结构锚杆应力已基本调整到位，锚杆应力的变化趋势已基本平稳。

7.4 厂房边坡监测成果

7.4.1 表面变形观测

厂房边坡表面变形测点共布置四个监测断面 11 个测点，仪器编号 TP01PH～TP11PH，其中 TP02PH、TP03PH、TP04PH、TP08PH 被厂房永久结构建筑物遮挡，已无法观测。

截至 2023 年 3 月，厂房边坡表面变形测点顺河床水流方向（X 方向）的累计位移量最大为 32.69mm（TP07PH），蓄水后的累计增幅为 1.60mm；朝临空面方向（Y 方向）的累计位移量最大为 46.28mm（TP07PH），蓄水后的累计增幅为 5.58mm；最大累计沉降量为 44.31mm（TP01PH），蓄水后的累计增幅为 3.34mm，变幅较小，在厂房主体结构建筑物修建完成后，边坡表面的变形趋势逐渐平稳。

厂房尾水平台沉降测点测得的最大累计沉降量为 6.36mm（BM22GPH），蓄水后的最大累计增幅约 4.38mm（BM22GPH）。从各测点的历时变化过程曲线来看，主体结构混凝土的沉降变形与气温的关系较密切，当气温上升（夏天）时，混凝土呈上抬趋势；当气温下降

（冬天）时，混凝土呈沉降趋势。门机平台下游测点的沉降变幅相对较大，蓄水后的累计变幅在－0.38～3.93mm 之间，见表 7－17、表 7－18、图 7－42～图 7－48。

表 7－17　　　　　　　　厂房边坡表面变形观测成果特征值表

仪器编号	安装位置	高程/m	位移方向	位移量/mm			蓄水后总变化量/mm
				2021－11－8 蓄水前	2022－6－25 库水位 461.00m	2023－3－22 当前值	
TP01PH	1－1 断面	466.00	X	28.20	25.72	27.02	－1.18
			Y	32.58	30.88	36.39	3.81
			H	40.97	47.13	44.31	3.34
TP05PH	3－3 断面	465.00	X	11.68	13.90	12.20	0.52
			Y	28.31	26.66	33.09	4.78
			H	41.35	42.07	40.79	－0.56
TP06PH	3－3 断面	432.00	X	9.60	5.81	8.08	－1.52
			Y	12.16	14.90	15.68	3.52
			H	－5.03	－3.55	－6.65	－1.62
TP07PH	4－4 断面	461.00	X	31.10	29.07	32.69	1.60
			Y	40.70	43.14	46.28	5.58
			H	12.24	17.86	14.38	2.14
TP09PH	进厂交通洞顶	435.00	X	16.50	13.35	14.29	－2.21
			Y	2.35	0.10	6.32	3.96
			H	1.05	0.35	－0.78	－1.83
TP10PH	与导流洞出口边坡中隔墩	416.00	X	23.90	24.54	26.43	2.53
			Y	19.39	21.57	26.51	7.12
			H	－9.31	－1.75	－7.67	1.64
TP11PH	与导流洞出口边坡中隔墩	413.00	X	19.98	19.62	21.95	1.97
			Y	27.37	30.02	35.96	8.59
			H	－2.87	－0.48	－3.03	－0.16

注　X 表示顺河床水流方向的位移，向下游方向的位移为正，反之为负；Y 表示垂直于河床水流方向的位移，向临空面方向的位移为正，反之为负；H 表示垂直位移，沉降为正，反之为负。

表 7－18　　　　　　　　厂房尾水平台变形监测成果特征值表

仪器编号	安装位置	沉降量/mm			蓄水后总变化量/mm
		2021－11－17 蓄水前	2022－6－25 库水位 461.00m	2023－3－15 当前值	
BM01GPH	上游副厂房	－0.16	0.04	0.19	0.35
BM02GPH	闸机平台外边沿	0	0.95	－0.38	－0.38
BM03GPH	上游副厂房	－0.09	1.19	1.48	1.56
BM04GPH	闸机平台外边沿	0.82	0.82	1.00	0.18

续表

仪器编号	安 装 位 置	沉降量/mm			蓄水后总变化量/mm
		2021-11-17 蓄水前	2022-6-25 库水位 461.00m	2023-3-15 当前值	
BM05GPH	上游副厂房	−0.31	2.03	1.28	1.58
BM06GPH	闸机平台外边沿	1.32	0.97	1.21	−0.11
BM07GPH	上游副厂房	−0.12	1.85	2.07	2.19
BM08GPH	闸机平台外边沿	1.62	3.68	3.95	2.33
BM09GPH	上游副厂房	−0.10	2.30	2.12	2.22
BM10GPH	闸机平台外边沿	2.15	1.41	4.32	2.18
BM11GPH	上游副厂房	−0.11	1.69	2.99	3.11
BM12GPH	闸机平台外边沿	2.14	1.72	5.88	3.74
BM13GPH	上游副厂房	−0.27	−0.92	2.82	3.09
BM14GPH	闸机平台外边沿	2.33	−0.12	5.91	3.58
BM15GPH	上游副厂房	−0.11	−0.18	3.24	3.35
BM16GPH	闸机平台外边沿	1.98	1.55	5.72	3.74
BM17GPH	上游副厂房	0	1.73	3.24	3.24
BM18GPH	闸机平台外边沿	1.99	2.80	5.94	3.95
BM19GPH	上游副厂房	0	2.74	2.27	2.27
BM20GPH	闸机平台外边沿	1.96	2.63	5.43	3.47
BM21GPH	上游副厂房	0	2.78	2.73	2.73
BM22GPH	闸机平台外边沿	1.98	2.36	6.36	4.38
BM23GPH	上游副厂房	−0.51	2.99	2.85	3.36
BM24GPH	闸机平台外边沿	0.96	2.36	4.89	3.93

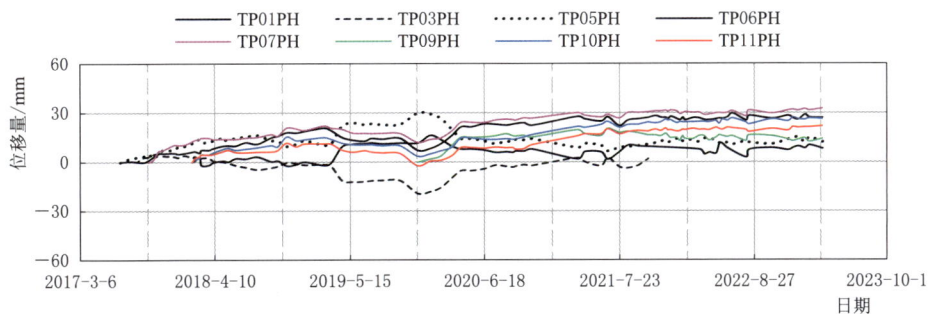

图 7-42 厂房边坡表面变形测点 X 方向（顺河床水流方向）的位移变化过程曲线图

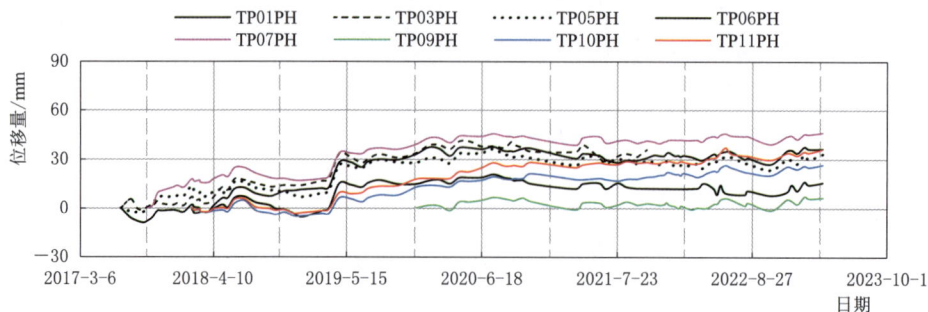

图 7-43　厂房边坡表面变形测点 **Y** 方向（朝临空面方向）的位移变化过程曲线图

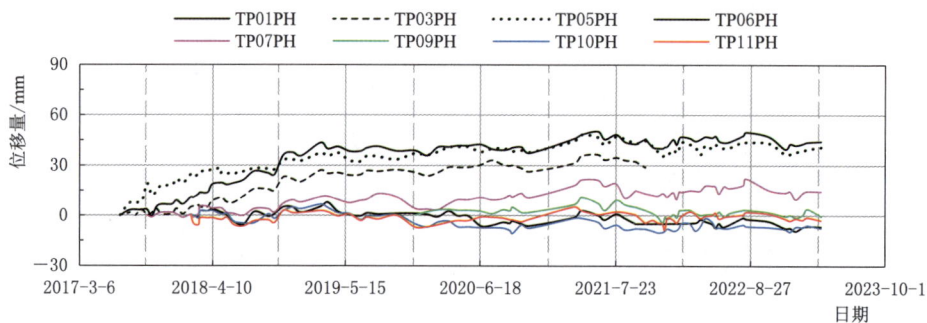

图 7-44　厂房边坡表面变形测点 **H** 方向（沉降量）的位移变化过程曲线图

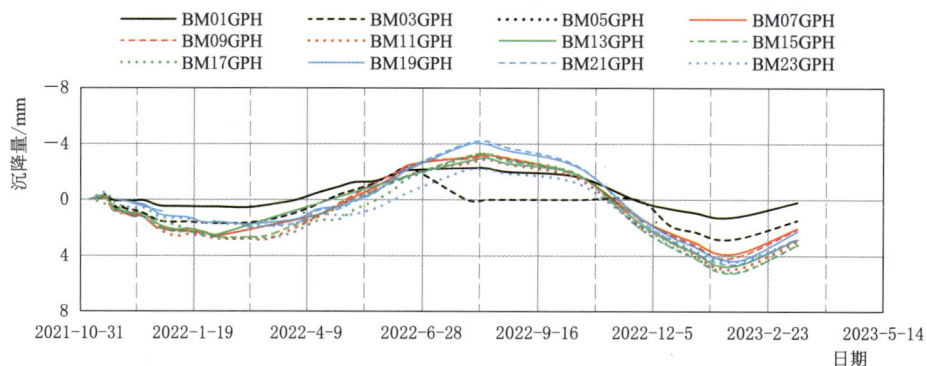

图 7-45　上游副厂房沉降测点沉降变化历时曲线图

7.4.2　深层水平位移（多点位移计）

目前，厂房边坡多点位移计的最大累计位移量为 17.97mm（厂房边坡 4-4 断面，高程 433.20m，M04PH），蓄水后的累计增幅约 3.99mm，厂房边坡的深层水平位移量较小，变幅也较平稳，见表 7-19、图 7-49～图 7-52。

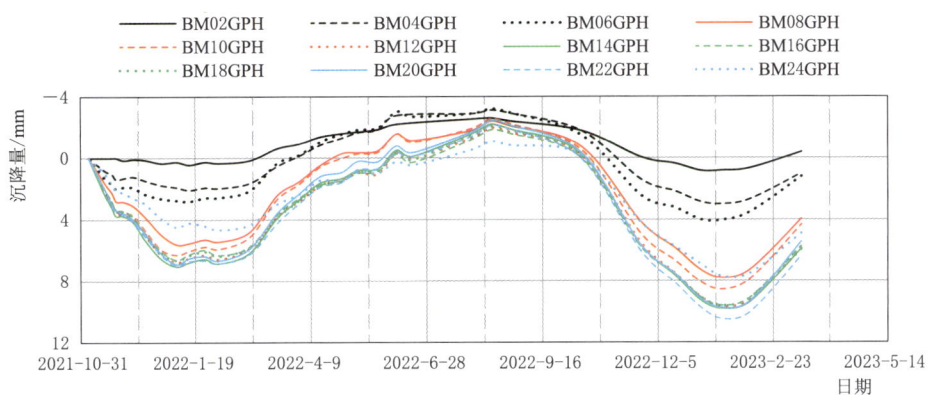

图 7-46　门机平台外沿沉降测点沉降变化历时曲线图

图 7-47　厂房边坡监测仪器布置示意图

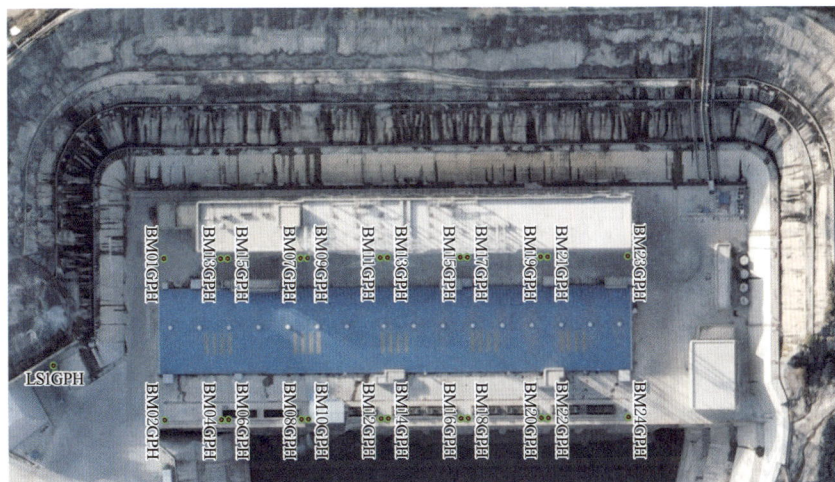

图 7-48　厂房上、下游副厂房顶部水准标点布置示意图

表 7 – 19　　　　　　　　　厂房边坡多点位移计观测成果统计表

仪器编号	安装位置	高程 /m	观测日期	位移量/mm				备注
				孔口	5m	10m	20m	
M01PH	1 – 1 断面	433.40	2021 – 11 – 16	2.23	1.84	0.56	1.61	蓄水前
			2022 – 6 – 17	2.63	1.59	0.73	1.43	
			2023 – 3 – 22	2.88	1.88	0.91	1.75	
	蓄水后总变化量			0.65	0.04	0.35	0.14	
M02PH	2 – 2 断面	433.40	2021 – 11 – 16	3.93	0.48	1.98	1.05	蓄水前
			2022 – 6 – 17	4.18	0.58	1.99	1.01	
			2023 – 3 – 22	4.80	1.30	2.46	1.25	
	蓄水后总变化量			0.87	0.82	0.48	0.20	
M03PH	3 – 3 断面	433.50	2021 – 11 – 16	1.88	0.81	0.51	0.87	蓄水前
			2022 – 6 – 17	2.23	1.10	0.52	0.75	
			2023 – 3 – 22	2.11	0.86	0.33	0.18	
	蓄水后总变化量			0.23	0.05	−0.18	−0.69	
M04PH	4 – 4 断面	433.20	2021 – 11 – 16	13.98	12.15	11.08	6.24	蓄水前
			2022 – 6 – 17	15.32	13.34	12.03	6.83	
			2023 – 3 – 22	17.97	15.71	14.12	10.14	
	蓄水后总变化量			3.99	3.57	3.04	3.90	
M05PH	1 – 1 断面	409.50	2021 – 11 – 16	7.26	6.69	0.73	0.61	蓄水前
			2022 – 6 – 17	7.85	7.22	1.28	0.86	
			2023 – 3 – 22	7.93	7.41	1.47	0.81	
	蓄水后总变化量			0.66	0.72	0.74	0.19	
M07PH	2 – 2 断面	409.50	2021 – 11 – 16	14.27	6.06	2.15	0.38	蓄水前
			2022 – 6 – 17	15.26	6.52	2.15	0.38	
			2023 – 3 – 22	15.84	6.73	2.30	−3.20	
	蓄水后总变化量			1.58	0.67	0.16	−3.58	
M08PH	2 – 2 断面	384.80	2021 – 11 – 16	14.17	13.42	3.35	0.13	蓄水前
			2022 – 6 – 17	14.64	13.85	3.81	0.08	
			2023 – 3 – 22	14.97	14.52	4.36	−0.60	
	蓄水后总变化量			0.81	1.10	1.01	−0.73	
M09PH	3 – 3 断面	407.50	2021 – 11 – 16	1.68	0.26	0.34	−0.07	蓄水前
			2022 – 6 – 17	1.98	0.37	0.43	−0.22	
			2023 – 3 – 22	1.91	0.63	0.36	0.13	
	蓄水后总变化量			0.23	0.36	0.02	0.20	
M10PH	3 – 3 断面	384.70	2021 – 11 – 16	1.42	1.26	1.35	1.12	蓄水前
			2022 – 6 – 17	1.84	1.39	1.48	1.21	
			2023 – 3 – 22	1.68	1.53	1.58	1.22	
	蓄水后总变化量			0.26	0.27	0.24	0.10	

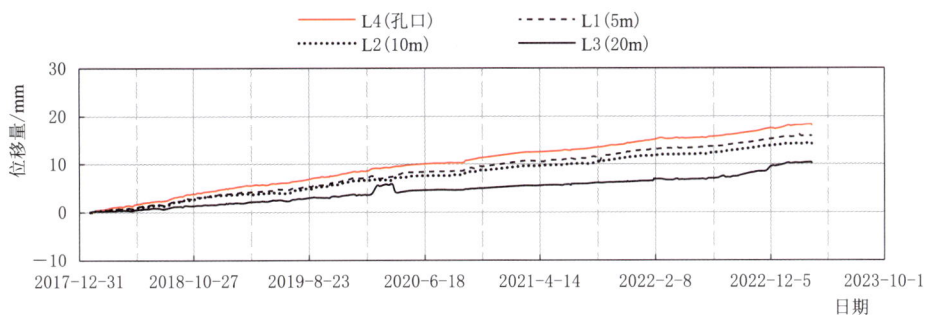

图 7-49 厂房边坡 4-4 断面高程 433.20m 多点位移计
M04PH 的位移量变化过程曲线图

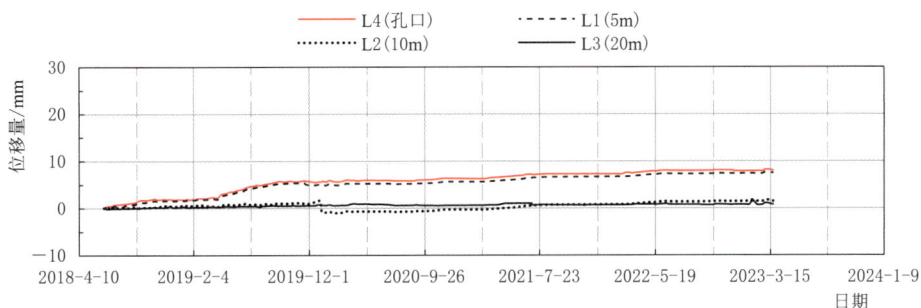

图 7-50 厂房边坡 1-1 断面高程 409.50m 多点位移计
M05PH 的位移量变化过程曲线图

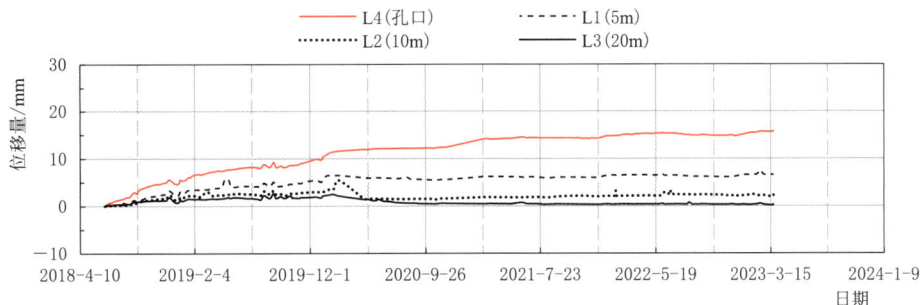

图 7-51 厂房边坡 2-2 断面高程 409.50m 多点位移计
M07PH 的位移量变化过程曲线图

7.4.3 深层水平位移（测斜孔）

厂房边坡主位移方向 A0°向（临空向）的最大累计位移量为 33.81mm［厂房边坡 1-1
断面，桩号（厂）0+070.50，IN01PH］，蓄水后累计增幅约 0.85mm，变幅较小；次位
移方向 B0°向（下游方向）的最大累计位移量为 25.91mm（IN01PH），蓄水后的累计增
幅约 6.90mm，变幅较小。厂房边坡的深层水平位移已基本趋于平稳，无明显变化，见
表 7-20、图 7-53～图 7-61。

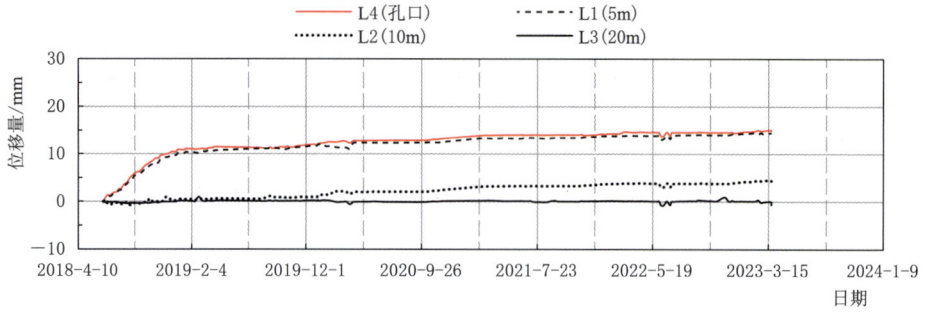

图 7-52 厂房边坡 2-2 断面高程 384.70m 多点位移计
M08PH 的位移量变化过程曲线图

表 7-20   厂房边坡测斜管观测成果统计表

仪器编号	安装位置	高程 /m	观测日期	累计位移量/mm				孔口位移/mm		合位移 /mm
				A0°方向（临空向）		B0°方向（顺河向）		A0°	B0°	
				最大值	最小值	最大值	最小值			
IN01PH	1-1 断面	465.50	2021-11-19	32.96	-51.18	19.01	-4.82	-15.63	1.40	15.70
			2022-5-11	33.95	-47.90	21.36	-2.79	-12.81	2.66	14.20
			2023-3-15	33.81	-48.58	25.91	-3.75	-13.47	4.49	14.20
	蓄水后总变化量			0.85	2.60	6.90	1.07	2.16	3.09	-1.50
IN02PH	1-1 断面	432.00	2021-11-19	10.90	-18.96	18.90	-15.98	-1.33	4.96	5.13
			2022-5-11	6.93	-22.01	17.40	-18.49	-5.31	0.74	5.36
			2023-3-20	2.62	-26.67	16.77	-19.73	-12.12	1.74	12.25
	蓄水后总变化量			-8.28	-7.71	-2.13	-3.75	-10.79	-3.22	7.12
IN03PH	2-2 断面	468.00	2021-11-19	22.43	-18.56	13.14	-37.61	-4.60	-14.68	15.39
			2022-5-11	20.55	-20.97	15.10	-34.30	-8.79	-13.20	15.86
			2023-3-15	20.45	-20.09	16.75	-33.54	-7.20	-12.29	14.24
	蓄水后总变化量			-1.98	-1.53	3.61	4.07	-2.60	2.39	-1.15
IN04PH	2-2 断面	432.00	2021-11-19	-3.79	-30.47	7.17	-22.41	-17.70	-8.65	19.70
			2022-5-11	-3.72	-30.24	6.08	-23.46	-19.51	-10.91	21.23
			2023-3-20	-3.13	-29.64	5.48	-24.97	-19.39	-9.59	21.63
	蓄水后总变化量			0.66	0.83	-1.69	-2.56	-1.69	-0.94	1.93
IN05PH	3-3 断面	464.50	2021-11-19	15.53	-12.22	18.11	-5.11	-6.48	3.32	7.28
			2022-5-11	19.94	-8.05	27.68	-5.22	-2.19	3.13	3.82
			2023-3-15	17.60	-10.20	16.92	-6.13	-5.36	1.36	5.53
	蓄水后总变化量			2.07	2.02	-1.19	-1.02	1.12	-1.96	-1.75

续表

仪器编号	安装位置	高程/m	观测日期	累计位移量/mm				孔口位移/mm		合位移/mm
				A0°方向（临空向）		B0°方向（顺河向）		A0°	B0°	
				最大值	最小值	最大值	最小值			
IN06PH	3-3断面	465.50	2021-11-19	14.42	-2.92	3.94	-10.38	6.99	-8.61	10.29
			2022-5-11	13.87	-2.98	5.28	-8.21	5.37	-4.26	10.29
			2023-3-20	10.63	-5.46	4.82	-12.40	4.42	-10.23	10.29
	蓄水后总变化量			-3.79	-2.54	0.88	-2.02	-2.57	-1.62	0.00
IN07PH	4-4断面	460.50	2021-11-19	29.21	-0.38	1.22	-12.72	19.74	0.27	19.74
			2022-5-11	31.27	-0.77	0.35	-12.91	22.08	0.35	22.08
			2023-3-15	33.61	0.39	0.37	-12.79	23.49	0.37	23.49
	蓄水后总变化量			4.40	0.77	-0.85	-0.07	3.75	0.10	3.75
IN08PH	4-4断面	432.00	2021-11-19	19.08	-10.17	20.82	-21.97	12.80	4.25	13.49
			2022-5-11	12.00	-9.61	22.98	-19.79	6.06	13.20	14.52
			2023-3-20	16.30	-11.18	24.07	-19.52	10.02	7.00	12.22
	蓄水后总变化量			-2.78	-1.01	3.25	2.45	-2.78	2.75	-1.27

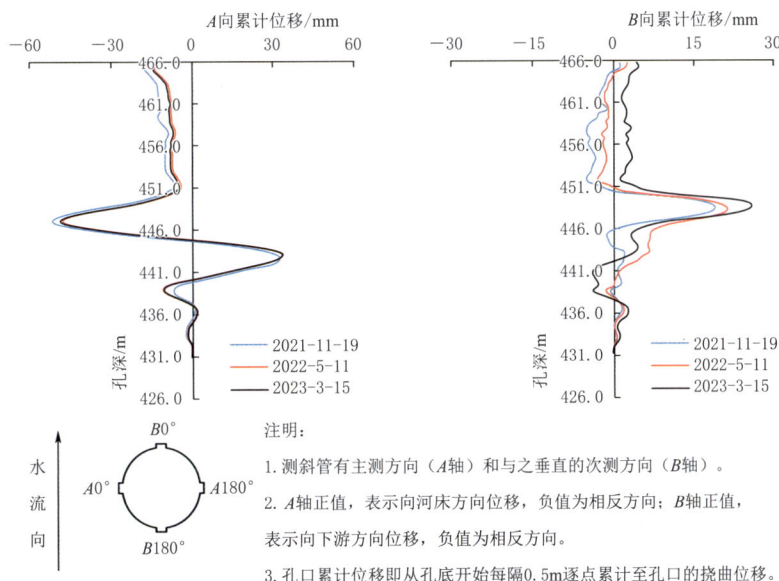

注明：

1. 测斜管有主测方向（A轴）和与之垂直的次测方向（B轴）。

2. A轴正值，表示向河床方向位移，负值为相反方向；B轴正值，表示向下游方向位移，负值为相反方向。

3. 孔口累计位移即从孔底开始每隔0.5m逐点累计至孔口的挠曲位移。

图7-53 厂房边坡测斜孔IN01PH位移变化过程曲线图

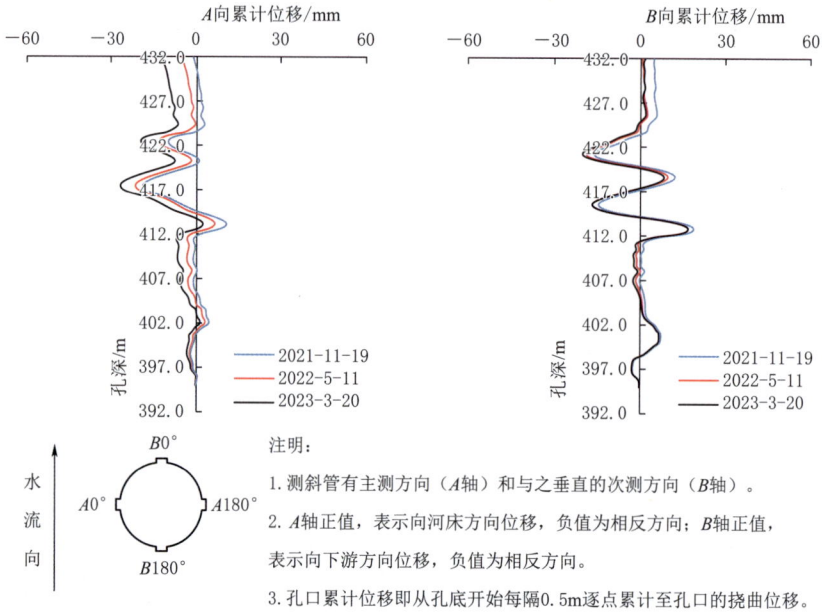

图 7-54　厂房边坡测斜孔 IN02PH 位移变化过程曲线图

注明：
1. 测斜管有主测方向（A轴）和与之垂直的次测方向（B轴）。
2. A轴正值，表示向河床方向位移，负值为相反方向；B轴正值，表示向下游方向位移，负值为相反方向。
3. 孔口累计位移即从孔底开始每隔0.5m逐点累计至孔口的挠曲位移。

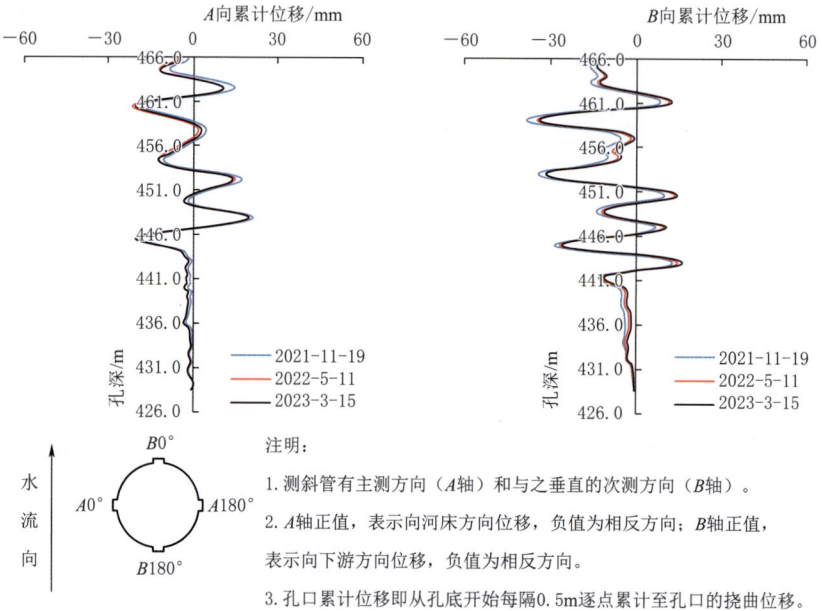

图 7-55　厂房边坡测斜孔 IN03PH 位移变化过程曲线图

注明：
1. 测斜管有主测方向（A轴）和与之垂直的次测方向（B轴）。
2. A轴正值，表示向河床方向位移，负值为相反方向；B轴正值，表示向下游方向位移，负值为相反方向。
3. 孔口累计位移即从孔底开始每隔0.5m逐点累计至孔口的挠曲位移。

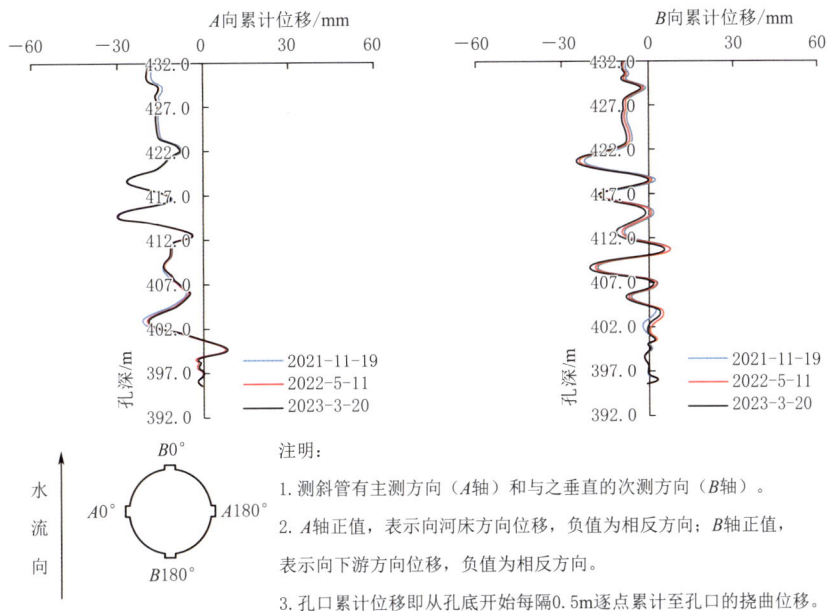

注明：
1. 测斜管有主测方向（A轴）和与之垂直的次测方向（B轴）。
2. A轴正值，表示向河床方向位移，负值为相反方向；B轴正值，表示向下游方向位移，负值为相反方向。
3. 孔口累计位移即从孔底开始每隔0.5m逐点累计至孔口的挠曲位移。

图 7-56 厂房边坡测斜孔 IN04PH 位移变化过程曲线图

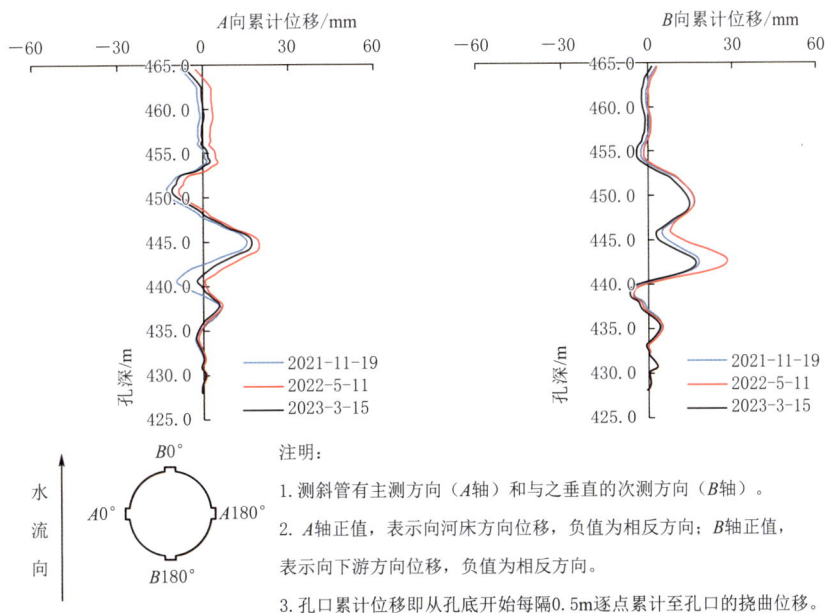

注明：
1. 测斜管有主测方向（A轴）和与之垂直的次测方向（B轴）。
2. A轴正值，表示向河床方向位移，负值为相反方向；B轴正值，表示向下游方向位移，负值为相反方向。
3. 孔口累计位移即从孔底开始每隔0.5m逐点累计至孔口的挠曲位移。

图 7-57 厂房边坡测斜孔 IN05PH 位移变化过程曲线图

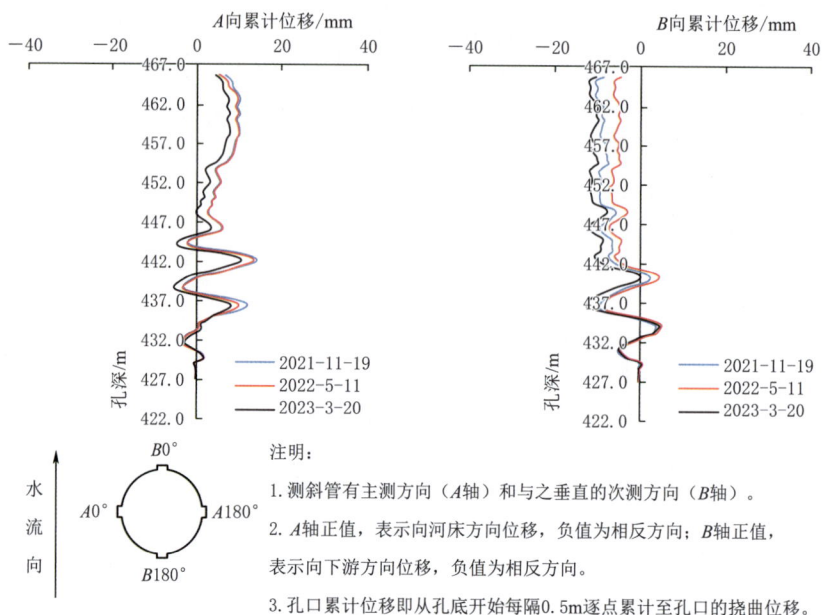

图 7-58　厂房边坡测斜孔 IN06PH 位移变化过程曲线图

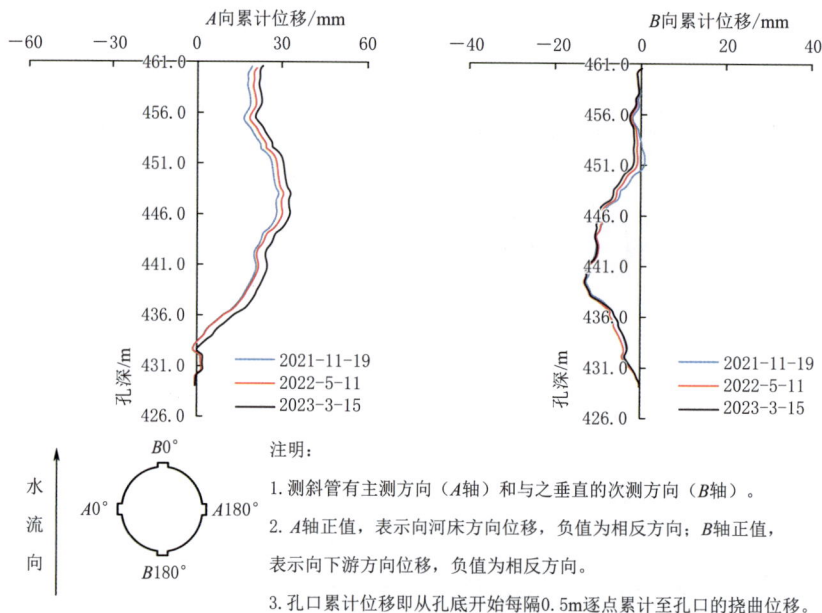

图 7-59　厂房边坡测斜孔 IN07PH 位移变化过程曲线图

7.4.4　渗压水位

厂房边坡及基岩结合面的地下水位在蓄水后的总变化量较小，最大累计增幅约 3.38m（P03PH），地下水位的变幅较平稳，见表 7-21、图 7-62。

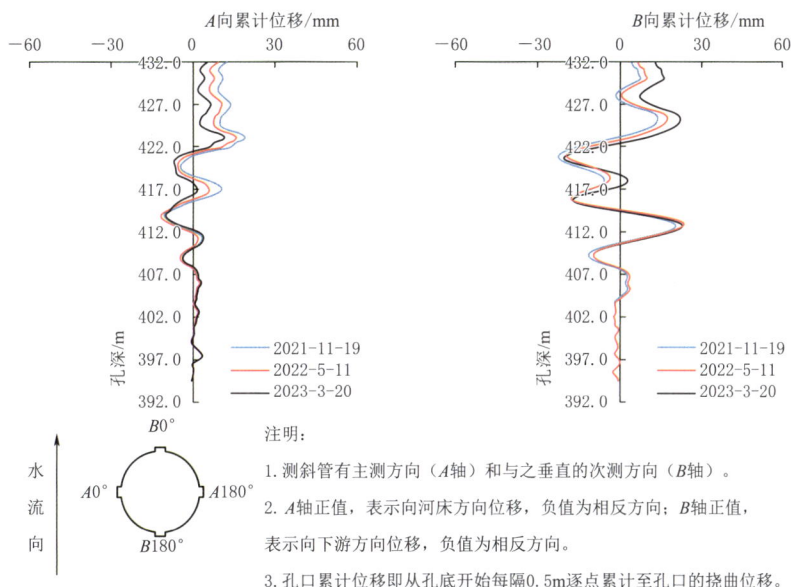

注明：

1. 测斜管有主测方向（A轴）和与之垂直的次测方向（B轴）。

2. A轴正值，表示向河床方向位移，负值为相反方向；B轴正值，表示向下游方向位移，负值为相反方向。

3. 孔口累计位移即从孔底开始每隔0.5m逐点累计至孔口的挠曲位移。

图 7－60　厂房边坡测斜孔 IN08PH 位移变化过程曲线图

图 7－61　厂房边坡测斜孔布置示意图

表 7－21　　　　　　　厂房边坡地下水位观测成果统计表　　　　　　　单位：m

仪器编号	安 装 位 置	高程	渗压水位			蓄水后总变化量
			蓄水前	库水位 461.00m	当前值	
			2021－11－16	2022－6－5	2023－3－22	
P01PH	1－1 断面	427.082	427.97	427.21	427.52	－0.45
P02PH	2－2 断面	428.861	434.96	435.52	434.88	－0.08
P03PH	3－3 断面	426.836	432.43	435.67	435.81	3.38
P04PH	4－4 断面	426.935	426.94	426.94	426.94	0

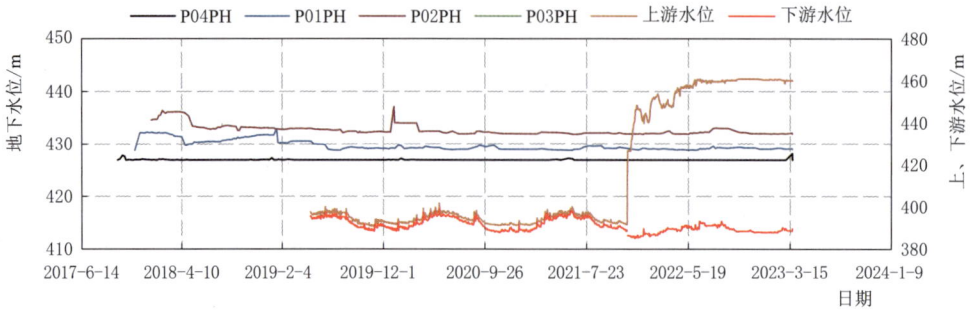

图 7-62　厂房边坡渗压计 P01PH～P04PH 地下水位变化过程曲线图

7.4.5　锚杆应力

厂房边坡的锚杆最大累计拉应力为 239.15MPa［4-4 断面，（厂）0-180.30 桩号，高程 446.217m，R13PH］，蓄水后的累计增幅约 12.09MPa，其他测点的锚杆应力变幅在-19.44～49.93MPa 之间，锚杆的应力变幅较平稳，见表 7-22、图 7-63 和图 7-64。

表 7-22　　　　　　　　　厂房边坡锚杆应力计观测成果统计表

仪器编号	安 装 位 置	高程 /m	应力/MPa			蓄水后 总变化量 /MPa
			2021-11-16 蓄水前	2022-6-10 库水位 461.00m	2023-3-22 当前值	
R01PH	1-1 断面	445.637	39.53	37.98	45.98	6.45
R02PH	1-1 断面	445.637	63.53	62.43	63.24	-0.30
R03PH	1-1 断面	430.872	83.68	108.35	133.60	49.93
R04PH	1-1 断面	430.872	6.41	-20.87	4.43	-1.98
R05PH	2-2 断面	446.085	122.76	132.93	141.79	19.04
R06PH	2-2 断面	446.085	125.79	112.50	112.93	-12.86
R07PH	2-2 断面	431.149	92.43	118.27	82.62	-9.81
R08PH	2-2 断面	431.149	72.73	99.43	77.21	4.49
R09PH	3-3 断面	446.136	121.44	115.00	138.08	16.65
R11PH	3-3 断面	431.274	46.64	43.26	50.97	4.34
R12PH	3-3 断面	431.274	165.31	153.86	166.79	1.48
R13PH	4-4 断面	446.217	227.06	218.28	239.15	12.09
R14PH	4-4 断面	446.217	8.15	-0.33	-11.29	-19.44
R15PH	4-4 断面	431.047	106.11	113.61	134.15	28.03
R16PH	4-4 断面	431.047	36.03	27.08	52.63	16.60
R21PH	1-1 断面	415.931	113.00	107.69	116.02	3.03
R22PH	1-1 断面	372.950	27.79	25.03	26.98	-0.80
R24PH	2-2 断面	415.836	33.93	33.97	35.83	1.90
R25PH	2-2 断面	395.026	-20.14	-21.38	-20.83	-0.69

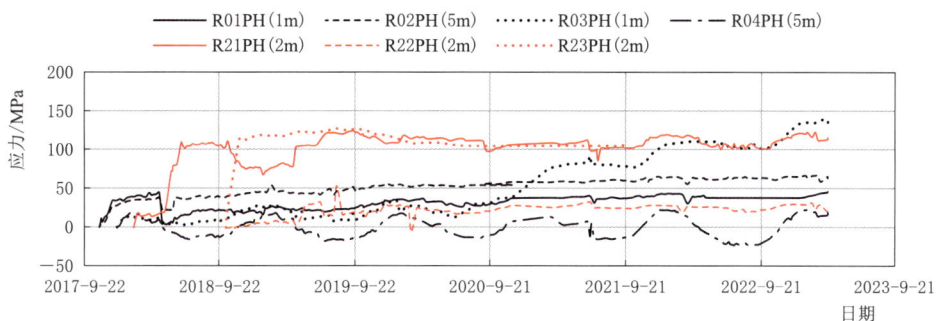

图 7-63　厂房边坡 1-1 断面锚杆应力计变化过程曲线图

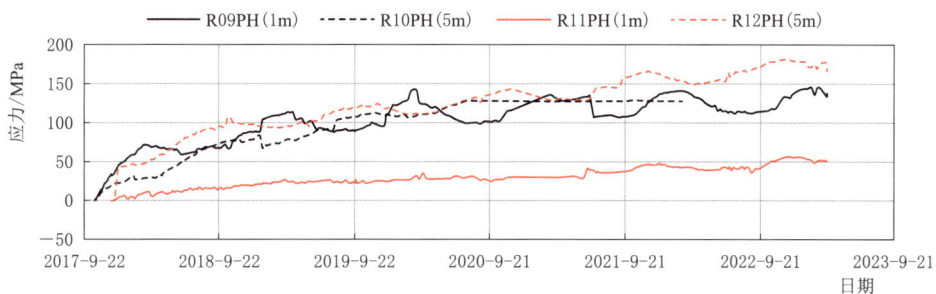

图 7-64　厂房边坡 3-3 断面锚杆应力计变化过程曲线图

7.4.6　锚索锚固力

　　厂房边坡已安装锚索测力计，截至 2023 年 3 月，锚索测力计的锚固力在 1333.14～1736.11kN 之间，张拉锁定后的最大累计损失值为 141.69kN，最大损失率为 9.61%（高程 414.107m，7 号结构锚索孔，D17PH）；当前大部分测点的锚固力在锁定后表现为增大，最大增幅 356.41kN（高程 444.574m，1 号结构锚索孔，D05PH），其他测点的锚固力增幅均在 100～200kN 之间，见表 7-23、图 7-65 和图 7-66。

表 7-23　　　　　　　　　　厂房边坡锚索测力计观测成果统计表

仪器编号	安装位置	高程/m	锁定值/kN	蓄水前		库水位461.00m	当前值			蓄水后总变化量/kN
				锚固力/kN			锚固力/kN	锁定后损失值/kN	锁定后损失率/%	
				2021-11-16	2022-6-10		2023-3-22			
D01PH	厂房边坡 42 号结构锚索孔	444.573	1512.88	1525.75	1528.91		1555.45	62.50	4.13	29.70
D03PH	厂房边坡 21 号结构锚索孔	444.496	1481.54	1403.92	1467.36		1455.17	64.20	4.58	51.25
D05PH	厂房边坡 1 号结构锚索孔	444.574	1379.69	1598.32	1709.07		1736.11	−356.41	−26.24	137.79

续表

仪器编号	安 装 位 置	高程/m	锁定值/kN	蓄水前	库水位461.00m	当前值			蓄水后总变化量/kN
				锚固力/kN		锚固力/kN	锁定后损失值/kN	锁定后损失率/%	
				2021-11-16	2022-6-10	2023-3-22			
D07PH	厂房边坡 67 号结构锚索孔	444.527	1454.64	1578.23	1596.15	1638.10	−183.46	−12.61	59.87
D09PH	厂房边坡 70 号结构锚索孔	444.569	1524.65	1612.10	1629.68	1649.92	−125.28	−8.22	37.82
D10PH	厂房边坡 56 号结构锚索孔	444.569	1447.31	1563.30	1580.55	1613.81	−166.50	−9.88	50.51
D11PH	厂房边坡 34 号结构锚索孔	444.58	1466.50	1552.54	1572.46	1606.82	−140.32	−9.57	54.28
D12PH	厂房边坡 9 号结构锚索孔	444.614	1394.18	1486.33	1514.65	1523.62	−129.44	−10.29	37.29
D14PH	厂房边坡 37 号结构锚索孔	414.369	1476.00	1490.36	1474.53	1504.86	−28.85	−1.95	14.50
D17PH	厂房边坡 7 号结构锚索孔	414.107	1474.83	1349.69	1359.62	1333.14	141.69	9.61	−16.55
D19PH	厂房边坡 7 号结构锚索孔	366.185	1354.23	1451.20	1475.91	1491.97	−137.74	−10.17	40.77
D20PH	厂房边坡 8 号结构锚索孔	414.875	1493.36	1392.33	1394.82	1409.01	84.35	5.65	16.68
D22PH	厂房边坡 3 号结构锚索孔	366.193	1497.48	1430.70	1427.54	1438.61	58.87	3.93	7.91

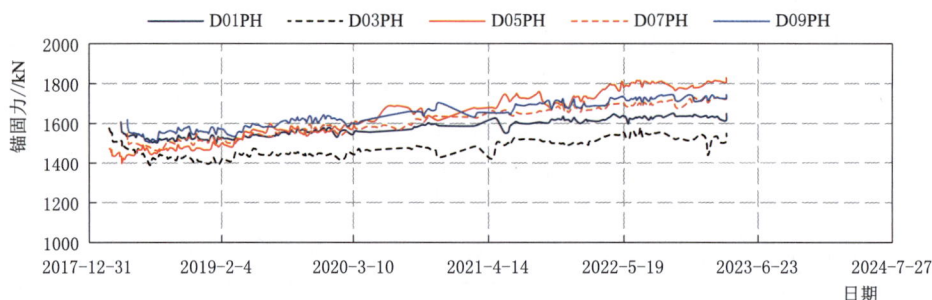

图 7 - 65　厂房边坡锚索测力计锚固力与应力损失率变化过程曲线图

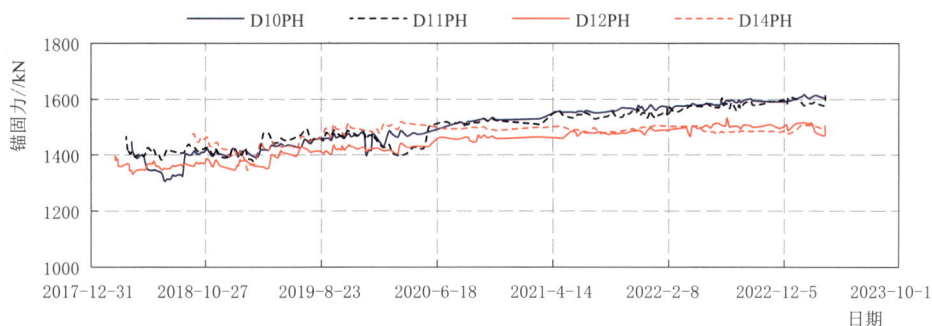

图 7-66　厂房边坡锚索测力计锚固力与应力损失率变化过程曲线图

7.4.7　小结

　　厂房边坡主位移方向 A 向（临空面方向）的最大累计位移量为 33.81mm ［厂房边坡 1-1 断面，（厂）0+070.50 桩号，IN01PH］，蓄水后累计增幅约 0.85mm，变幅较小；次位移方向 B 向（下游方向）的最大累计位移量为 25.91mm（IN01PH），蓄水后的累计增幅约 6.90mm，变幅较小；厂房边坡的锚杆最大累计拉应力为 239.15MPa ［4-4 断面，（厂）0-180.30 桩号，高程 446.217m，R13PH］，蓄水后的累计增幅约 12.09MPa，其他测点的锚杆应力变幅在 -19.44~49.93MPa 之间，锚杆的应力变幅较平稳；厂房边坡已安装的锚索测力计的锚固力在 1333.14~1736.11kN 之间，张拉锁定后的最大累计损失值为 141.69kN，最大损失率为 9.61%（高程 414.107m，7 号结构锚索孔，D17PH）；2023 年 3 月，大部分测点的锚固力在锁定后均表现为增大，最大增幅 356.41kN（高程 444.574m，1 号结构锚索孔，D05PH），其他测点的锚固力增幅均在 100~200kN 之间；厂房边坡多点位移计的最大累计位移量为 17.97mm（厂房边坡 4-4 断面，高程 433.20m，M04PH），蓄水后的累计增幅约 3.99mm，厂房边坡的深层水平位移量较小，变幅也较平稳。

第8章
河湾地块渗流监测及评价

8.1　渗流监测系统研究的意义

渗流监测是土石坝的重点监测项目。在卡洛特水电站的工程建设及蓄水运行过程中，渗流问题对工程的安全运行和发电效益有着重要的影响。因此，开展卡洛特水电站河湾地块渗流及蓄水安全分析专题研究十分必要，其研究成果可为河湾地块渗漏趋势预测及后期可能采取的渗控措施提供依据，以确保枢纽长期安全运行。渗流监测系统研究的意义如下：

（1）河湾地块山体单薄，宽度较窄，局部存在分布于砂岩中的规模相对较大的裂隙，加之岩层向下游倾斜，因此水库蓄水后宏观上存在库水穿越天然河湾地块向下游产生渗漏的条件。

（2）在河湾地块关键部位增设渗流监测设施，及时掌握蓄水前、蓄水过程中、蓄水后河湾地块地下水特征，为后续可能出现的渗漏问题做好预警。

（3）施工与蓄水可能改变河湾地块的水文地质条件，需要结合河湾地块补充渗流观测孔压水试验、引水洞和导流洞围岩固结灌浆压水试验成果等进一步验证河湾地块地下水位、岩体渗透性等水文地质条件，确定河湾地块岩体的防渗可靠性。

（4）受建筑物开挖影响，河湾地块的水文地质条件发生了一些变化，局部岩体地下水位降低，透水率增大，需要根据河湾地块现状，复核分析位于河湾地块的大坝右岸和溢洪道左岸帷幕端点的可靠性。

为及时全面掌握蓄水后河湾地块地下水渗流场特征及演变趋势，建立了三维地下水渗流模型，对该区域内的防渗措施效果进行了复核研究，并开展了河湾地块地下水演变趋势分析研究。

8.2　渗流监测系统的研究内容及技术路线

8.2.1　河湾地块渗流监测及分析

1. 河湾地块渗流监测布置方案

从河湾地块各地层渗流特性、初始地下水资料、设计渗控措施和可能渗水路径着手，研究制定河湾地块的渗流监测布置方案，包括监测方法、测点位置、测点深度等，提交河湾地块渗流监测设施布置图。

2. 渗流监测设施施工

河湾地块渗流监测设施的施工，包括钻孔及回填、镀锌钢管（含花管制作及安装）、孔口保护装置等。为进一步查明建筑物开挖后河湾地块的岩体渗透性能，结合补充监测孔开展岩体压水试验。

3. 监测数据采集及分析

在施工期建立起河湾地块渗流监测系统，通过施工期、蓄水期和运行初期长期跟踪监测，取得河湾地块在各种条件和工况下的地下水位变化数据，为三维渗流场模型建立提供实测数据。

通过综合分析地下水位与测点位置、实测地层、降雨以及蓄水位等的相对关系，从而揭示河湾地块的导水地层以及渗流特性和渗流场的演变规律，为三维渗流计算及河湾地块蓄水安全分析提供技术支持。

8.2.2 工程地质条件及防渗可靠性分析

1. 河湾地块防渗可靠性分析

建筑物开挖施工与蓄水可能改变河湾地块的水文地质条件，需要结合河湾地块补充渗流观测孔压水试验、引水洞和导流洞围岩固结灌浆压水试验成果等进一步验证河湾地块地下水位、岩体渗透性等水文地质条件，结合防渗帷幕布置原则确定河湾地块岩体防渗可靠性。

2. 地面建筑物开挖对河湾地块防渗影响分析

地面建筑物开挖主要包括溢洪道、引水发电系统及导流建筑物的地面开挖工程，对山体及地下水补给、运移、排泄等循环系统有所改变。结合开挖范围、规模、防渗措施及补充渗流观测孔水位，综合分析地面建筑物开挖对河湾地块水文地质条件及防渗可靠性的影响。

8.2.3 河湾地块帷幕端点分析

根据大坝右岸和溢洪道左岸已实施的帷幕灌浆透水率成果、地下水位成果等，结合规范对帷幕端点的要求，综合分析河湾地块帷幕端点的可靠性。

8.2.4 三维渗流计算及地下水流场演变趋势研究

根据河湾地块的区域地质条件、渗控设计及地下水监测资料，建立河湾地块三维渗流场数值模型，揭示蓄水前及蓄水初期不同工况下河湾地块地下水流场分布特征及演变趋势。

1. 水文地质模型与初始渗流场反演

初始渗流场是最基本的输入条件之一，在现场长观孔水位、压水试验及水文地质勘察成果基础上，结合开挖后围岩的实际地层渗透性特征、围岩地下水监测信息及历年气象资料（蒸发和降雨量等），开展多信息集成的渗流场反演分析，为后续区域渗流场模拟提供初始条件。

收集并调研河湾地块内相对独立的水文地质单元的地质资料，掌握区域地形地貌、地层岩性、地质构造等地质基本条件。收集河湾地块及坝址区域水文地质勘查资料，研究该区域的岩层含水介质类型，进行含水层的划分、区域分水岭分布及水文地质边界条件的复核和确定，调查区域地下水露头、排泄情况，分析含水岩层补给来源和水力关系。

利用建立的坝址区域水文地质结构模型，构建针对初始渗流场反演的大范围三维渗流计算模型，以关键岩体渗透参数和模型主要水文地质边界为反演参数，以关键部位渗流水头和流量等为目标，进行河湾地块初始渗流场反演分析，确定渗流计算模型的边界条件和岩体渗透参数，为区域整体渗流场动态特征分析提供依据。

2. 典型区域及洞段渗控效果及其对河湾地块整体流场影响研究

在初始渗流场反演分析的基础上，建立典型局部洞段（如导流洞封堵段前后）在初始和蓄水初期运行阶段的渗流场的分布情况。开展不同工况水位和参数、水文地质结构（储水和断裂带）、岩体渗透各向异性、渗控布置等条件下的渗流场分布规律及隧洞局部渗漏对河湾地块整体流场的影响等研究。

考虑天然渗流场、初期蓄水条件下，复核右坝肩渗流场特征，分析坝肩渗控措施效果及其对河湾地块地下水流场的影响程度及范围等。

3. 河湾地块三维渗流场仿真与渗流场演变趋势预测研究

根据坝基开挖和建基面利用方案、大坝和坝基渗控设计方案，准确把握左右岸与河床坝基地层岩性、关键断层、优势节理及潜在顺河向导水构造等条件，建立充分考虑坝基地质条件和大坝防渗措施特征的三维渗流场有限元计算模型，从而精细模拟河湾地块三维渗流场。通过天然流场、蓄水前后工况条件以及典型隧洞可能对河湾地块渗流场的影响等，结合该区域前期水文地质、增补监测孔监测成果等，建立区域三维渗流场模型，通过不同工况条件的模拟，分析该区域不同工况条件和蓄水前后的渗流场演变规律，并结合观测资料拟合分析预测流场演变趋势。

8.2.5　河湾地块蓄水安全综合分析

河湾地块的工程地质条件及防渗可靠性分析必须从河湾地块各类岩层透水性统计、透水特征分析、各类钻孔地下水位统计等方面进行，结合补充观测结果，以掌握岩体防渗性能以及河湾地块地下水位分布特征，对防渗体系的完整性、可靠性给出结论。

引水洞内水外渗可能性、导流洞内水外渗影响复核分析必须从工程地质条件、结构稳定性、衬砌结构封闭性、内水外渗影响等方面评价洞室蓄水后其对渗流场的影响。

结合三维渗流场分析及流场演变趋势成果评价防渗措施效果，对河湾地块蓄水安全作出科学判断，并提出后续可能的处理措施建议，以确保枢纽长期安全运行。

8.3　渗流监测及分析

8.3.1　补充渗流监测设施布置

为了及时全面掌握卡洛特水电站蓄水前、蓄水过程中、蓄水后河湾地块地下水位特征，设计综合考虑河湾地块地形地势条件和已有监测布置，对河湾地块关键部位的渗流监测设施进行了补充，在大坝右坝肩到溢洪坝段（河湾地块）增加渗流及地下水位监测点 5 个（测压管 7 根），为后续可能出现的渗漏问题做好预警。

在以上 7 根测压管（BV01RCA～BV07RCA）实施完成后，为了进一步掌握河湾地块的水文地质和渗流特性，在河湾地块中部又增补了 3 根测压管（BV08RCA～BV10RCA），测压管孔底进入 N_{lna}^{4-1} 层砂岩 5m。

河湾地块补充渗流监测设施布置情况见图 8-1 和图 8-2。

8.3.2　渗流监测设施施工

（1）2020 年 4 月 4 日，《河湾地块渗流监测设施布置图》申报；6 月 12 日获批。共布置 7 孔，设计孔深共 345m。

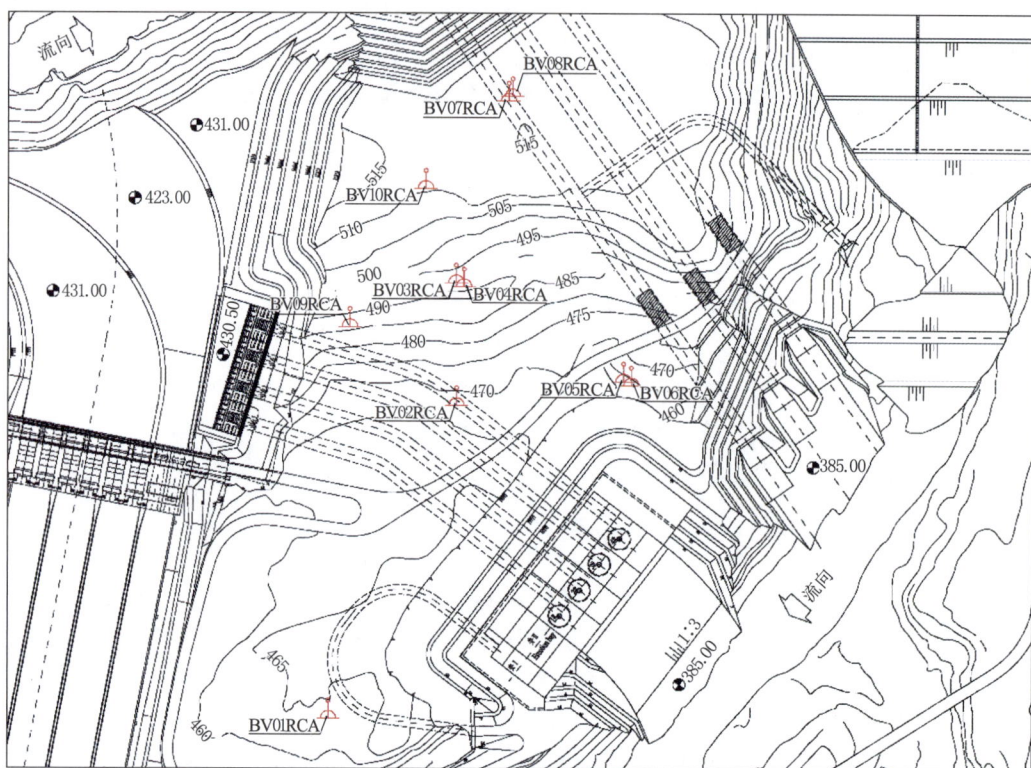

图 8 - 1 河湾地块补充渗流监测设施平面布置图

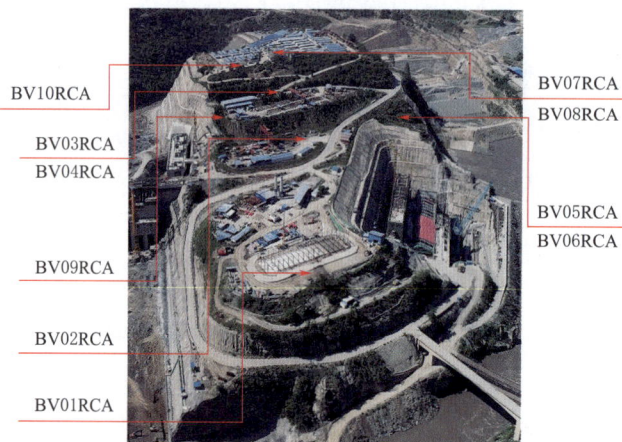

图 8 - 2 河湾地块补充渗流监测设施平面示意图（单位：m）

（2）2020 年 10 月 23 日，完成了 10 个水位观测孔的钻孔、压水、测压管安装工作，并投入地下水位的观测工作。

8.3.3 地下水位成果分析

河湾地块地下水观测孔观测成果统计见表 8-1，水位过程线见图 8-3。

表 8-1 河湾地块地下水观测孔观测成果统计表

单位：m

钻孔编号	埋设部位	孔口地面高程/m	孔深	观测时间	蓄水前地下水位 2021-10-16 (上游水位390.06m)	蓄水后地下水位 2022-9-15 (上游水位460.35m)	工程实施前期地下水位	蓄水后与工程实施前期地下水位差值	蓄水后与蓄水前地下水位差值
BV01RCA	溢洪道左岸帷幕端点外侧	464.67	42.5	2020-5-10—2022-6-5	450.09	449.78	434.00	-15.78	0.31
BV02RCA	河湾地块中部引水洞附近	470.11	35	2020-7-20—2022-6-5	457.94	456.51	468.00	11.49	1.43
BV03RCA	河湾地块中部	491.03	35	2020-6-22—2022-6-5	459.50	465.05	480.00	14.95	-5.55
BV04RCA	河湾地块中部	491.05	80	2020-6-20—2022-6-5	473.76	471.19	480.00	8.81	2.57
BV05RCA	河湾地块中部靠近导流洞出口边坡顶部	462.77	36	2020-7-5—2022-6-5	431.72	431.82	453.00	21.18	-0.09
BV06RCA	河湾地块中部靠近导流洞出口边坡顶部	462.77	80.3	2020-7-5—2022-6-5	432.09	431.94	453.00	21.06	0.14
BV07RCA	河湾地块中部导流洞附近	514.20	45	2020-8-10—2022-6-5	479.65	478.4	473.00	-5.35	1.30
BV08RCA	河湾地块中部靠近导流洞进口边坡	513.84	85	2020-9-4—2022-6-5	463.82	463.55	473.00	9.45	0.28
BV09RCA	河湾地块中部靠近引水洞进口边坡	487.89	55	2020-9-9—2022-6-5	434.56	439.60	478.00	38.40	-5.04
BV10RCA	河湾地块中部靠近进水渠边坡	513.10	80	2020-10-23—2022-6-5	460.47	464.17	462.53	-1.64	3.70

注 表中工程实施前期前期地下水位数据由前期勘察期间钻孔地下水等水位线图估算得出；蓄水后与工程实施前期地下水位差值栏中负值表示蓄水后地下水位前期勘察期间钻孔地下水等水位线图相比较，观测孔地下水等水位线图相比较，观测孔地下水位有所抬升；蓄水后与蓄水前地下水位差值栏中负值表示蓄水后与蓄水前地下水位相比较，观测孔地下水位有所抬升。

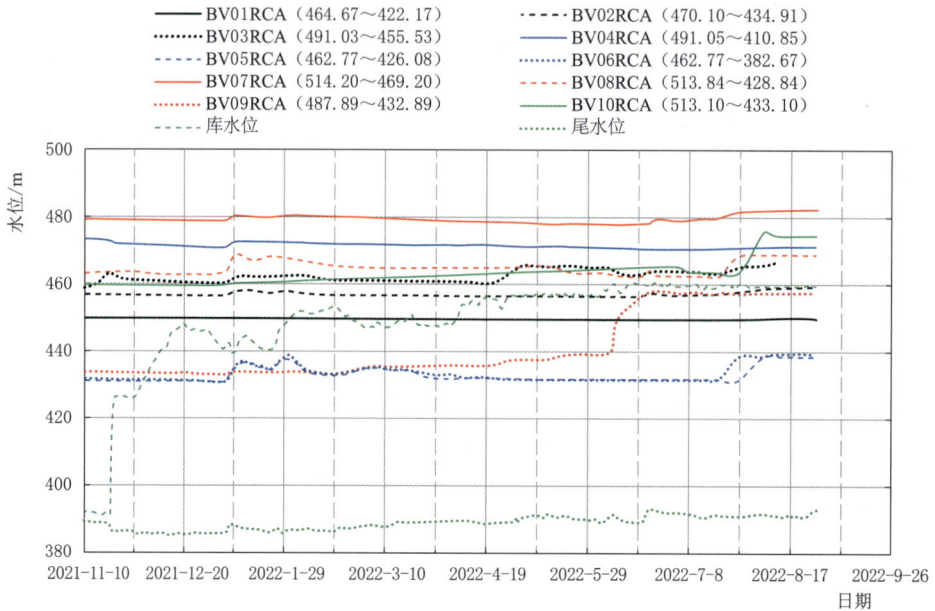

图 8-3　河湾地块水位观测孔实测下水位过程线图

基于表 8-1 和图 8-3，并结合相关施工情况分析如下：

（1）测压管实施后，河湾地块地下水位除测压管 BV09RCA 水位存在突变外，其余测压管水位基本稳定。测压管 BV09RCA 地下水位前期稳定在高程 475.00m 左右；2020 年 9 月 26 日溢洪道进水渠左岸高程 441.50m 以下爆破开挖后，地下水位陡降至 435.48m，2021 年 10 月 16 日测得地下水位 434.56m。初步分析认为，BV09RCA 前期地下水位稳定，可反映该部位地下水位特征，但由于后期邻近建筑物边坡爆破开挖，造成边坡表层裂隙进一步发育，并与 BV09RCA 号孔附近层面裂隙连通，引起该孔地下水变化；当库水位在 459.00m 附近时，孔内的地下水位与库水位基本连通，但这种影响对河湾地块整体地下水分布影响有限。

（2）根据 2021 年 10 月 16 日之前的地下水位及环境量实测成果，蓄水前河湾地块地下水位主要受施工影响，同时，降雨对河湾地块地下水位也有一定影响。河湾地块中部同一位置不同地层的测压管 BV03RCA 和 BV04RCA 测得地下水位不同，钻孔深度较深的测压管 BV04RCA 测得地层 N_{1na}^{4-1} 的水位较高，初步分析存在一定的承压水。蓄水前河湾地块地下水位总体呈现中部水位高，外侧水位低的分布特点。其中，河湾地块中部引水洞附近测压管 BV02RCA，河湾地块中部测压管 BV03RCA 和 BV04RCA，河湾地块中部导流洞附近测压管 BV07RCA，河湾地块中部靠近导流洞进口边坡测压管 BV08RCA 和河湾地块中部靠近进水渠边坡测压管 BV10RCA 测得地下水位高于或接近正常蓄水位 461.00m。

（3）2021 年 11 月 20 日大坝开始蓄水，2022 年 8 月 30 日上游水位蓄水至 460.17m。根据蓄水期地下水位及环境量实测成果，蓄水后河湾地块测压管 BV03RCA 和 BV09RCA 水位略有上升，其余测压管水位无明显变化，库水位上升对河湾地块有一定补给作用，河湾地块地下水位整体稳定。同时，降雨对河湾地块地下水位也有一定影响，河湾地块中部较深地层存在一定的承压水。蓄水后河湾地块地下水位依旧总体呈现中部水位高，外侧水位低的分布特点。其中，河湾地块中部引水洞附近测压管 BV02RCA，河湾地块中部测压管 BV03RCA 和 BV04RCA，河湾地块中部导流洞附近测压管 BV07RCA，河湾地块中部靠近导流洞进口边坡测压管 BV08RCA 和河湾地块中部靠近进水渠边坡测压管 BV10RCA测得地下水位高于或接近正常蓄水位 461.00m。

8.3.4 工程渗漏量成果分析

卡洛特水电站共布设量水堰 6 个，分别为：布设在沥青混凝土心墙堆石坝下游围堰处的量水堰 WE01AD，以监测大坝渗漏情况；布设在溢洪道控制段左右侧廊道排水沟内的量水堰 WE01SCS 和 WE02SCS，布设在溢洪道集水井前两侧排水沟内的量水堰 WE01SC和 WE02SC，以监测溢洪道渗漏情况；布设在厂房下游基础排水廊道的排水沟内量水堰WE01GPH，以监测厂房基础排水量变化情况。卡洛特水电站量水堰布置示意如图 8-4所示。

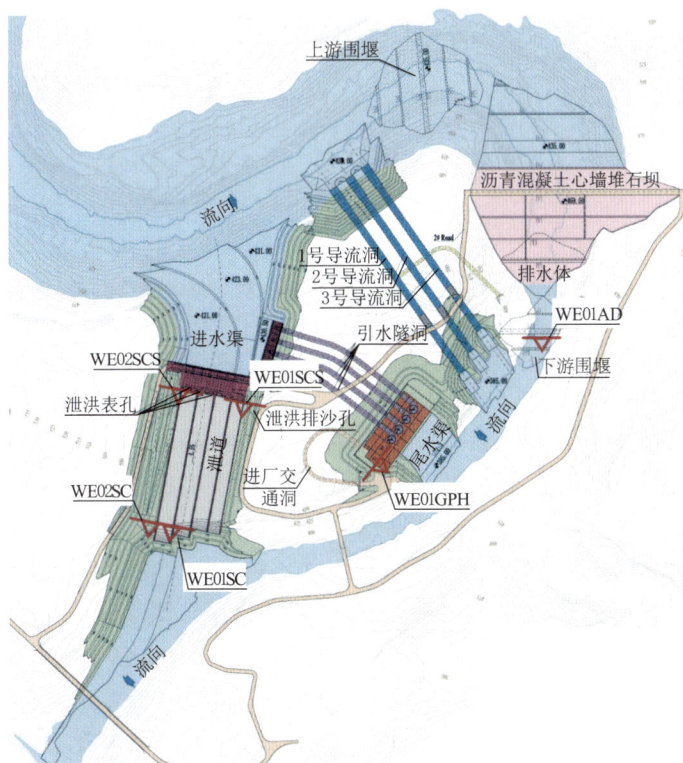

图 8-4　卡洛特水电站量水堰布置示意图

1. 沥青混凝土心墙坝渗漏

沥青混凝土心墙堆石坝量水堰设置在下游围堰处，利用原围堰防渗体防渗。量水堰所监测的渗水汇集边界范围包括坝基基岩面以上的整个坝体渗流区域。量水堰自 2021 年 11

月 20 日开始观测，截至 2022 年 8 月底，渗流量过程线见图 8-5 和图 8-6。

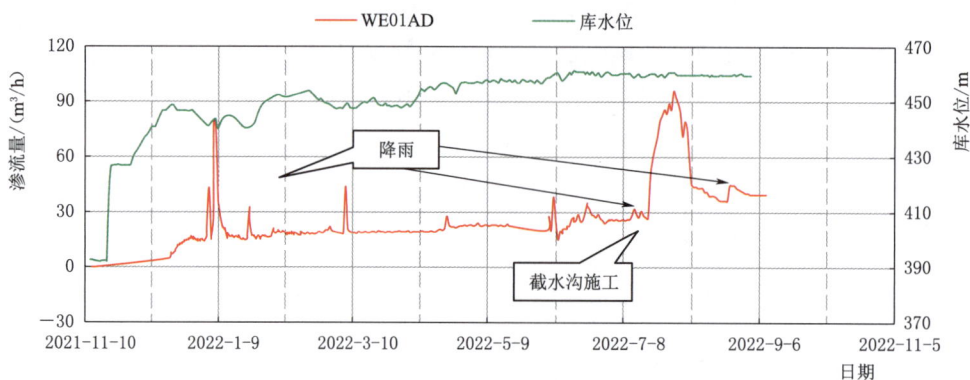

图 8-5　库水位与坝体渗流量的变化过程线图

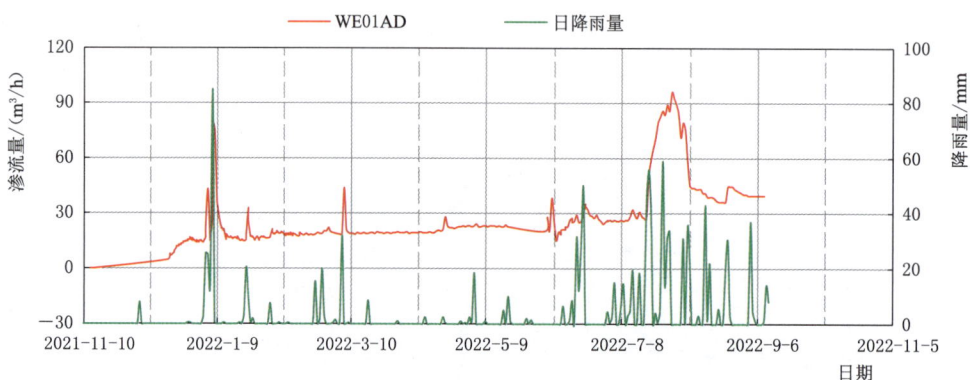

图 8-6　坝区降雨量与坝体渗流量的变化过程线图

2022 年 8 月 30 日，实测大坝量水堰渗流量为 36.31m³/h（降雨前观测）。从过程线可知，渗流量受坝前水位和降雨量共同影响，短期强降雨使得大坝量水堰测得渗漏量短时间内剧烈上升。扣除降雨影响后，整体来看大坝渗流量随坝前水位增高而增加。2022 年 9 月，坝体的渗流量测值稳定，坝体范围内的渗漏较小，渗流状态稳定。

2. 溢洪道渗漏

溢洪道共布置量水堰 4 座。其中量水堰 WE01SCS 和 WE02SCS 布设在溢洪道控制段左右侧廊道排水沟内，量水堰 WE01SC 和 WE02SC 布设在溢洪道集水井前两侧排水沟内。截至 2022 年 8 月 30 日，量水堰 WE01SCS 测得渗流量为 0.79m³/h，量水堰 WE02SCS 测得渗流量基本为 0。量水堰 WE01SC 测得渗流量为 8.84m³/h，WE02SC 由于集水井内在安装水泵，排水沟内的水流被围堵到 WE01SC 量水堰内。从现场情况来看，目前的渗流状态稳定，见图 8-7 和图 8-8。

3. 厂房渗漏

在厂房下游基础排水廊道的排水沟内布设了 1 座量水堰，以监测厂房基础排水量变化情况。2022 年 8 月 30 日实测量水堰渗流量为 0.06m³/h。厂房渗流量较小，目前渗流状态稳定，变化过程线见图 8-9。

图 8-7 溢洪道控制段灌浆廊道内渗流量变化过程线图

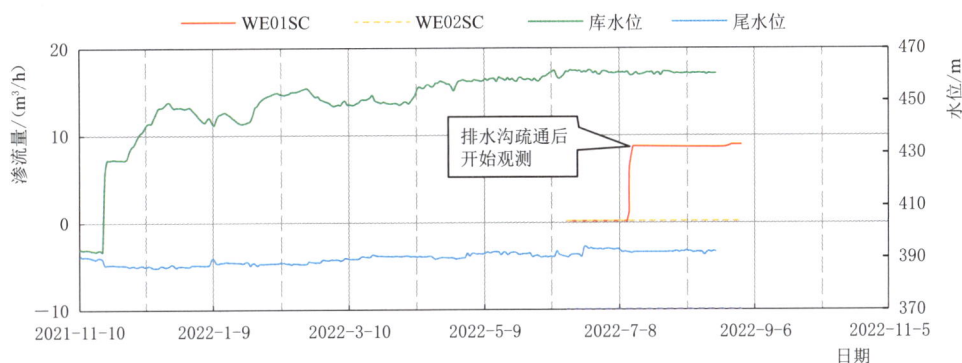

图 8-8 溢洪道泄槽段排水廊道内渗流量变化过程线图

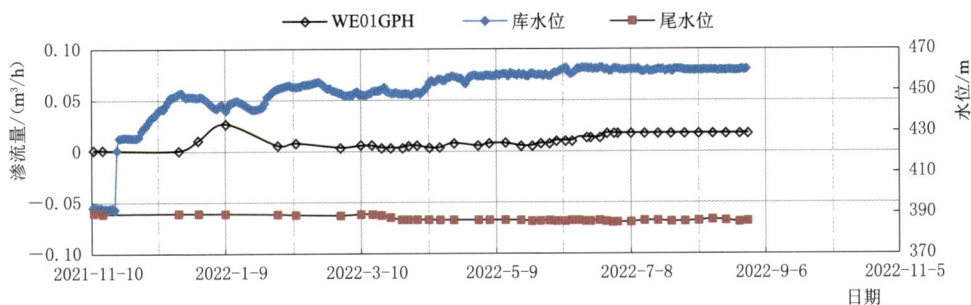

图 8-9 厂房基础廊道内渗流量变化过程线图

综合上述大坝、溢洪道和厂房渗流量监测成果可知，根据截至目前的量水堰渗漏量监测成果，河湾地块周边渗漏量整体较小，蓄水后大坝、溢洪道及厂房周围的总渗漏量小于 50m³/h，目前卡洛特水电站整体的渗流状态稳定。

8.3.5 河湾地块防渗条件分析

近坝库段吉拉姆河呈 S 形流经坝址，形成河湾，大坝位于河湾顶部。水库蓄水后，水库正常蓄水位 461.00m，而坝下游河水位为 388.00m。河湾地块宽约 0.7km，地质构造简单，地层缓倾右岸，倾角 9°～13°，分布地层由砂岩、粉砂岩及黏土岩互层组成，岩体总体透水性微弱。

由于河湾地块的存在，如果在河湾部位筑坝建库，势必存在库水穿越天然河湾地块向下游产生渗漏的可能性。因此，在可行性研究阶段，河湾地块的水文地质条件及岩体渗透特性以及河流地块的防渗可靠性被作为重点进行了深入的研究，目的是为河湾地块的防渗方案的选择提供切实可靠的地质依据。在河湾地块，结合建筑物的布置开展了勘察研究，布置有大量的地质钻孔，开展了大量钻孔压水试验，并辅助以钻孔彩色电视录像及钻孔声波测井对岩体完整性进行研究，与钻孔压水试验资料进行对比分析。施工期在大坝右岸帷幕线及结合河湾地块建筑物补充实施钻孔及压水试验，进一步研究了河湾地块水文地质条件。

河湾地块地下水按赋存条件划分主要为基岩裂隙水，基岩孔隙裂隙水主要赋存于砂岩中，一般为中等—贫含水，由于存在泥质岩相对不透水岩层呈夹层或互层分布，形成多层状水文地质结构。

河湾地块属单斜岩层分布区，含水层、隔水层分界面构成层间裂隙水的主要水文地质单元边界，地下水补给、径流、排泄条件主要受岩性边界控制，见图 8-10 和图 8-11。

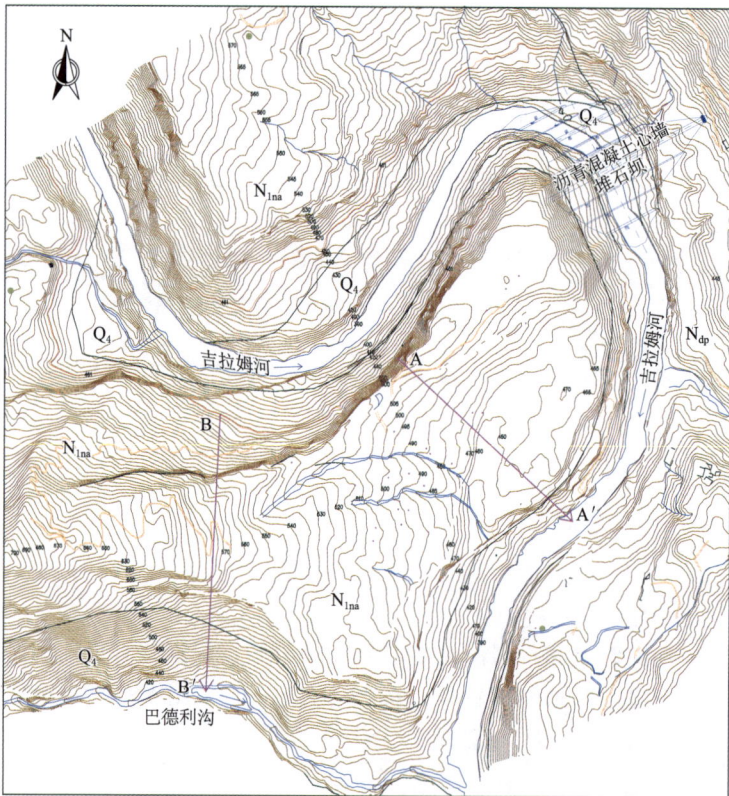

图 8-10　右岸近坝地段河湾及河湾地块可能渗漏途径示意图

图 8-11 河湾中部（溢洪道泄洪中心线）典型工程地质剖面图

1—地层代号；2—碎块夹石夹漂石；3—碎块石土；4—粉砂质泥岩与泥质粉砂岩互层；5—砂岩；6—覆盖层与基岩分界线；7—地层界线；8—岩性界线；9—钻孔〔左为岩芯获取率（％），右为压水试验段及吕荣值〕；10—岩体渗透性界线；11—砂岩（Sz：中砂岩；Sx：细砂岩；Sf：粉砂岩）；12—岩体渗透性界线；13—地下水位连线通过钻孔提示的地下水位分析，河湾地块存在地下水分水岭，其最低点高于水库正常蓄水位。

根据前期及第二阶段在右岸河湾地块分布的 74 个钻孔大量钻孔压水试验 1678 段有效试验数据统计分析，区内各类岩石总体透水性较弱，不同岩类微新岩体吕荣值 $q<10Lu$ 的试段均占试验总段数的 90％（均值）以上，$q<3Lu$ 的试段所占比例为 82％（均值）以上，微新岩体一般透水性微弱。

此外，根据钻孔揭露，河湾地块断裂、裂隙不发育，河湾地块岩体完整性较好，没有贯通上下游的断层和长大裂隙分布，因此在河湾地块不存在库水向下游渗漏的天然通道，地下水渗流形式为孔隙-裂隙渗流。

从河湾地块地质及水文地质条件分析，可以得出以下结论：

（1）从河湾地块地层结构来分析，整个河湾地块分布的地层为一套砂岩（中至细粒为主）与泥质粉砂岩、粉砂质泥岩等泥质类岩石呈不等厚互层状的复杂的地质结构，其中的泥岩、粉砂质泥岩及泥质粉砂岩等泥质类岩占比 56％；泥质类岩石单一岩性层厚度一般为 5～25m，最大单一岩性层厚度可达 30m。河湾地块这种相对较稳定的砂岩与泥质类岩互层状分布的地层结构有利于河湾地块防渗。

（2）在河湾地块众多钻孔对不同部位、不同层位及不同岩性层均开展了大量的压水试验表明，河湾地块微新岩体一般透水性微弱。从不同岩类之间差异来看，中砂岩、细砂岩相对于其他岩类透水性稍大，但差异不大，总体上仍属弱—微透水岩体。由于各类岩石总体透水性微弱，因此，岩体渗透各向异性差异很小。

（3）由于相对透水的砂岩与相对不透水的泥质类岩石的互层状分布，造就了河湾地块总体水文地质结构为独特的多层状水文地质结构，加之没有大的结构面切割，不同的孔隙裂隙含水层之间水力联系较弱，基本不存在越流补给的情况，仅部分含水层具备局部承压性。其间相对不透水的泥质类岩层形成了良好的隔水层，并可以作为良好的防渗依托层利用。

（4）区内各岩性层之间均为整合接触，岩层间接触面主要为较平直型、波状起伏型，新鲜完整的互层状结构的岩体这类接触面多结合较紧密，前期勘探未见连续层间剪切错动痕迹及泥化带分布，因此，地下水直接沿层面产生渗透性加大的可能性较小，但由于受卸荷及风化影响，在岩体卸荷及风化带内的岩层间接合力将会降低，特别是泥质类石，在风化和地下水作用下，层间的胶结物质及结构将产生变化从而导致沿层面的渗透性加大。

8.3.6 河湾水文地质条件复核分析

考虑施工期受建筑物开挖影响，河湾地块地下水可能发生短期变化，在河湾地块不同部位布置了 10 个地下水观测钻孔（兼永久地下水监测孔），河湾地块补充地下水观测孔位置见图 8-12。

1. 钻孔地下水位观测成果分析

分析表明，与前期勘察期间钻孔地下水位相比，原始地下水位岭附近分布的观测孔所测得的蓄水前地下水位，除 BV03RCA 孔水位（459.03m）略低于正常蓄水位外，其余均

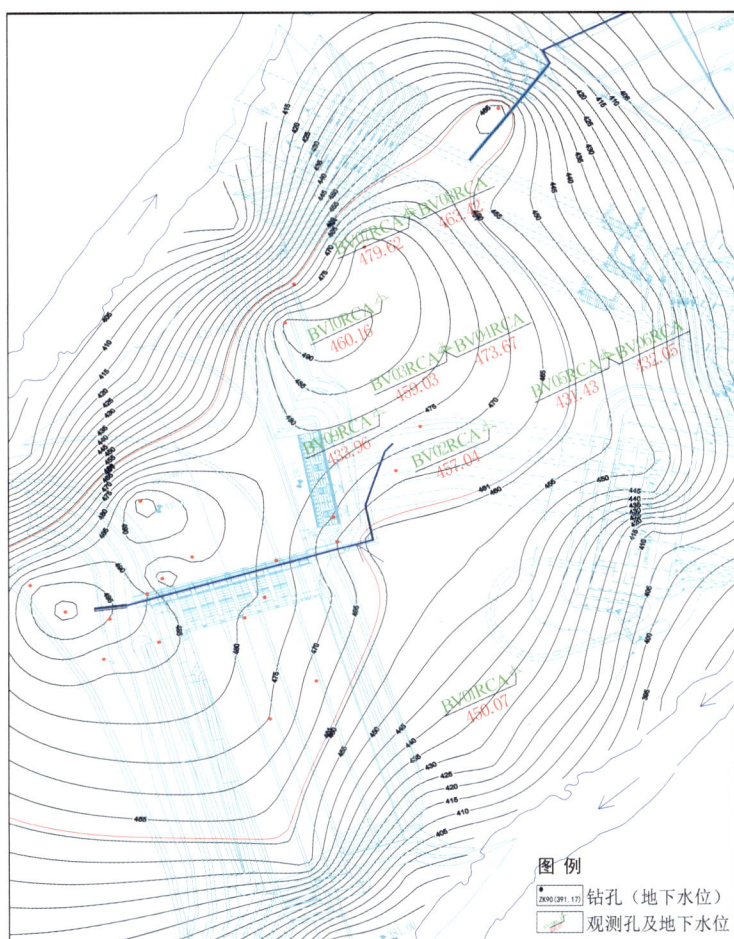

图 8-12　河湾地块补充地下水观测孔位置图

高于水库正常蓄水位 461.00m，由于远离开挖区，钻孔地下水受开挖影响下降幅度很小，而临近开挖面附近的监测孔则受开挖影响与前期勘测期间地下水位相比有 8～20m 的降幅。

河湾地块 BV03RCA 孔水位（459.03m）略低于正常蓄水位，且较前期地下水位降低较大。分析认为，该孔孔深较小，主要揭露上部多克帕坦组（N_{dh}^1）、N_{1na}^{4-3-2} 及 N_{1na}^{4-3-1} 层，且在岩层倾向方向与开挖边坡距离最近，揭露的浅部地层对厂房开挖及边坡加强排水有一定影响，且该孔处地表高程较低，该孔也不在地表地形分水岭部位，而是位于分水岭下游顺向结构一侧，有利于边坡中地下水向下游开挖临空面排泄，厂房边坡在高程 446.00m 的马道附近正面坡与上游侧边坡交界部位有地下水出露点，为边坡浅层地下水排泄点；相邻的 BV04RCA 孔孔深较大，揭露的多层综合地下水位相对较高。

与前期勘察相比，BV02RCA 孔、BV07RCA 孔水位反而有所抬升。分析表明，两孔均为浅孔，主要揭露浅层地下水，这些孔上部均覆盖有较厚的覆盖层，浅层基岩含水层直接接受上部覆盖层地下水补给，从现场调查发现两孔均接受了生活用水及施工用水补给。

与 BV07RCA 孔相邻的 BV08RCA 孔是为了解深部地下水变化而专门增加的深钻孔（孔深为 85m），其地下水位是揭露了上部含水层的综合地下水位，更能反映该部位实际地下水位，与前期相比，基本一致，表明深部含水层地下水受开挖影响很小。

根据蓄水前最新监测资料分析表明，虽然建筑物开挖对局部地下水会产生一定的影响，但河湾地块地下水分水岭依然存在，且高于水库正常蓄水位。

水库蓄水以来，分布在河湾地块不同部位的地下水监测孔观测成果表明，总体上地下水位与蓄水前变化不大，属于正常波动范围；BV02RCA 孔地下水位在水库蓄水以来有约5.80m 的上升，反映蓄水以来受前期开挖影响被疏干的地下水有一个缓慢的浸润回升；BV03RCA 孔有小幅上升，更多表现为浅层地下水受地表入渗影响而产生小范围波动。分析表明，蓄水初期库水对河湾地块地下水位影响不大。

2. 钻孔压水试验成果分析

河湾地块地下水监测钻孔同时进行了钻孔压水试验，最新资料统计（表 8-2）表明，在 88 段压水试验中，15 段吕荣值不小于 5Lu，占比 16.20%，小于 5Lu 的试段占83.80%，压水试验所获得的成果与前期勘察成果一致。近地表强、弱风化层内试验孔段透水性相对较强，见表 8-2。

表 8-2　　　　　　　　　河湾地块地下水观测孔压水试验成果统计表

岩性	风化	总段数	100Lu>q≥10Lu		10Lu>q≥5Lu		5Lu>q≥1Lu		q<1Lu	
			段数	百分比/%	段数	百分比/%	段数	百分比/%	段数	百分比/%
粉砂质泥岩	弱风化	6	2	33.33	0	0	2	33.33	2	33.33
	微新	17	3	17.65	0	0	3	17.65	11	64.71
泥质粉砂岩	弱风化	4	2	50.00	0	0	2	50.00	0	0
	微新	19	2	10.53	1	5.26	9	47.37	7	36.84
粉砂岩	微新	1	0	0	0	0	1	100.00	0	0
砂岩	强风化	3	1	33.33	0	0	2	66.67	0	0
	弱风化	5	1	20.00	1	20.00	1	20.00	2	40.00
	微新	33	2	6.06	0	0	12	36.36	19	57.58
合　计		88	13	14.77	2	2.27	32	36.36	41	46.59

8.3.7　河湾地块地下水位分析

水库蓄水从 2021 年 11 月开始，在高程 423.00m 以下无泄流条件，无法控制库水位的上升速率，这一阶段水位上升较快，之后考虑大坝安全及施工进度安排等，控制水库蓄水上升速率，逐渐从水位 423.00m 蓄水至死水位 451.00m，最后将蓄水至正常蓄水位461.00m，截至 2022 年 6 月初库水位已上升至 459.00m 左右。将 2021 年 11 月 10 日作为计算起始时间，考虑完整的水文年份，计算终止时间为 2022 年 12 月 31 日。数值模拟中认为库水位达到正常蓄水位 461.00m 后一直维持在此水位不变。在蓄水数值模拟中日降雨量采用流域多年月均降水量，并考虑入渗系数，见图 8-13 和图 8-14。

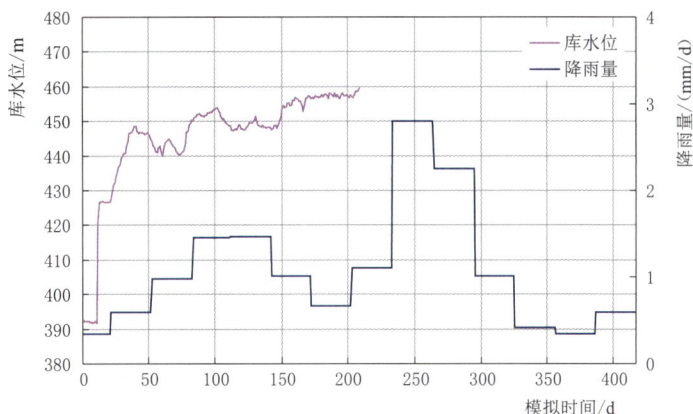

图 8-13　渗流计算的库水位和降雨量

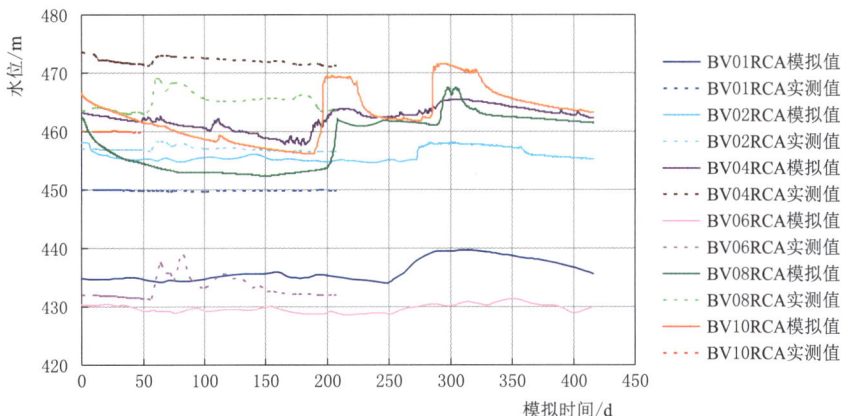

图 8-14　河湾地块监测孔水位模拟值与实测值

　　河湾地块设置了 3 组相邻深浅监测孔，考虑到深孔更能反映地下水的实际情况，采用深孔观测水位进行比较，另外 BV09RCA 孔因受施工影响明显不作比较分析。从图 8-14 可知，BV01RCA 孔地下水位的模拟值与实测值相差较大，模拟水位低于实测水位，实际上与前期勘察成果相比 BV01RCA 孔地下水位抬升较大。除 BV01RCA 孔和 BV08RCA 孔与实测水位差值绝对值在 10m 左右外，其他观测孔地下水位模拟值与实测值差值较小。地下水位的模拟值与实测值之间差异的一个原因在于，数值模型为等效连续介质模型，而实际岩层发育有裂隙，具有空间变异性。从比较可见，地下水位的模拟值对降雨有一定延迟响应，在降雨量较大的时间段，地下水位都有所抬升；BV04RCA 孔、BV08RCA 孔和 BV10RCA 孔地下水位的模拟值在水库蓄水后均高于正常蓄水位，这与目前观测结果一致。

8.3.8　河湾地块地下水流场分析

　　图 8-15 展示了蓄水前后河湾地块地下水流场分布。

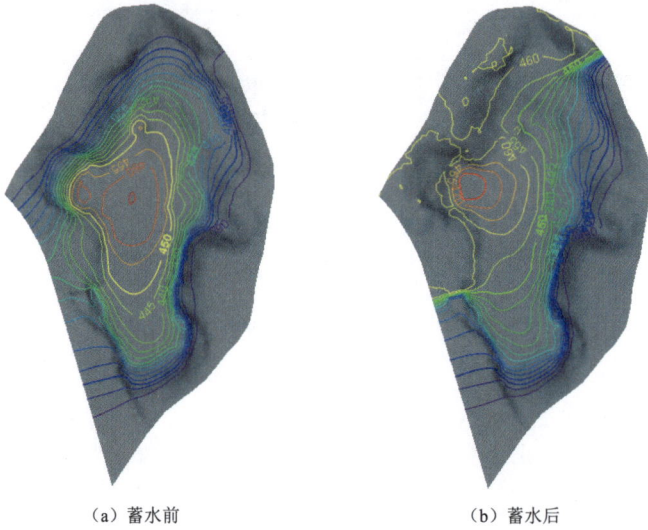

（a）蓄水前　　　　　　　　　　　　（b）蓄水后

图 8－15　蓄水前后河湾地块地下水流场分布（高程单位：m）

　　蓄水前河湾地块中部存在地下水分水岭，地下水水头等值线呈中间高四周低的分布，河湾地块地下水向两侧河道流动。蓄水后，靠近上游河道区域地下水水头升高，河湾地块地下水水头等值线总体呈河湾地块中部和靠近上游区域地下水等值线高，其他区域低的分布，地下水主要向下游河道排泄。

第9章

1号渣场的稳定性分析与研究

9.1 1号渣场的稳定性计算方法

渣场整体和边坡稳定计算采用 Geo-Studio 软件中 Slope 模块计算，计算方法采用毕肖普圆弧滑动法。

毕肖普圆弧滑动法计算公式为

$$K = \frac{\sum\left[(W_i\cos\alpha)\tan\varphi + C_i b\sec\alpha\right]\left[\sec^2\alpha/(1+\tan\alpha\tan\phi/K)\right]}{\sum(W_i\sin\alpha + M_C/R)}$$

式中 K——稳定安全系数；

   W_i——土条重量；

C_i、φ——土条的黏聚力和内摩擦角；

   α——条块重力线与通过条块底面中点的半径之间的夹角；

   b——土条宽度；

   M_C——水平地震惯性力对圆心的力矩；

   R——圆弧半径。

1号渣场的排洪沟、拦渣堤、护坡工程和土地整治工程基本按照施工图实施，防护建筑物级别和设计标准均没有发生变化。植物措施暂未实施，因此不对其进行评价。因此，仅对排洪沟、拦渣堤、护坡工程和土地整治工程进行定性评价，主要包括外观质量评价和防护措施对1号渣场的影响评价。1号渣场平面布置见图9-1。

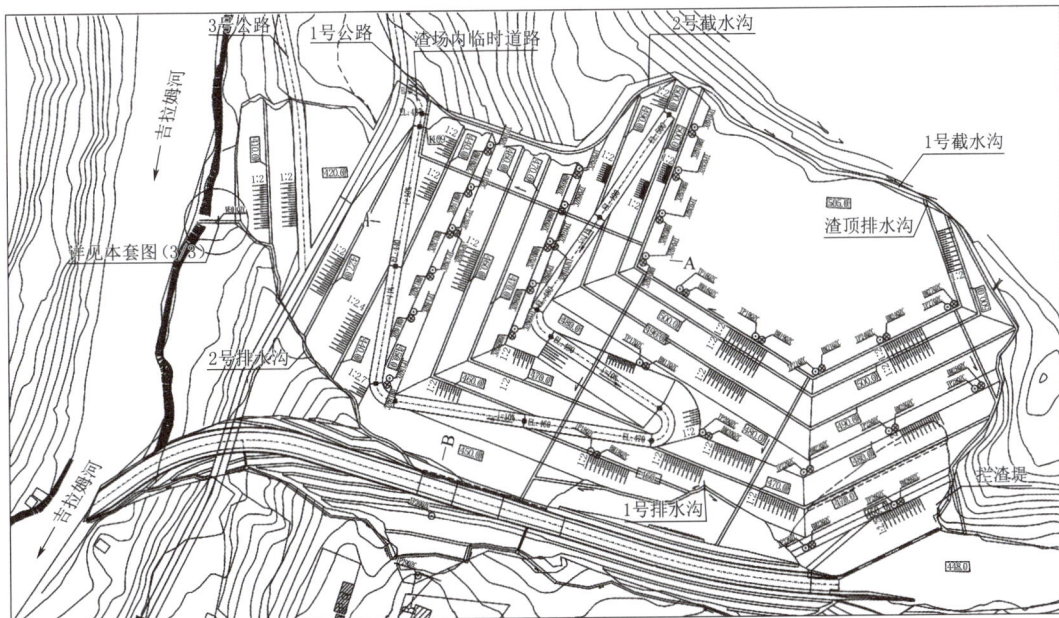

图 9-1 1号渣场平面布置图

9.2　1 号渣场的稳定性研究

9.2.1　1 号渣场稳定研究的边界条件

1. 计算工况

计算工况按正常运用工况和非正常运用工况计算。

（1）正常运用工况。渣场在正常和持久的条件下运用，渣场处于最终弃渣状态时，渣体无渗流或稳定渗流。

（2）非正常运用工况Ⅰ。渣场在最终弃渣状态下遭遇连续降雨。

（3）非正常运用工况Ⅱ。渣场在正常工况下遭遇Ⅶ度以上（含Ⅶ度）地震。

卡洛特水电站所在场地 50 年超越概率 10%的地震峰值加速度为 0.26g，场地地震基本烈度为Ⅷ度。

2. 计算模型

计算模型地质剖面见图 9-2～图 9-5。

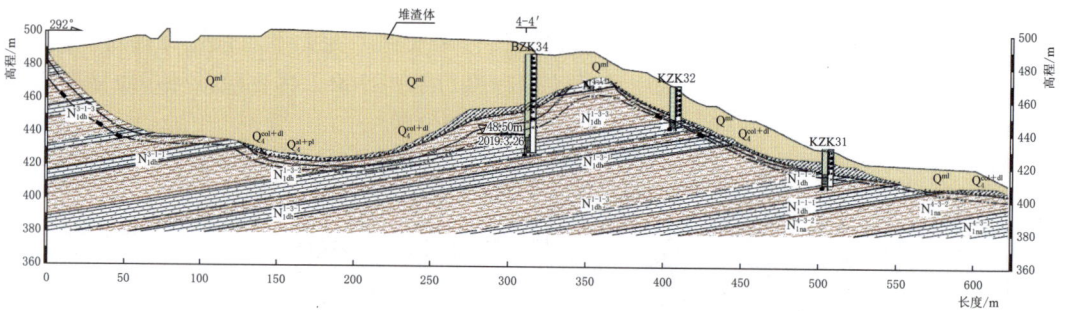

图 9-2　1-1 地质剖面简图

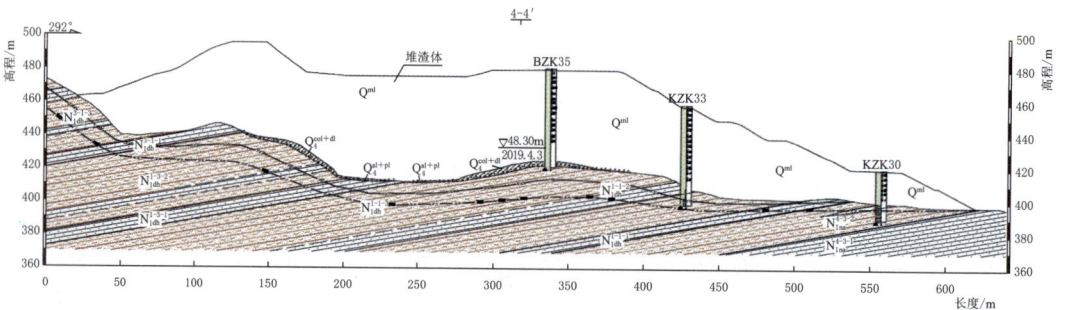

图 9-3　2-2 地质剖面简图

3. 计算参数

主要岩（土）物理力学计算参数见表 9-1。

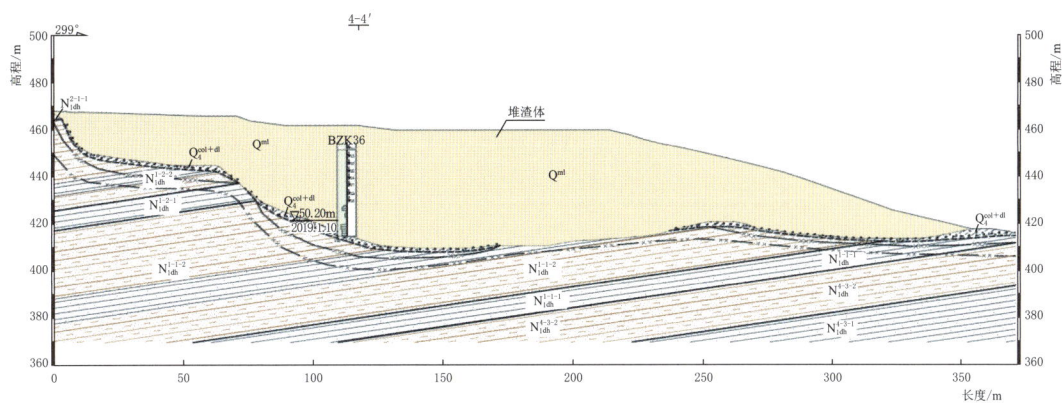

图 9 – 4   3 – 3 地质剖面简图

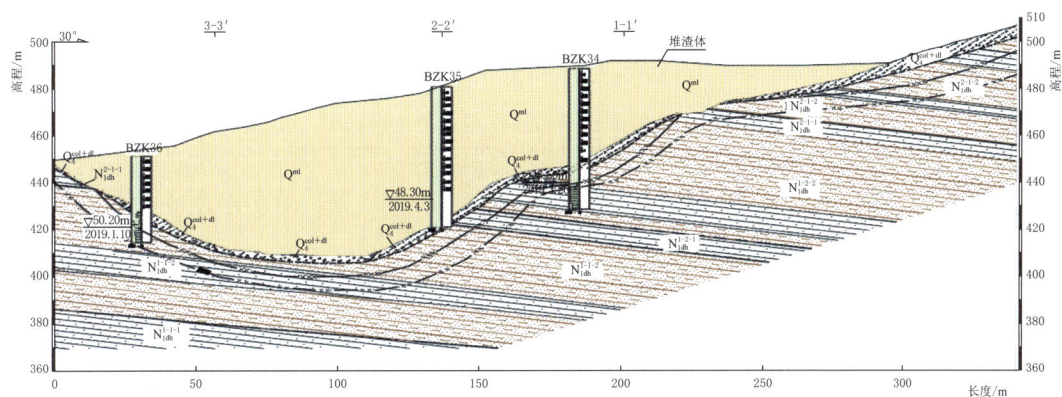

图 9 – 5   4 – 4 地质剖面简图

表 9 – 1   主要岩（土）物理力学计算参数表

岩（土）类型	天然重度 /(kN/m³)	饱和重度 /(kN/m³)	黏聚力 C/kPa		摩擦角 φ/(°)	
			天然	饱和	天然	饱和
渣体	21.3	22.0	6	3	33	30
覆盖层	21.5	22.5	10	8	26	24
泥岩	22.0	23.0	500	350	28	26
砂岩	23.8	24.8	750	550	36	33

9.2.2   1号渣场的整体抗滑稳定性研究

1. 计算结果

1号渣场的整体抗滑稳定性系数计算结果见表 9 – 2。

表 9 – 2   1号渣场的整体抗滑稳定性系数计算结果表

剖　面	正常运用工况		非正常运用工况 Ⅰ		非正常运用工况 Ⅱ	
	计算值	规范值	计算值	规范值	计算值	规范值
1 – 1 剖面	1.896	1.30	1.637	1.15	1.397	1.15
2 – 2 剖面	2.291	1.30	1.991	1.15	1.607	1.15

续表

剖　　面	正常运用工况		非正常运用工况 Ⅰ		非正常运用工况 Ⅱ	
	计算值	规范值	计算值	规范值	计算值	规范值
3－3 剖面	2.911	1.30	2.549	1.15	1.899	1.15
4－4 剖面	3.609	1.30	3.133	1.15	2.191	1.15

2. 结果分析

（1）四个典型计算剖面的整体稳定性计算结果均满足稳定性要求。

（2）通过整体稳定性计算结果，假设堆渣体是均质体条件下，渣体没有发生整体滑动风险，堆渣的主要滑动模式应该为局部边坡坡面滑动，需要进一步判定最危险滑动面。

9.2.3　1 号渣场边坡的抗滑稳定性研究

1. 计算结果

1 号渣场边坡的抗滑稳定性系数计算结果见表 9－3。

表 9－3　　　　　　　　　1 号渣场边坡的抗滑稳定性系数计算结果表

剖　　面	正常运用工况		非正常运用工况 Ⅰ		非正常运用工况 Ⅱ	
	计算值	规范值	计算值	规范值	计算值	规范值
1－1 剖面	1.520	1.30	1.245	1.15	1.179	1.15
2－2 剖面	1.547	1.30	1.296	1.15	1.183	1.15
3－3 剖面	2.134	1.30	1.785	1.15	1.540	1.15
4－4 剖面	2.171	1.30	1.732	1.15	1.589	1.15

2. 结果分析

（1）1－1 剖面最危险滑面位于模型第三台阶，高程范围为 469.00～478.00m；2－2 剖面最危险滑面位于渣顶最高层台阶处，高程范围为 450.00～480.00m；3－3 剖面最危险滑面位于渣面中下段，高程范围为 430.00～445.00m；4－4 剖面最危险滑面位于渣体顶部，高程范围为 478.00～488.00m。

（2）各剖面坡面稳定性计算结果均满足稳定性要求，其中 1－1 剖面和 2－2 剖面安全裕度较小，3－3 剖面和 4－4 剖面安全裕度较大。

（3）由于渣体堆渣厚度大，实测地下水位低，不会对边坡稳定造成影响，故降雨工况通过降低渣体参数进行模拟；若发生排水失效等情况，需另行考虑地下水位变化影响。

（4）地震工况为边坡稳定最危险工况，可补充考虑边坡防护措施对边坡稳定的加强作用。

9.2.4　防护措施对 1 号渣场稳定的影响评价

1. 排洪沟

排洪沟为梯形断面，底宽 10～12m，沟深 5.0～6.5m，两侧边坡 1∶0.5，采用 C30 钢筋混凝土衬砌；衬砌混凝土以上开挖边坡采取挂网喷混支护。根据现场调查与初步复核，排洪沟基本按照设计要求实施，外观质量较好，运行情况良好。排洪沟可以满足导排设计 2‰ 频率下的洪水，基本满足设计要求。因此，正常运行条件下排洪沟不会对 1 号渣场的安全造成影响；排洪沟断面较大，即使部分淤堵，也可以顺畅地将上游洪水导排至下游河道。综上分析可知，排洪沟不会对弃渣场的稳定造成影响。

2．拦渣堤

拦渣堤堤顶高程 460.00m，最大堤高约 20.00m，堤顶宽 6.3～10.00m，迎水面边坡 1：2.25，背水侧边坡 1：1.75，由弃石渣碾压填筑而成。根据现场复核情况可知，拦渣堤基本按照施工图实施，外观质量较好，没有发生较大的变形、滑塌等问题。同时，拦渣堤与渣场连成一体，在分析渣场稳定性时，是与渣体一并考虑的。根据 1 号渣场的整体抗滑稳定性研究和边坡抗滑稳定性研究可知，拦渣堤不会对渣场的稳定性造成影响。

3．斜坡防护工程

斜坡防护工程主要为浆砌石网格护坡。截至 2021 年 3 月，高程 480.00m 以下的堆渣坡面的网格护坡已实施完成。根据监测月报成果及现场查勘情况可知，浆砌石网格外观质量较好，没有发生错动和开裂现象。对于高程 480.00m 以上的局部堆渣坡面，存在一定的侵蚀沟槽。因此，可以初步分析，斜坡防护工程对弃渣场整体的抗滑稳定性不影响，但是对堆渣坡面的稳定性有一定影响。

4．土地整治工程

根据施工图设计，堆渣坡面修整结束后，对渣场顶面按照 1.7% 纵坡进行修整。2023 年 3 月，顶部还堆存有用料，平整度差，不利于降水的快速导排。结合渣场安全监测成果及现场渣场形貌，可以初步分析，土地整治工程不影响渣场的整体稳定，但会对局部堆渣坡面的稳定性造成一定影响。

9.2.5　综合研究结论

根据初步分析，1 号渣场的整体及堆渣边坡的抗滑稳定性满足规范要求，在采取全面防护措施的条件下，渣场整体及堆渣边坡稳定；拦渣堤、排洪沟已建设完成且保存较好，不会对渣场的稳定性造成影响；目前处于堆渣期间，局部护坡还未实施，顶面平整度差且局部堆渣边坡高陡，在汛期降雨等条件下，高程 480.00m 以上存在局部边坡塌滑的风险。

9.3　监测方案设计过程

2017 年 9 月，根据《卡洛特水电站工程 1 号渣场设计图纸审查会议纪要》（KLT - KY - 19 - 2017）中"因前期渣场分层摊铺厚度超出设计要求，请设计考虑在 1 号渣场内部设永久监测设施"，长江勘测规划设计研究有限责任公司按该要求对 1 号渣场进行了安全监测方案设计。

经与相关部门多次沟通，于 2018 年 3 月上报了 1 号渣场安全监测仪器布置方案（第一版），共布置外部变形观测标点 10 个，采用前方交会法及水准法进行观测。2018 年 9 月收到业主工程师的回复文件（2989 CRE Letter to TGDC Submission of Layout ♯1），要求增加外部变形观测点布置密度。按照业主工程师回文要求，我公司提出了 1 号渣场安全监测仪器布置方案（第二版），又增加了 15 个外部变形观测标点（共 25 个）。

2018 年 10 月 29 日，发包方在北京组织召开了《卡洛特水电站项目 1 号存弃渣场安全监测设计方案》咨询会议。会议基本同意《卡洛特水电站项目 1 号渣场安全监测设计方案》，建议根据《水电工程渣场设计规范》（NB/T 35111—2018），结合渣场稳定计算成果，以临河侧边坡作为监测重点，适当加密外观测点，在关键监测断面中下部增设深部变形和内部渗压监测设施，并在渣底盲沟出口增设水量测量设施。

9.3.1　主要监测断面

根据渣场的工程布置、堆积轮廓和地质条件，以临河侧坡面作为监测重点，按 25～35m 间距加密布设表面变形测点，并在原 6 号冲沟的关键断面中下部布设测斜兼测压管。在 1 号渣场排洪沟侧坡面和拦渣堤侧坡面按 50～70m 间距布设表面变形测点。

这些表面变形测点布置在顺坡面的直线上，以便形成从上至下的完整监测断面，全面监测 1 号渣场的表面变形情况。这些测点在临河侧坡面形成了 5 个断面，在排洪沟侧形成了 2 个断面，在拦渣堤侧形成了 3 个断面。

9.3.2　监测设施布置

1. 表面变形监测

在临河侧边坡的坡顶、高程 480.00m 马道和高程 450.00m 马道上，按 25～35m 间距布设表面变形测点（含水平位移测点和水准点）。

在排洪沟侧边坡和拦渣堤侧边坡的坡顶、高程 480.00m 马道和高程 460.00m 马道上，按 50～70m 间距布设表面变形测点（含水平位移测点和水准点）。

在排洪沟陡坡段坡顶和挡墙顶部各布置 1 个水平位移测点。

布设 3 个水平位移工作基点，其位置根据渣场周边地形、地质和通视条件现场确定。

以上共计布设水平位移测点 33 个（含工作基点 3 个），水准点 28 个。

2. 内部变形及渗压监测

在 1 号渣场临河侧边坡高程 480.00m 和高程 450.00m 马道，对应原 6 号冲沟的关键断面中下部，各钻孔布设 1 根测斜兼测压管，以监测渣场内部变形及渣体浸润线变化情况。共计布设测斜兼测压管 2 根。

3. 渗流量监测

根据 1 号渣场底部排水盲沟布置及渗水情况，在盲沟出口布置量水堰并定期测量渣场底部渗水量变化情况。

9.3.3　观测资料分析

9.3.3.1　渣场表面变形

1 号渣场边坡设计共布置了 30 个表面变形观测点，已修建完成了 9 个，测点编号 TP07QZC～TP15QZC，其他测点待渣场顶部上坝料回采结束，渣场平整后安装埋设。

1. 高程 450.00m 测点变形

1 号渣场临河侧边坡高程 450.00m 马道已安装埋设表面变形测点 6 个，编号 TP10QZC~TP15QZC，具体的各测点观测成果特征值统计参见表 9-4，近期监测成果过程曲线见图 9-6~图 9-8。

表 9-4 1 号渣场临河侧边坡高程 450.00m 马道观测成果特征值表

仪器编号	测点位置	基准取值日期	位移方向	最小值		最大值		变幅/mm	当前值	
				位移/mm	观测日期	位移/mm	观测日期		位移/mm	观测日期
TP10QZC	1 号渣场高程 450.00m 马道	2019-5-28	X	3.52	2019-6-29	85.16	2021-6-18	81.64	81.12	2022-6-28
			Y	5.63	2019-6-29	135.76	2022-6-28	130.12	135.76	2022-6-28
			H	10.80	2019-6-29	125.33	2022-6-28	114.53	125.33	2022-6-28
TP11QZC	1 号渣场高程 450.00m 马道	2019-5-28	X	1.75	2019-6-29	46.24	2020-9-20	44.49	45.36	2022-6-28
			Y	8.20	2019-6-29	149.51	2022-5-15	141.31	148.24	2022-6-28
			H	10.23	2019-6-29	219.95	2022-6-28	209.72	219.95	2022-6-28
TP12QZC	1 号渣场高程 450.00m 马道	2019-5-28	X	1.84	2019-6-29	30.13	2022-5-15	28.29	23.77	2022-6-28
			Y	10.77	2019-6-29	139.79	2022-6-28	129.02	139.79	2022-6-28
			H	17.20	2019-6-29	220.60	2022-6-28	203.40	220.60	2022-6-28
TP13QZC	1 号渣场高程 450.00m 马道	2019-5-28	X	5.86	2019-6-29	37.19	2022-5-15	31.33	31.24	2022-6-28
			Y	0.56	2019-6-29	117.08	2022-6-28	116.52	117.08	2022-6-28
			H	7.19	2019-6-29	112.87	2022-6-28	105.68	112.87	2022-6-28
TP14QZC	1 号渣场高程 450.00m 马道	2019-5-28	X	1.78	2019-6-29	66.54	2021-6-18	64.76	59.25	2022-6-28
			Y	5.42	2019-6-29	120.73	2022-6-28	115.31	120.73	2022-6-28
			H	8.04	2019-6-29	154.83	2022-6-28	146.79	154.83	2022-6-28
TP15QZC	1 号渣场高程 450.00m 马道	2019-5-28	X	-58.91	2021-3-19	-2.49	2019-7-18	56.42	-50.49	2022-6-28
			Y	-2.82	2019-7-18	53.90	2022-6-28	56.72	53.90	2022-6-28
			H	8.74	2019-6-29	217.02	2022-6-28	208.28	217.02	2022-6-28

注 X 表示顺河床水流方向的位移，向下游方向的位移为正，反之为负；Y 表示垂直于河床水流方向的位移，向临空面方向的位移为正，反之为负；H 表示垂直位移，沉降为正，反之为负。

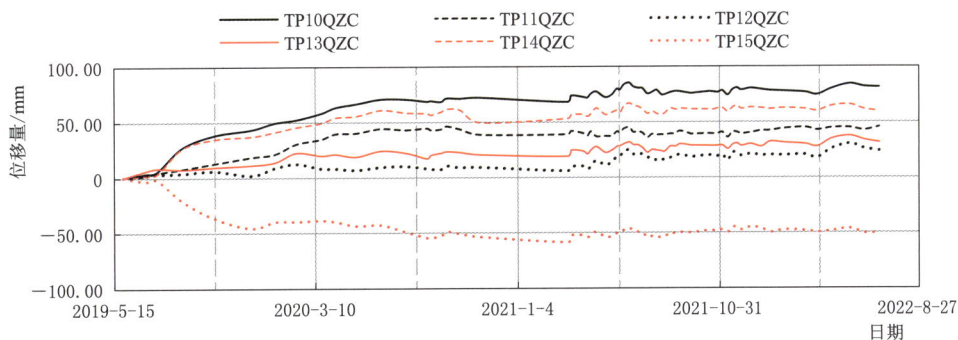

图 9-6 高程 450.00m 马道外部变形测点顺河床水流方向位移变化过程线图

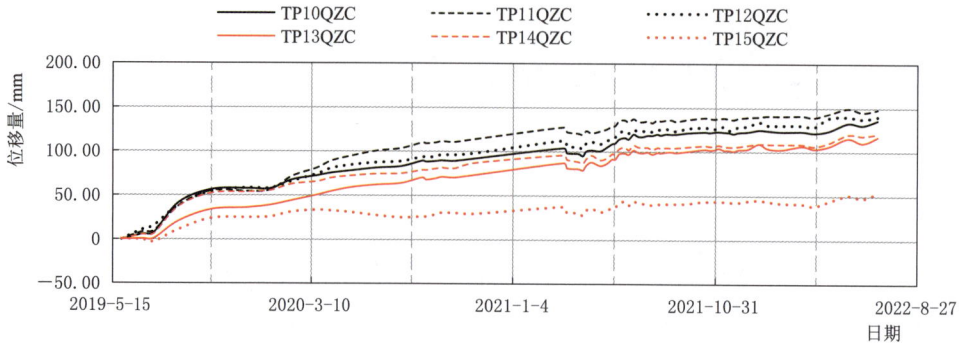

图 9-7　高程 450.00m 马道外部变形测点向临空面方向位移变化过程线图

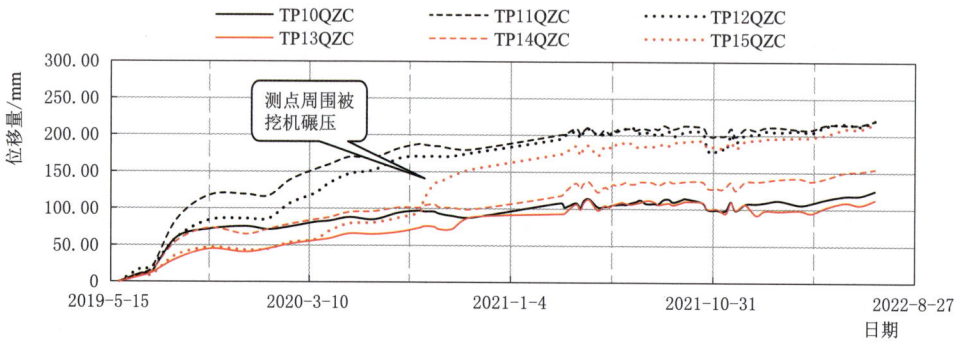

图 9-8　高程 450.00m 马道外部变形测点铅垂方向位移变化过程线图

截至 2022 年 6 月 28 日，临河侧边坡高程 450.00m 测得顺水流方向（X）的最大累计位移量为 81.12mm（TP10QZC），年增幅约 1.36mm；朝临空面方向（Y）最大累计位移量为 148.24mm（TP11QZC），年增幅约 24.96mm；最大累计沉降量为 220.60mm（TP12QZC），年增幅约 14.80mm。年增长速率与前期相比在逐渐减缓，整体变化较稳定。

2. 高程 480.00m 测点变形

1 号渣场临河侧边坡高程 480.00m 马道已安装埋设表面变形测点 3 个，编号 TP07QZC～TP09QZC，具体的各测点观测成果特征值统计参见表 9-5，近期监测成果过程曲线见图 9-9～图 9-11。

表 9-5　　　　　　1 号渣场临河侧边坡高程 480.00m 马道观测成果特征值表

仪器编号	测点位置	基准取值时间	位移方向	最小值		最大值		变幅/mm	当前值	
				位移/mm	观测日期	位移/mm	观测日期		位移/mm	观测日期
TP07QZC	1 号渣场高程 480.00m 马道	2020-1-9	X	12.53	2020-2-10	150.41	2022-5-15	137.88	149.69	2022-6-28
			Y	23.41	2020-2-10	162.54	2022-5-15	139.13	162.21	2022-6-28
			H	29.12	2020-2-10	458.07	2022-6-28	428.95	458.07	2022-6-28

续表

仪器编号	测点位置	基准取值时间	位移方向	最小值		最大值		变幅/mm	当前值	
				位移/mm	观测日期	位移/mm	观测日期		位移/mm	观测日期
TP08QZC	1号渣场高程480.00m马道	2019-5-28	X	9.29	2019-6-29	209.43	2022-5-15	200.15	201.14	2022-6-28
			Y	21.86	2019-6-29	219.30	2021-10-14	197.43	213.59	2022-6-28
			H	42.21	2019-6-29	778.64	2022-5-15	736.43	774.83	2022-6-28
TP09QZC	1号渣场高程480.00m马道	2019-5-28	X	0.01	2019-6-29	176.40	2022-5-15	176.38	172.28	2022-6-28
			Y	14.82	2019-6-29	89.45	2022-5-15	74.63	87.71	2022-6-28
			H	46.46	2019-6-29	954.01	2022-6-28	907.55	954.01	2022-6-28

注　X 表示顺河床水流方向的位移，向下游方向的位移为正，反之为负；Y 表示垂直于河床水流方向的位移，向临空面方向的位移为正，反之为负；H 表示垂直位移，沉降为正，反之为负。

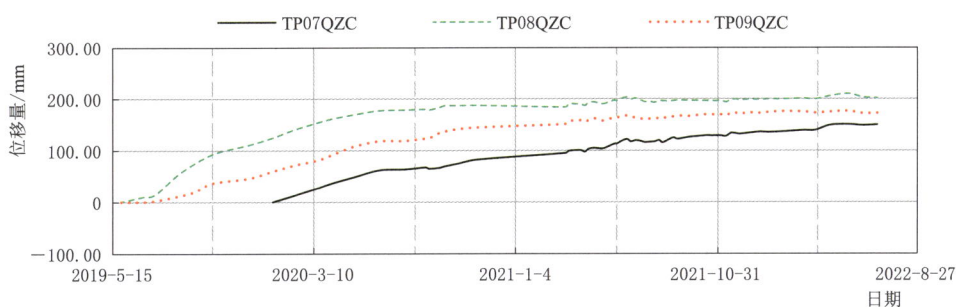

图 9-9　高程 480.00m 马道外部变形测点顺河床水流方向位移变化过程线图

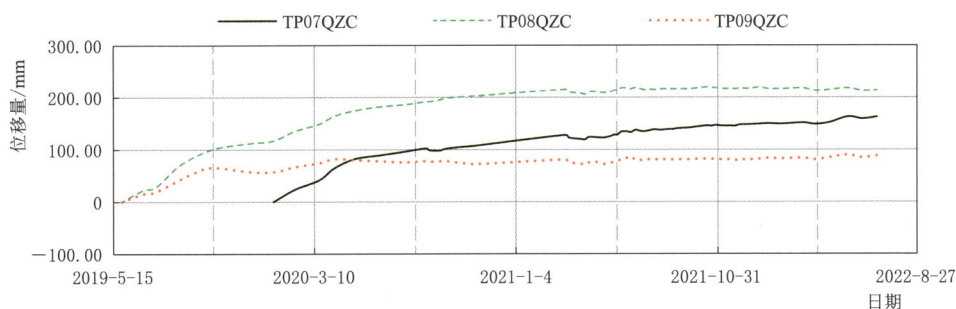

图 9-10　高程 480.00m 马道外部变形测点向临空面方向位移变化过程线图

截至 2022 年 6 月 28 日，测得渣场临河侧边坡 480.00m 高程顺水流方向（X）最大累计位移量为 201.14mm（TP08QZC），年增幅约 9.4mm；朝临空面方向（Y）的最大累计位移量为 213.59mm（TP08QZC），年增幅约 4.00mm；最大累计沉降量为 954.01mm（TP09QZC），年增幅约 62.25mm。水平向变形较小，年增长速率与前期相比在逐渐减缓，整体变化较稳定。

9.3.3.2　渣场内部变形

在 1 号渣场临河侧的坡面共布置了 2 个测斜孔，目前已恢复正常观测。测斜管是在渣体填筑后钻孔安装埋设，由于堆渣体内为块石与泥渣的混合料，局部可能存在较大的硬石块

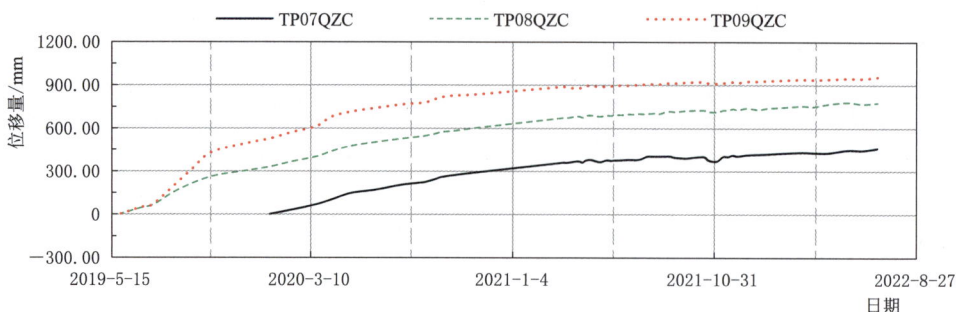

图 9 - 11　高程 480.00m 马道外部变形测点铅垂方向位移变化过程线图

体，渣体在变形过程中导致测斜管局部受挤压强度过大而产生大的变形甚至被破坏。截至 2022 年 6 月 28 日，IN01QZC 测斜孔正常观测，IN02QZC 测斜孔内的部分管段因渣体的变形导致测斜管弯矩变形过大，导致测斜仪无法下放观测，待后期恢复后再持续观测。

结合前期的测斜孔观测数据分析，高程 480.00m 平台的测斜孔 IN01QZC 孔口 A 方向（朝临空面方向）的累计变形量约为 139.30mm（已损坏测斜孔的累加位移量），本年度的累计位移量为 8.70mm；临近的表面观测点 TP08QZC Y 方向（朝临空面方向）的变形量为 213.59mm，年增幅约 4.00mm；高程 460.00 平台测斜孔 IN02QZC 孔口 A 方向（朝临空面方向）的变形量约为 134.00mm；临近的表面观测点 TP12QZC Y 方向（朝临空面方向）的变形量为 139.79mm；测斜孔孔口的变形量与邻近外观标点的变形量基本一致，从孔底累加到孔口的累计位移量变化过程曲线来看，渣体内部暂未发现明显的滑移面，见表 9 - 6、图 9 - 12～图 9 - 16。

表 9 - 6　　　　　　　　　　1 号渣场边坡测斜管观测成果统计表

仪器编号	埋设部位	高程/m	观测日期	A 方向/mm		B 方向/mm		孔口位移/mm		
				最大值	最小值	最大值	最小值	$A0°$方向	$B0°$方向	合方向
IN01QZC（补钻孔）	1 号渣场边坡	480.00～448.00	2021 - 5 - 30	3.6	-0.2	2.0	-2.5	0.7	-2.5	2.6
			2021 - 6 - 25	5.9	0.1	5.4	-3.2	4.1	-8.8	9.7
			2021 - 11 - 7	4.1	-8.8	6.3	-5.9	-8.2	-2.6	8.6
			2022 - 4 - 20	6.2	-17.0	1.2	-10.7	-17.0	-10.7	20.1
			2022 - 7 - 8	8.7	-20.2	0.7	-14.0	-20.2	-14.0	24.6
			期间变化量	2.5	-3.2	-0.5	-3.3	-3.2	-3.3	4.5
			蓄水后总变化量	4.6	-11.4	-5.6	-8.1	-12.0	-11.4	16.0
IN02QZC（补钻孔）	1 号渣场边坡	450.00～407.00	2021 - 5 - 30	0.5	-4.6	-1.8	-7.3	0.8	17.0	-0.6
			2021 - 6 - 25	0.6	-6.1	-1.7	-6.7	0.8	17.0	-0.6
			2021 - 11 - 7	2.2	-7.4	-1.7	-5.1	1.3	19.2	-0.5
			2021 - 12 - 3	3.4	-9.6	-1.3	-4.8	2.1	16.2	0.0
			期间变化量	1.2	-2.2	0.4	0.3	0.8	-3.0	0.5
			蓄水后总变化量	2.8	-3.5	0.4	1.9	1.3	-0.8	0.6

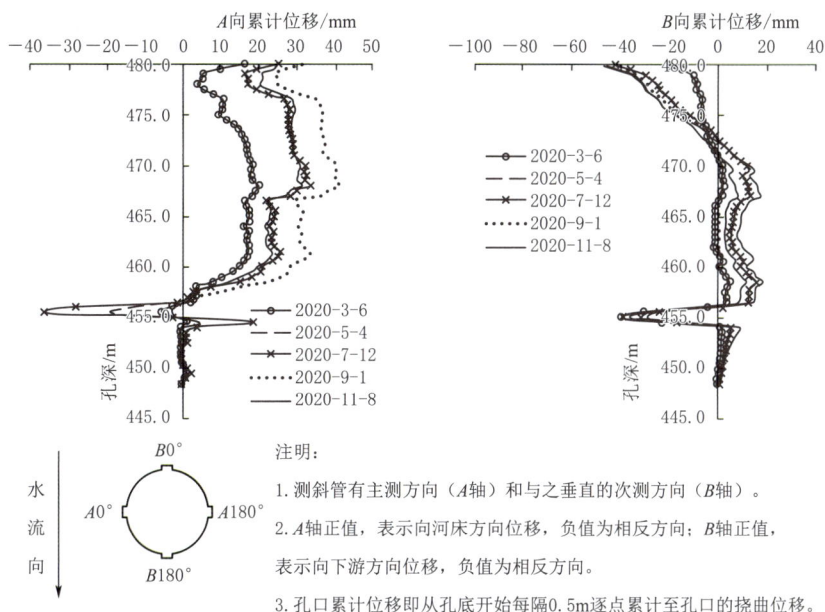

图 9－12　IN01QZC（2019 年补钻孔）观测成果变化过程线图

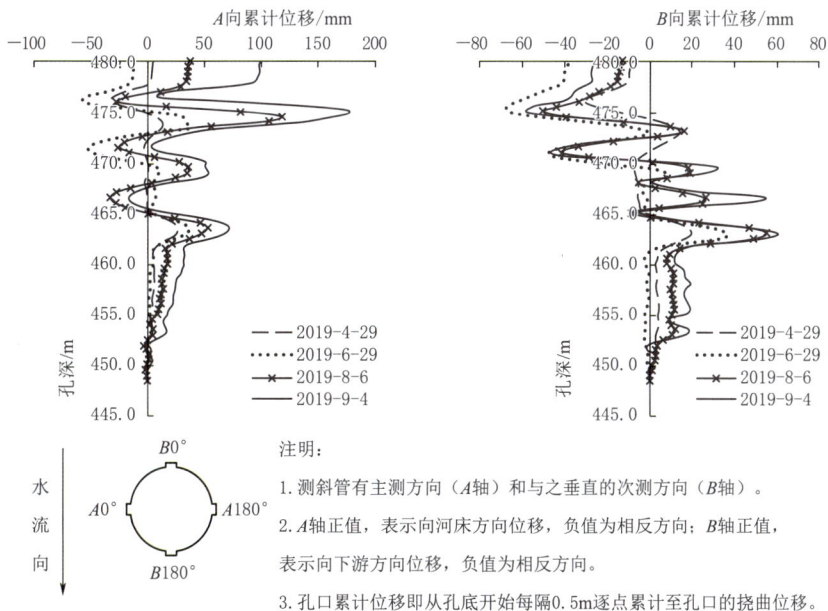

图 9－13　IN01QZC（原设计孔）观测成果变化过程线图

9.3.3.3　渣场渗流量及渣体水位

1. 渗流量

为了解 1 号渣场底部排水盲沟布置及渗水情况，在盲沟出口布置量水堰定期测量渣场底部渗流量。

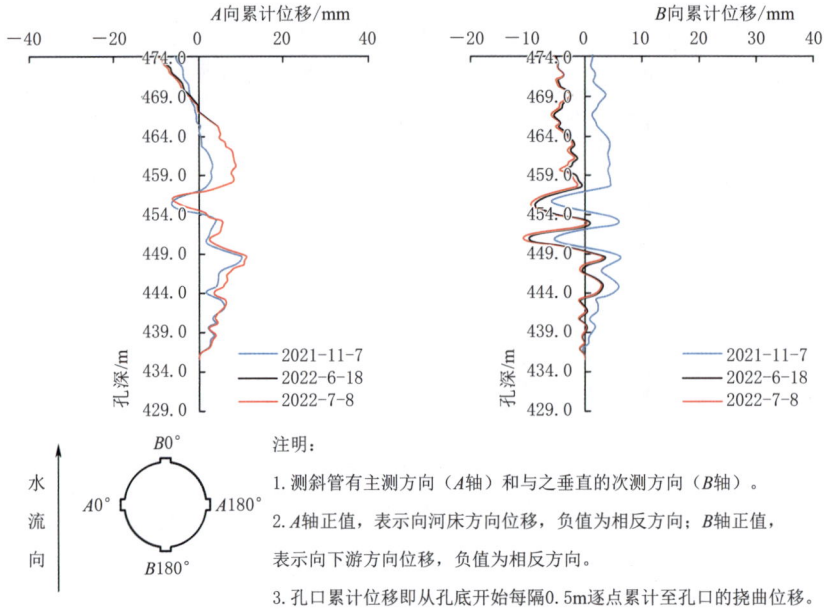

注明：

1. 测斜管有主测方向（A 轴）和与之垂直的次测方向（B 轴）。

2. A 轴正值，表示向河床方向位移，负值为相反方向；B 轴正值，表示向下游方向位移，负值为相反方向。

3. 孔口累计位移即从孔底开始每隔 0.5m 逐点累计至孔口的挠曲位移。

图 9-14　IN01QZC（2021 年补钻孔）观测成果变化过程线图

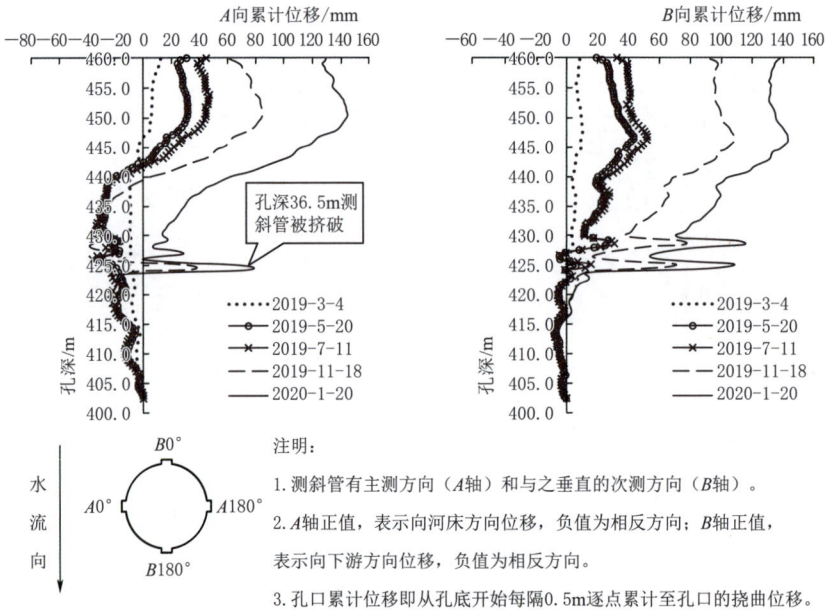

注明：

1. 测斜管有主测方向（A 轴）和与之垂直的次测方向（B 轴）。

2. A 轴正值，表示向河床方向位移，负值为相反方向；B 轴正值，表示向下游方向位移，负值为相反方向。

3. 孔口累计位移即从孔底开始每隔 0.5m 逐点累计至孔口的挠曲位移。

图 9-15　IN02QZC 观测成果变化过程线图

通过量水堰测得的历史最大渗流量是 36.96m³/h（2019 年 8 月 6 日），截至 2022 年 7 月 1 日，1 号渣场量水堰测得的渗流量为 0.41m³/h，渗流量较小；经 1 号渣场底部盲沟渗漏出来的渗流量变幅较小，水质清澈，见图 9-17。

2. 渣体水位

利用 1 号渣场临河侧边坡高程 480.00m 和高程 450.00m 马道的测斜兼测压管，以监

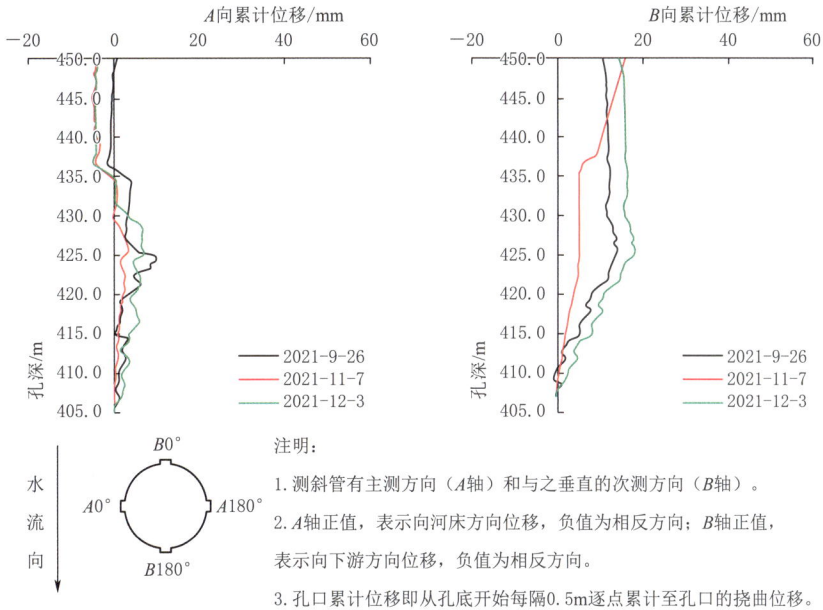

A向累计位移/mm

B向累计位移/mm

注明：

1. 测斜管有主测方向（A轴）和与之垂直的次测方向（B轴）。

2. A轴正值，表示向河床方向位移，负值为相反方向；B轴正值，表示向下游方向位移，负值为相反方向。

3. 孔口累计位移即从孔底开始每隔0.5m逐点累计至孔口的挠曲位移。

图 9 - 16　IN02QZC（2021 年补钻孔）观测成果变化过程线图

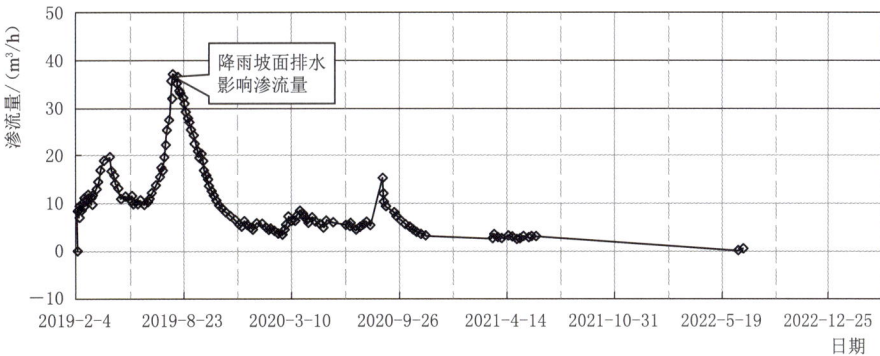

图 9 - 17　量水堰渗流量观测成果变化过程线图

测渣场内部变形及渣体浸润线变化情况。

通过补充埋设测斜孔内的水位测得 1 号渣场堆渣体内部 IN01QZC 的地下水位在 437.31～437.54m 期间低于原始地面线，最大变幅约 0.23m，变化较小；IN02QZC 的地下水位在 408.33～408.67m 期间低于原始地面线，最大变幅约 0.34m，变化较小；渣体内部的地下水位均低于原始地面线，渣体内部无积水，有利于渣场的安全运行，见表 9 - 7、图 9 - 18。

表 9 - 7　　　　　　　　1 号渣场堆渣体内部地下水位观测成果特征值表　　　　　　　　单位：m

测斜孔编号	测斜孔孔深	孔口高程	孔底高程	原始地面线地面高程	最大值		最小值		当前值	
					水位	观测日期	水位	观测日期	水位	观测日期
IN01QZC	44.5	480.00	435.50	437.912	437.536	2021 - 5 - 10	437.304	2022 - 6 - 29	437.304	2022 - 6 - 29

续表

测斜孔编号	测斜孔孔深	孔口高程	孔底高程	原始地面线地面高程	最大值		最小值		当前值	
					水位	观测日期	水位	观测日期	水位	观测日期
IN02QZC	43.0	450.00	407.00	408.758	408.669	2021-5-10	408.326	2022-6-29	408.326	2022-6-29

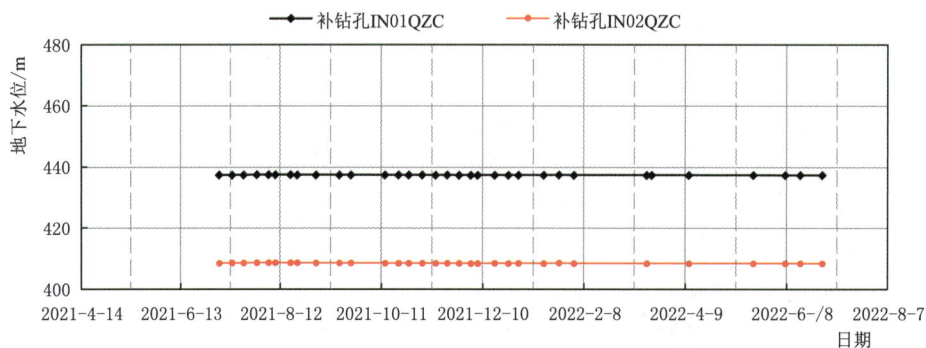

图 9-18　堆渣体内地下水位变化过程线图

9.4　结论

从目前的监测数据分析：1 号渣场堆渣体的变形主要表现为沉降，渣体自身的沉降随着时间的推移，变形趋势在逐渐减缓；渣体的水平位移量较小，变形趋势逐渐趋于稳定，渣体内部及表面未发现明显的滑移面。经过渣体渗漏到量水堰内的渗流量较小；渣场边坡表面无裂缝、无塌陷，已施工的浆砌石网格护坡无错动开裂情况，表明边坡整体变形均匀，1 号渣场总体稳定。

第10章

沥青混凝土心墙新型渗漏监测技术及实践

10.1　大坝沥青混凝土心墙光纤渗漏监测简介

大坝渗漏往往以点状出现，水在压力的作用下会沿着间隙发生渗漏，在背水面形成渗漏点，渗漏点周边坝体的沙土粒会随水流冲走，形成更大的渗漏通道和渗流效应，形成恶性循环，最终导致坝体失稳甚至发生溃坝事件，因此大坝的渗漏监测对坝体的安全具有非常重要的意义，而监测数据的及时性、可靠性、全面性等就显得尤其重要。

卡洛特水电站根据工程需要和大坝基础渗控工程施工质量检查及技术咨询会专家组意见，为全面了解沥青心墙坝后渗漏情况，同时基于光纤感测技术长距离、大范围、全天候实时监测、耐腐蚀、长期稳定性好、测试精度高、定位精准等多项优点，设计考虑在心墙后布设光纤渗流监测系统对心墙渗流进行监测，见图 10-1。

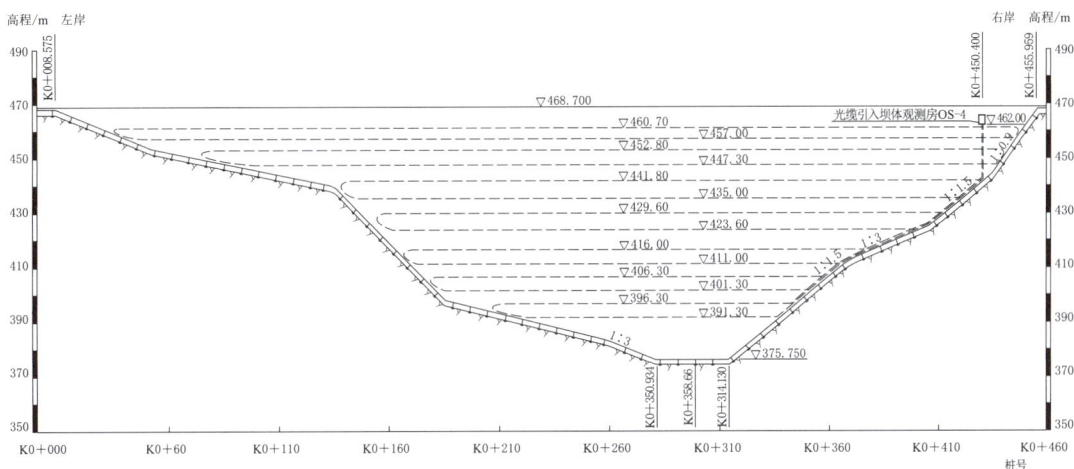

图 10-1　沥青混凝土心墙渗漏观测系统布置图

10.2　大坝渗漏监测技术

10.2.1　传统监测技术

传统的监测手段主要包括渗压计、测压管等，基本只能反映测点附近的地下水位情况，而通常在设计及安装埋设时，均只在大坝的一些重点断面布设数量有限的监测点位，在未布设测点的位置，监测数据难免有所缺漏，不能完全反映大坝各个部位的渗漏情况。

10.2.2　分布式光纤感测技术

10.2.2.1　分布式光纤感测技术介绍

分布式光纤感测技术是光纤传感领域的重要组成部分，传感光纤集传感与传输于一体，可实现远距离、大范围的传感与组网；可连续感知光纤传输路径上每一点的温度、应变、振动等物理量的空间分布和变化信息，单根光纤上能获得多达数万点的传感信息。根据传感光类型不同可分为散射光传感和前向光传感 2 类，其中，散射光又分为拉曼散射、布里渊散射和瑞利散射 3 类。基于不同光学效应的传感技术可以测试不同的物理量。基于拉曼散射的光纤传感技术工程上主要用于温度的测量，基于布里渊散射的光纤传感技术工程上主要用于应变和温度的双参数测量，基于瑞利散射的光纤传感技术工程上主要用于测试振动和声音信号。前向光传感的技术工程主要用于振动和声音的测试。卡洛特水电站光纤渗漏监测系统主要应用基于拉曼散射的分布式温度传感技术，下面就该项光纤传感技术进行详细阐述。

1928 年，印度科学家拉曼首次发现了光波在被散射后频率发生改变的现象（后被称为拉曼效应、拉曼散射），因此荣获 1930 年的诺贝尔物理学奖，从此开启了人们对拉曼散射的深入研究。

拉曼散射是由于光纤分子的热振动和光子相互作用发生能量交换而产生的。具体地说，如果一部分光能转换成为热振动，那么将发出一个比光源波长更长的光，称为斯托克斯光（Stokes 光）；如果一部分热振动转换成为光能，那么将发出一个比光源波长更短的光，称为反斯托克斯光（Anti-Stokes 光）。其中斯托克斯光强度受温度的影响很小，可忽略不计，而反斯托克斯光的强度随温度的变化而变化。反斯托克斯光与斯托克斯光的强度之比提供了一个关于温度的函数关系式。

光在光纤中传输时一部分拉曼散射光（背向拉曼散射光）沿光纤原路返回，被光纤探测单元接收。分布式光纤通过测量背向拉曼散射光中反斯托克斯光与斯托克斯光的强度比值的变化实现对外部温度变化的监测。在时域中，利用光时域反射技术，根据光在光纤中的传输速率和入射光与后向拉曼散射光之间的时间差，可以对不同的温度点进行定位，这样就可以得到整根光纤沿线上的温度并精确定位。

光纤测温工作原理见图 10-2。

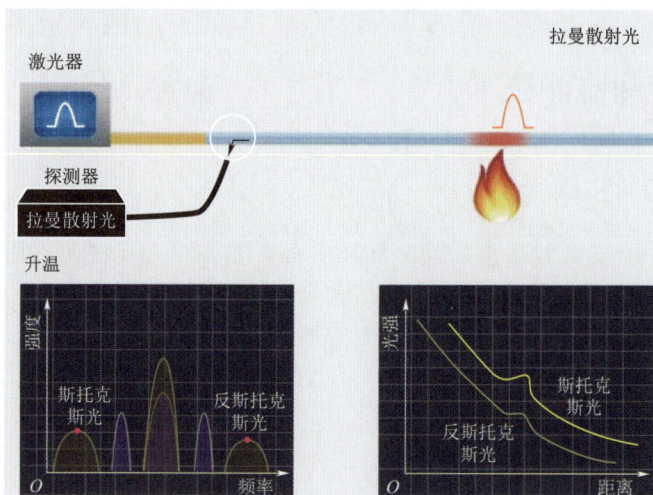

图 10-2　光纤测温工作原理图

结合高品质的脉冲光源和高速的信号采集与处理技术，就可以得到沿着光纤所有点的准确温度值。

10.2.2.2 光纤传感技术的优势

光纤传感技术是 20 世纪 80 年代伴随着光导纤维及光纤通信技术的发展而迅速发展起来的一种以光为载体，光纤为媒介，感知和传输外界信号的新型传感技术。目前研制成功的光纤传感器可以实现绝大部分物理量的监测，包括应变、温度、振动、位移、压力、声、流量、黏度、光强以及其他化学、生物医学和电流、电压参量等，已广泛地应用于航空航天、国防军事、土木、水利、计量测试、电力、能源、环保、智能结构、自动控制和生物医学等众多领域。该技术在多种工程应用中表现出众多优势。

（1）长距离、大范围监测。光纤监测（信号传输距离可达数十千米）可对堤坝、管道、隧道等进行大范围、长距离、无盲区地全覆盖监测，满足不同类型、不同规模工程的监测需求。

（2）全天候实时监测。光纤监测可以实现全天候不间断实时监测，实时数据传输，可满足基坑不同气候条件、不同施工工况全过程不间断监测。

（3）耐腐蚀，抗电磁干扰，长期稳定好。工程内存在高压电缆属于高磁环境，另外施工环境潮湿，腐蚀性较强。感测光缆其本质为二氧化硅，性质稳定、天生绝缘，长期稳定工作传感性质不发生变化。

（4）多参量感测。采用不同光纤感测技术，可以实现对应变、温度、水位、土压力、沉降、倾角以及振动等多参量感测。多参量测量可以做到多参数阈值报警，相互印证，避免单一因素的多干扰性，综合探测提升探测的准确性，降低其误报率。

（5）绝缘，无须现场供电。光纤传感器内传输的是光信号，解调仪器设备通过发射和接收光信号对光纤传感器进行测试。传感器无需现场供电，能耗低。

（6）系统成本低，易于集成。对于大面积、大范围工程监测，光纤传感技术均摊成本低；通过波分、时分复用技术可以实现光纤传感器多点多参量串联监测，易于构建网络化监测；其测试解调系统可实现模块化，易于系统集成。

（7）测试精度高，定位精准。精准定位可以对测试异常区进行精准定位，光纤监测技术可以实现几个微应变和 0.5℃的测试精度。

10.3 卡洛特水电站光纤渗漏监测系统

10.3.1 系统组成

1. 传感光缆

在坝体渗漏监测中，分布式温度传感光缆主要通过加热升温来识别渗漏位置。光缆的内部需设计长距离加热介质；外护套应具有加热均匀、热传导效率高、强度高等特点。本书选用铜网内加热温度感测光缆，阻值小，加热距离长，加热均匀，见表 10-1、图 10-3。

表 10-1　　　　分布式温度传感光缆技术参数

参数名称	参数值
耐电电压/V	0～360
加热阻值/(Ω/km)	22～28
全线加热温度温度平坦性/℃	≤±3
加热距离/m	≥500
工作温度/℃	−20～120

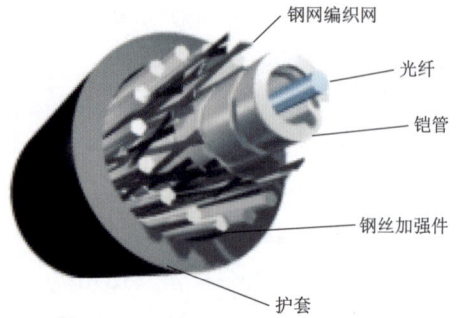

图 10-3　铜网内加热温度感测光缆

2. 解调设备

高精度分布式光纤测温解调仪的测温系统是一种光时域温度监测系统，它以光纤中的拉曼散射原理为基础，结合光时域反射技术（ROTDR），实现连续测量光纤沿线任一点所处的温度。其测量距离从几千米到几十千米的范围，空间定位精度可以达到 1m 量级，且能进行不间断实时在线测量，特别适用于大范围多点测量的场合，见表 10-2、图 10-4。

表 10-2　　　　　　　　高精度分布式光纤测温解调仪技术参数

参数名称	技　术　指　标	参数名称	技　术　指　标
光纤类型	62.5μm/125μm 多模光纤	功耗/W	17～30
测量模式	单端测试模式	电源要求	18～30 V DC
测量距离/km	2	操作系统	Windows 2000 以上
测量时间/(s/km)	10	其他接口	RJ45 网口，RS232（9 个引脚），USB，继电器
空间分辨率/m	0.5（2km 全范围内）		
取样间隔/m	0.2	存储温度/℃	−10～+85
定位精度/m	0.2	工作温度/℃	−5～+55
温度精度/℃	≤0.3	工作湿度/%	0～95（无凝露）
继电器输出组数	48	质量/kg	10
报警分区个数	1000 个以上	尺寸/(m×m×m)	131×432×382
通道数	16 通道		

3. 加热设备

无线定时控制加热系统主要是将无线模块和单片机控制板集成到一个防水机箱内，通过无线传输来实现远程、定时开断电路。同步加热控制模块为多通道设置，各通道独立工作，同步加热控制模块主要组成及说明如下：

（1）前面板接口（图 10-5）。

1）加热指示灯：分别指示正在加热的通道。

2）显示屏：显示当前输出电压和电流。

图 10-4　高精度分布式光纤测温解调仪

3）空气开关：过流保护。

4）开关：开启和关闭设备。

（2）后面板接口（图 10-6）。

1）输入接口：接入电源 220V AC。

2）输出通道：输出 220V AC 给光缆负载加热。

3）RS232 控制接口：连接高精度分布式光纤测温解调仪，同步加热与测试。

图 10-5　同步加热控制模块前面板

图 10-6　同步加热控制模块后面板

技术参数见表 10-3。

表 10-3　　　　　　　　　　　　技 术 参 数

参 数 名 称	参 数 值	参 数 名 称	参 数 值
工作电压	220V AC	工作温度	0～45℃
工作电流	15A	通信接口	RS232
输出电压	220V AC	输出通道	8 路、16 路

4. 监测软件

基于建筑信息模型（Building Information Modeling，BIM）轻量化技术构建卡洛特水电站监测区域模型，将分布式温度与应变数据形成二维云图，并附着于 BIM 模型，实现可视化、直观化的监测成果展示，也可以总览设备的运行状态，可以查看任意设备的台账信息、实时信息和历史信息。

监测预警系统主要包括以下部分：

（1）数据采集模块。主控板配备以太网口和 RS232 串口，分布式光纤解调模块通过以太网口与主控板进行通信，可兼容不同设备、不同通信方式与通信协议，实现监测数据自动采集或移动采集的接口与客户端统一。

（2）数据分析模块。通过程序编程，实现对温度和应变数据判断，并针对不同监测数据选择不同的计算模型和展示模型。当监测到有任何异常时，两侧的对应模块会高亮告警设备，同时中屏三维展示区聚焦到发生异常的设备，并展示异常信息。

（3）数据展示模块。通过建立现场 BIM 模型，实现监测线路三维空间展示，监测数据二维云图展示。用户可以通过定点巡查模块手动地在模型中漫游（可通过鼠标点击、滚轮、拖拽、里程搜索等方式），并查看当前各类型传感器测点状态以及数值情况。

光纤渗漏自动化监测系统界面见图 10-7 和图 10-8。

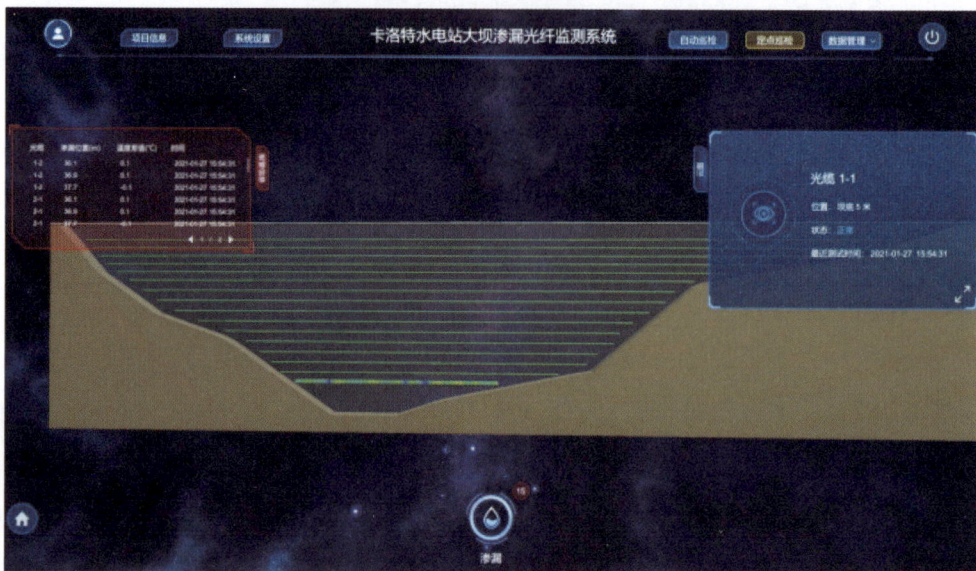

图 10-7　光纤渗漏自动化监测系统界面一

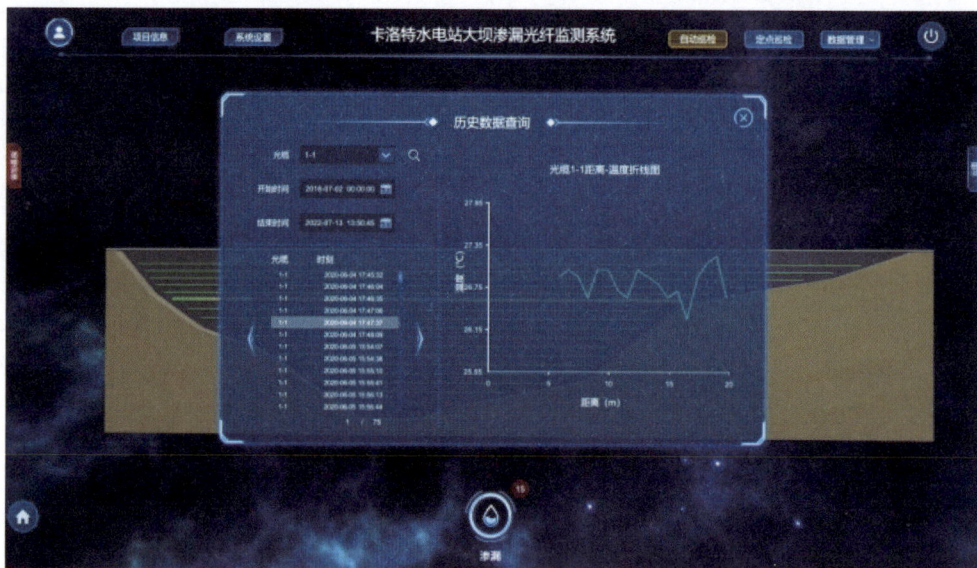

图 10-8　光纤渗漏自动化监测系统界面二

10.3.2　测试原理

基于分布式温度感测技术，利用预埋设的分布式铜网内加热温度传感光缆和一套成熟的加热采集仪器获取大坝中的温度分布规律、加热光缆的升温趋势，对大坝填筑质量进行评价，定位大坝心墙渗漏位置。

布设于坝体中具有内加热功能的温度感测光缆，在恒定电流作用下，根据欧姆定律，会以额定功率产生热量，铜网内加热光缆被加热后会对周围坝体发散热量，铜网内加热光缆以及周围的坝体也被加热至一定温度。渗流能够将坝体中的热量吸收并带走，使渗漏点周围降温，因此当监测到铜网内加热光缆及周围的温度出现明显低温区域时，即可得判断该区域可能发生了渗漏。光纤渗漏监测技术原理见图 10-9。

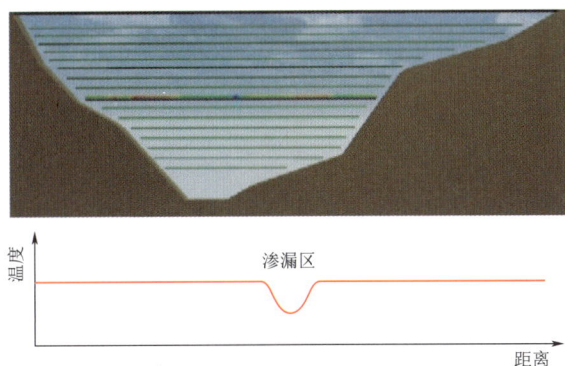

图 10-9　光纤渗漏监测技术原理

10.3.3　布设方案

在大坝建设施工过程中，在每层砌筑完成后，沿坝体走向水平铺设分布式温度传感光缆，共布设 14 条水平测线，每两层形成一条测试回路。光缆通过穿镀锌钢管的方式进行保护，为增强漏水感知能力，需对镀锌钢管做打孔处理。测试线路引线沿坝体引至坝顶，最终引入监测设备。光纤渗漏监测系统光缆埋设布置见图 10-10。

该监测系统包含可变电阻、加热系统、终端盒、解调设备（分布式光纤解调仪）四个部分。加热系统设计为定时控制、定时开断电路，可实现每日定时自动化监测。光纤渗漏监测系统硬件架构示意见图 10-11。

10.3.4　安装工艺

1. 光缆准备

确定环形布设路线所需光缆及引至监测站光缆总长度后，在光缆盘上盘出该长度光缆（光缆长度通过表面的喷码确定，见图 10-12，光缆标尺为 870.00m），并预留适当冗余量。提前准备好施工辅材，如穿线器、老虎钳、施工记录本、扎带、扳手、保护镀锌管、铁丝、钢丝软管、电工胶布、标签纸等。

注意事项如下：

（1）为确保光缆加热效果，应尽量减少引线长度，因此在监测站的设计建设时，应尽量将光纤布置在靠近坝体引线的位置。

（2）每段光缆准备阶段在光缆两端用标签或电工胶布标记，并记录光缆两端标尺，避免后续施工多股线路产生混淆。

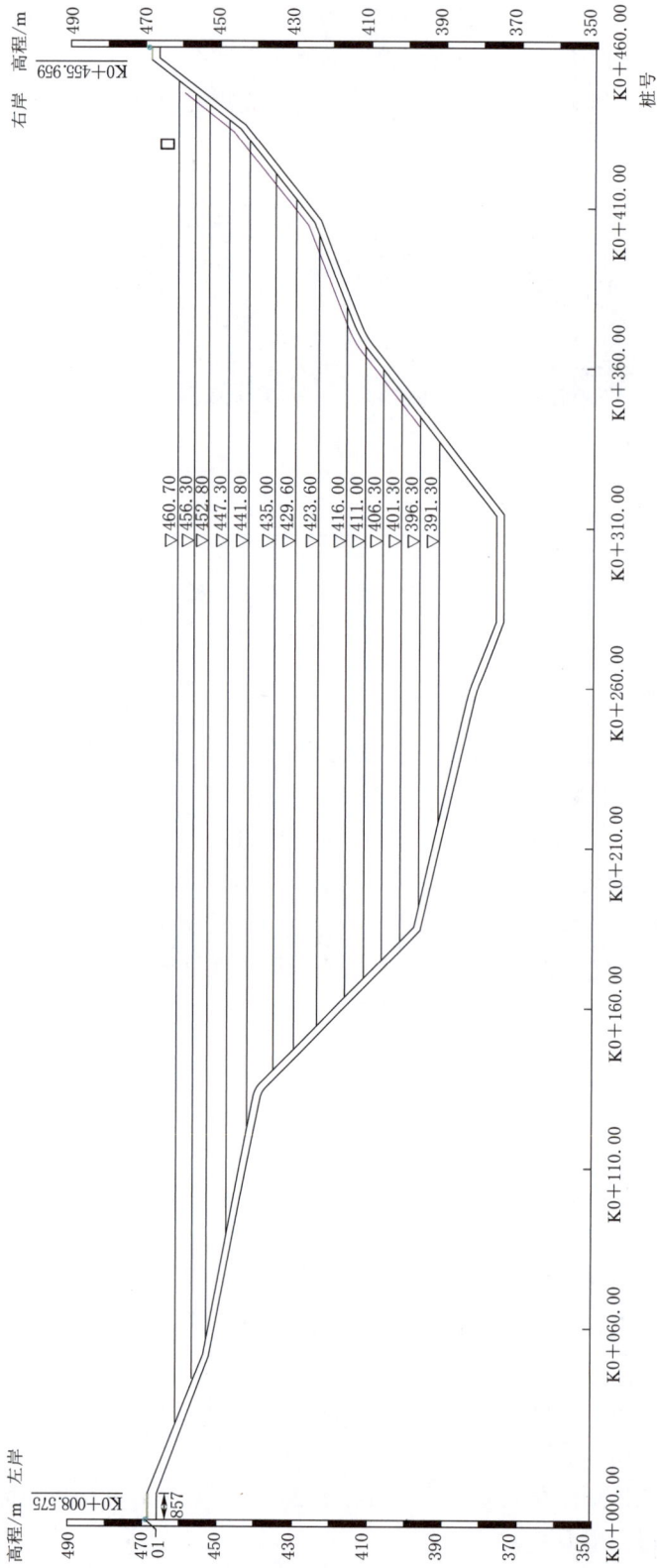

图 10-10 光纤渗漏监测系统光缆埋设布置图

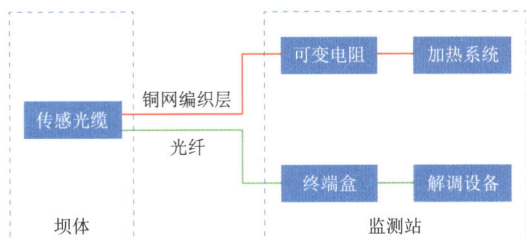

图 10-11 光纤渗漏监测系统硬件架构示意图

图 10-12 光缆上的喷码标尺

2. 光缆穿线安装

沿大坝水平方向固定镀锌钢管,将监测光缆穿进镀锌钢管中。由于水平段线路较长,可以分段将光缆临时固定,待光缆分段穿线施工完成,再将镀锌钢管拼接到一起,并做最终绑扎固定(光缆穿线安装完毕后,及时将保护钢管两端固定牢固,防止因钢管错动剪断光缆)。安装过程应穿好一段线,随即固定保护一段,避免大坝修筑多重工序交叉施工导致光缆被其他施工破坏。穿线顺序施工图见图 10-13,先安装渗漏监测位置,再穿引线段钢管。

注意事项如下:

(1)光缆抗拉强度远大于抗剪强度,因此,穿线过程中光缆不允许弯折和剪切,管线可使用穿线器引拉光缆,完成穿线工作。镀锌钢管避免电焊固定,防止内部铜网内加热光缆因温度过高产生破坏。

(2)为确保光缆测试效果,镀锌钢管应做打孔设计,保证钢管与坝体混凝土温度传递良好。

(3)镀锌管搭接位置以及钢丝软管搭接位置应刚性连接,并在搭接位置加强固定,防止钢管错动剪断光缆。

所有穿线工作使用的穿线器、镀锌钢管、钢丝软管见图 10-14。

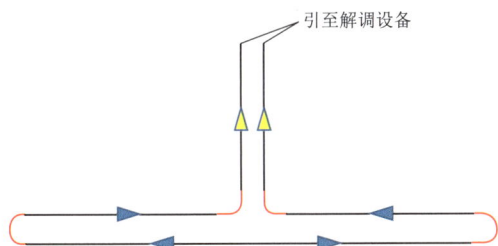

图 10-13 穿线顺序施工图

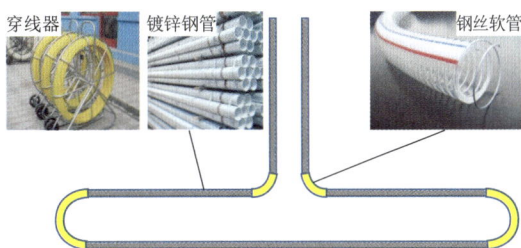

图 10-14 穿线材料

3. 竖向引线

由于观测房位于接近右岸坝头的坝后坡面,故每条环线回路均沿大坝心墙后右岸斜坡段向上牵引,并逐一将各个环形回路引线光缆引至一根内径较大的镀锌管内,单根光缆牵引埋设示意见图 3-1。

注意:将引线从一根镀锌钢管引出,需对引线提前标记区分,同一环形回路的应记录各拐点位置标尺,防止坝体左右岸的线路位置记录颠倒。

4.引线集成

为防止长期监测中引线光缆遭到破坏，光缆从坝体引至坝顶后应将引线穿 PVC 管并浅埋。要求沟槽底部铺 10cm 砂垫层，同时，PVC 管接头应为刚性连接或搭接，避免土体变形对光缆造成剪切作用。

5.施工记录与光缆定位

穿线施工完成后，线路整体固定前，记录每一个线路弯曲点或特征部位安装位置，并记录下来，作为后期监测定位的参考依据。具体方法为：光缆定位采用局部加热的方式，采用热水升温或冰水降温方式制造局部光缆温度差异，记录当前升温位置的测试距离、测温光缆标尺以及地理位置。定位位置选择测温光缆拐点、端点、机房位置等特殊点进行。现场传感器测温定位试验见图 10-15，测温试验检测见图 10-16 所示。

图 10-15　现场传感器测温定位试验　　　图 10-16　现场传感器测温试验检测

10.4　光纤渗漏监测成果的分析和研究

卡洛特水电站按设计要求在心墙后安装埋设了共计 14 层渗控光纤，每 2 层光纤组成 1 个通道，共计 7 个通道，系统实现了由点及线、由线及面的监测结构全面升级。

通道 7 渗控光纤在加热 10min 后（图 10-17），坝体内光纤铜网温度基本达到最高，平均较加热前升温约 3.7℃，升温效果较为明显，升温后温度曲线呈现较为明显的锯齿状，温度分布曲线波动较大，初步分析认为可能是光纤外的保护管影响铜网的加热效果，但整体来看，温度分布曲线较加热前有较明显分层，未发现明显低温区；大坝心墙后其他 6 个通道的光纤渗控数据显示（图 12-18～图 12-23），大坝心墙后各高程水平段光纤温度分布曲线平滑，未见明显起伏点，不同温度间曲线层次分明，表明这些测段没有明显渗漏点；其中高程 416.00m（从观测房开始到大坝左岸约 421.20m 长度）、高程 452.80m（从观测房开始到大坝左岸约 752.90m 长度）水平段有两处低温突变点，但该点两侧温度呈现出明显的阶梯状，判断可能为光纤在该处扭曲程度较大，光信号在该处损失较大，导致该处读取的温度出现突变，并造成其后续测段测得的光纤温度由于光信号损失而整体偏低，故这两处低温点并非心墙渗漏点。

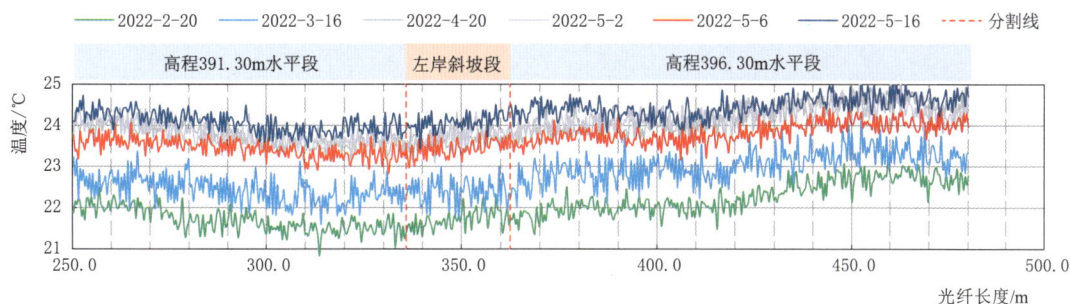

图 10 - 17   通道 1 高程 391.30～396.30m 光纤测温分布图

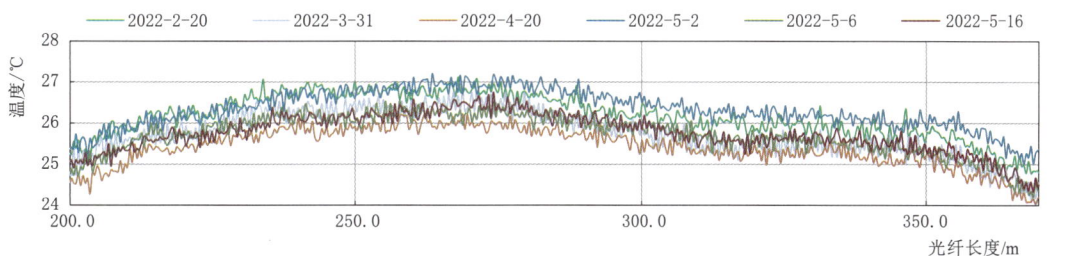

（a）高程401.30m水平段

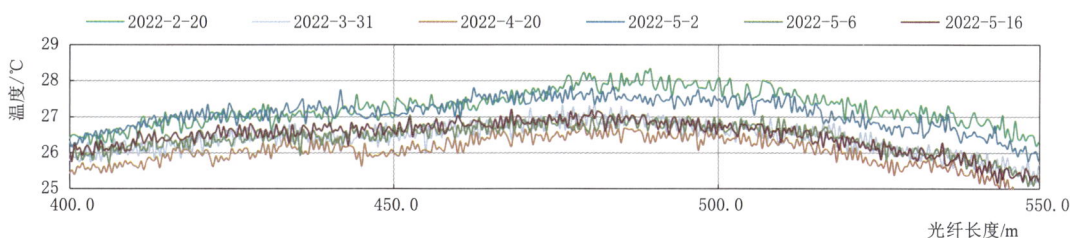

（b）高程406.30m水平段

图 10 - 18   通道 2 高程 401.30～406.30m 光纤测温分布图

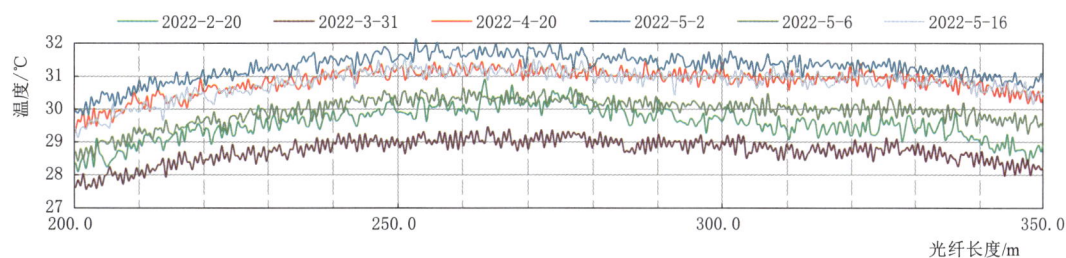

（a）高程411.00m水平段

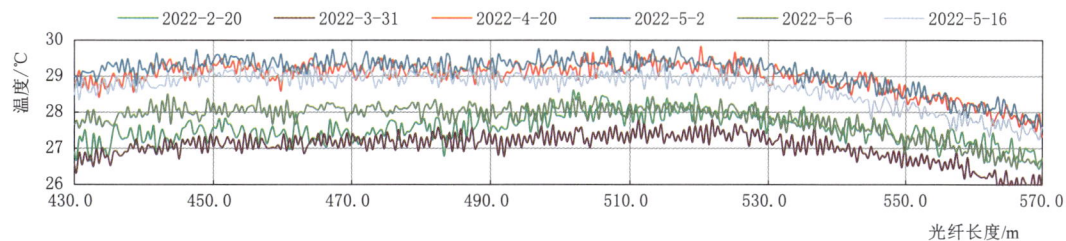

（b）高程416.00m水平段

图 10 - 19   通道 3 高程 411.00～416.00m 光纤测温分布图

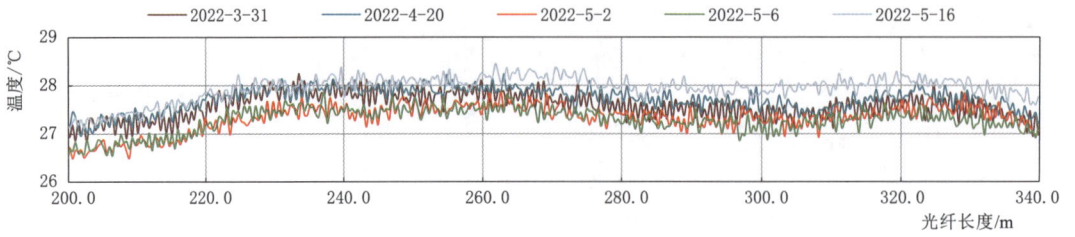

（a）高程423.60m水平段

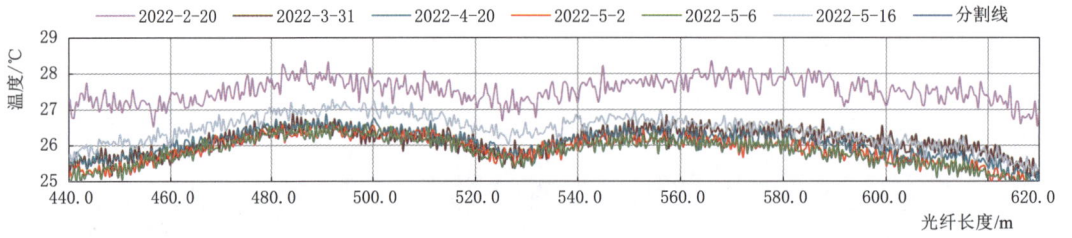

（b）高程429.60m水平段

图 10-20　通道 4 高程 423.60～429.60m 光纤测温分布图

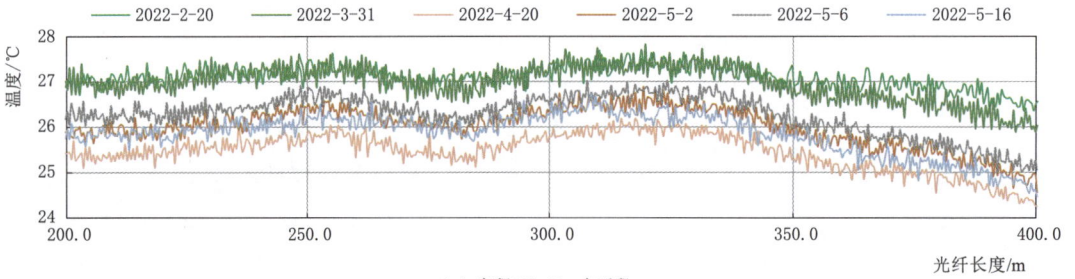

（a）高程435.00m水平段

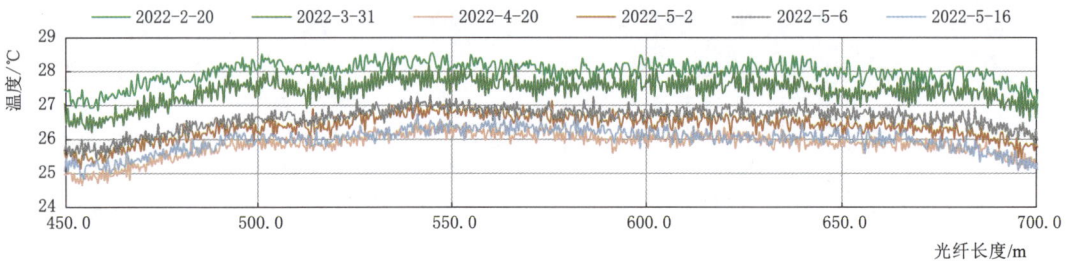

（b）高程441.80m水平段

图 10-21　通道 5 高程 435.00～441.80m 光纤测温分布图

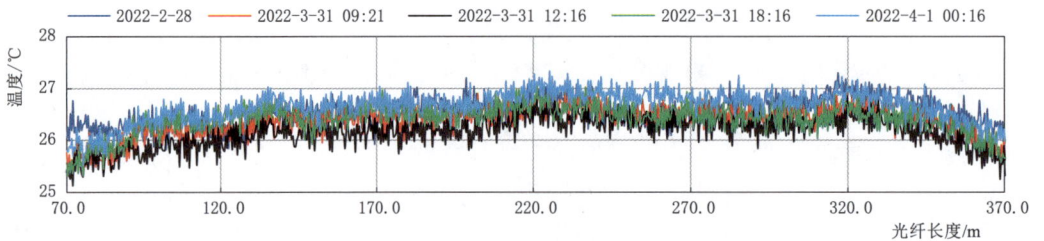

（a）高程447.30m水平段

图 10-22（一）　通道 6 高程 447.30～452.80m 光纤测温分布图

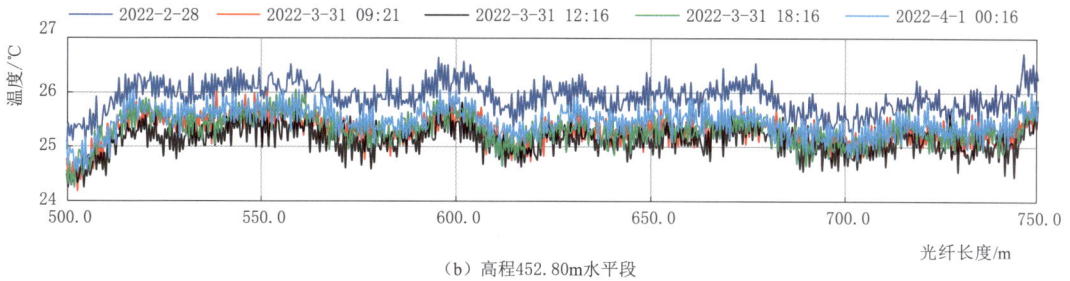

（b）高程452.80m水平段

图 10−22（二）　通道 6 高程 447.30～452.80m 光纤测温分布图

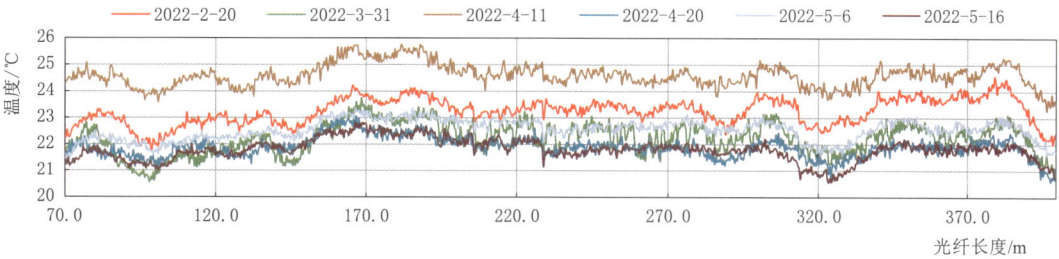

（a）高程457.00m水平段

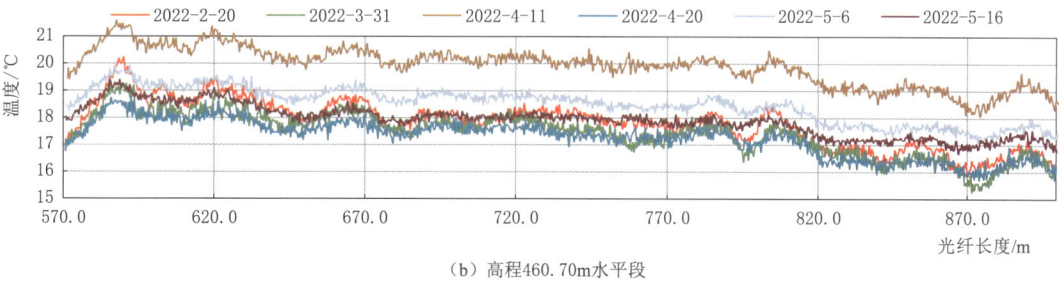

（b）高程460.70m水平段

图 10−23　通道 7 高程 457.00～460.70m 光纤测温分布图

10.5　结论

由于首次应用分布式温度传感光缆，各层光纤通道安装埋设良好，运行正常。整体来看，卡洛特水电站大坝心墙未见明显渗漏点，大坝光纤渗漏系统工作正常，整个系统的渗漏监测效果明显，为卡洛特水电站大坝心墙的渗漏监测情况提供了参考数据，为后续的同类工程项目应用提供了良好的借鉴，也为光纤渗漏监测系统工艺的进一步改进积累了宝贵的经验。

第11章
水电站强震监测技术及实践

11.1 卡洛特水电站区域地震概况

卡洛特水电站区域位于喜马拉雅造山带及新生带前缘坳陷等两大构造单元，次级构造单元上位于次喜马拉雅哈扎拉共轴褶皱体（HS）。区域范围内主要断裂由北向南分别是主地壳断裂带（MMT）、主中央逆冲断裂带（MCT）、主边界逆冲断裂带（MBT）和主前缘断裂带（MFT）等四条由北向南逆冲的断裂带及穆扎法拉巴德断裂带（MZF），其中MBT、MFT 及 MZF 均为第四纪活动断裂带。近场区无大的区域性断层通过，距坝址最近（26km）的第四纪活动断裂带为 MZF。

卡洛特水电站库区位于喜马拉雅山脉西构造结南侧的哈扎拉共轴褶皱体（HS）南部，一系列北西向和北东向褶皱在此汇聚，由北向南主要有帕兰迪（Pallandri）向斜、纳米欧萨（Nami Osal）向斜、纳米欧萨—森萨（Sehasa）复背斜、Karatot 向斜、Narwan 背斜。其中库尾的阿扎德帕坦大桥以上 6km 处于帕兰迪向斜的西翼，阿扎德帕坦大桥以下长约 8km 的河谷基本上沿纳米欧萨向斜及纳米欧萨—森萨复背斜的核部发育，近坝河段则沿 Karatot 向斜和 Narwan 背斜的接合部分发育。库区内区域性断层不发育。

区域内构造活动及地震活动强烈，区域构造稳定性差。在新构造运动时期，夹持在主边界断裂带（MBT）和主前缘断裂带（MFT）之间的近场区以整体间歇性抬升活动为主，内部差异性活动较弱，为构造稳定性相对较好的区块。区域内强震构造主要为 MBT 和 MFT，但强震主要发生在哈扎拉共轴褶皱体的东侧，共轴褶皱体西侧走向北西的断裂带历史上大震记录很少。近场区共记录到 4 次地震，最大震级为 5.0 级，其次为 4.7 级。这两次地震均发生在坝址东南方向，最近距离在 18km 以上。在以坝址为中心、半径 5km 范围内，共记录到 2 次地震，震级分别为 4.0 级、3.3 级。由此可以初步判断，近场区地震活动性水平相对较低。由此可见，地震的发震构造，5 级左右地震大致代表本区地震的活动水平。坝址主要遭受近场区内中强震及近场之外的中、远场强震的影响。

在现有地震目录中，共有 13 次地震在坝址的影响烈度不低于Ⅴ度，7 次不低于Ⅵ度，其中 2005 年 7.6 级地震的影响最大，达Ⅶ度，为最大影响烈度，见表 11-1。

表 11-1　　　　区域地震对坝址的影响烈度（影响烈度不低于Ⅴ度）

日　　期	经度（E）/(°)	纬度（N）/(°)	震级/级	距离/km	计算烈度/度
1555	75.500	33.500	7.6	176	6.5
1669-6-23	72.300	33.900	6.8	125	5.8
1852-1-24	73.500	34.000	6.2	46	6.4
1869-12-20	73.300	33.800	5.6	36	5.8
1885	74.380	34.600	6.3	132	5.0
1885-5-30	74.800	34.100	7.4	123	6.7
1885-6-6	75.000	34.000	6.8	136	5.7
1905-4-4	76.000	33.000	8.0	232	6.6

日 期	经度（E)/(°)	纬度（N)/(°)	震级/级	距离/km	计算烈度/度
1977 - 2 - 14	73.250	33.600	5.2	33	5.3
1978 - 5 - 7	73.530	33.440	5.0	19	5.6
2002 - 11 - 22	73.590	33.550	4.3	6	5.4
2005 - 10 - 8	73.590	34.540	7.6	105	7.3
2007 - 8 - 29	73.650	33.580	4.0	5	5.1
2019 - 9 - 24	73.730	33.990	5.8	69	4.0

注 表中 2019 年 9 月 24 日地震数据主要来源于有关部门报道，其他数据来源于卡洛特水电站工程场地地震安全性评价报告。场区 50 年超越概率 10% 的基岩地震动峰值加速度为 0.26g，100 年超越概率 2% 的基岩地震动峰值加速度为 0.51g，100 年超越概率 1% 的基岩地震动峰值加速度为 0.60g。坝址地震基本烈度按Ⅷ度考虑。

11.2 强震监测方案

卡洛特水电站强震监测系统共设置了 6 台强震仪，分别位于沥青混凝土心墙堆石坝坝顶和下游坝坡、泄洪控制段坝顶、电站进水塔塔顶、大坝右岸灌浆平洞和下游自由场地，见图 11 - 1。监测自动化系统完工后，强震系统作为一个独立子系统，也应并行成立独立的强震监测自动化系统，实现监测管理站集中控制和自动采集。

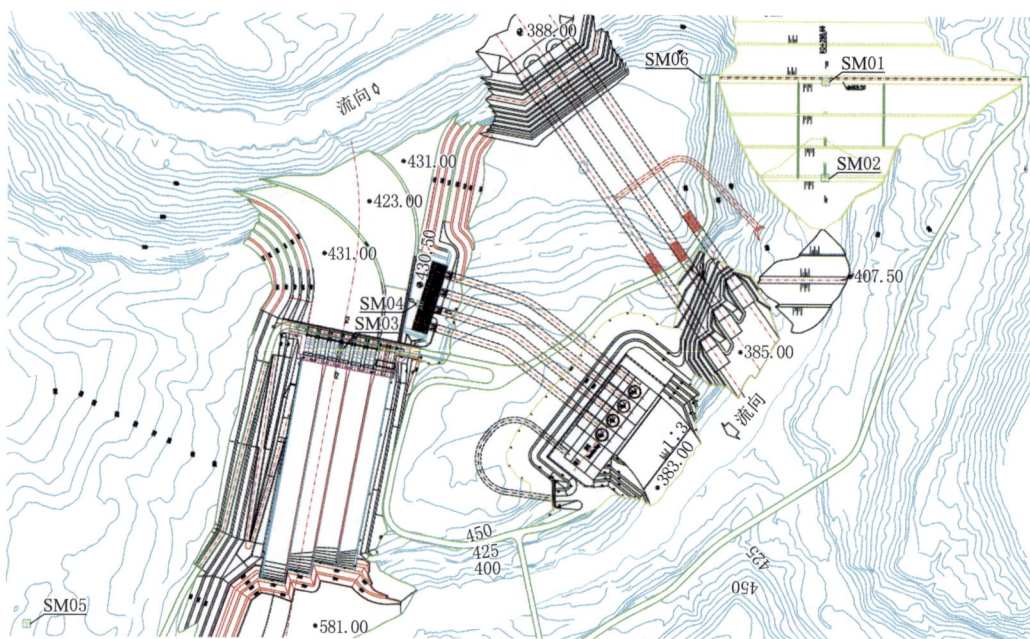

图 11 - 1 卡洛特水电站大坝强震测点平面布置图

强震监测主要仪器设备型号及指标要求见表 11 - 2。

表 11-2 强震监测主要仪器设备型号及指标要求一览表

仪器设备名称	型　　号	产品主要技术指标
加速度计	REMOS-LA02	(1) 三分向一体，力平衡电子反馈。 (2) 灵敏度为 2.5V/g（0.2549Vs^2/m），测试范围为 0.0005g～2.0g，横向灵敏度比＜1%，动态范围＞130dB，线性度为 0.1%
6 通道强震数据采集器	REMOS-DACAS06	(1) 采集通道数：6 通道（6 个高速采集通道）。 (2) 数据采集分辨力≥24bit。 (3) 数据采集动态范围≥135dB。 (4) 量程：±2.5V、±5V、±10V 或±20V 程控可选，两端平衡差分输入。 (5) 采集通道数字滤波器：通带波动＜0.01dB；阻带衰减＞135dB。 (6) 采集通道线性误差＜0.003%。 (7) 能够通过网络实时传输数据流，支持主动和被动模式。 (8) 采集通道自噪声＜4μV（在 24bitADC、±20V 量程时，测量频带 0.01～40Hz）。 (9) GPS 模块同步时，时钟精度＜100μs，时钟漂移≤1ppm；时间标准 UTC。 (10) 支持 0.2s、0.5s、1s 等多种数据打包方式。 (11) 采样率：1sps、10sps、20sps、50sps、100sps、200sps、500sps。 (12) 支持远程重启和固件升级。 (13) IP67 防护等级。 (14) 工作温度范围：-30～70℃。 (15) 内置超级电容，具备短时后备供电能力
3 通道强震数据采集器	REMOS-DACAS03	(1) 数据采集通道数为 3 路，A/D 转换为 24 位，输入信号满度值为±5V；双端平衡差分输入，动态范围＞130dB（采样率为 50Hz 时）。 (2) 授时：GPS 接收机，授时/守时精度＜1ms，通信接口：两个 RS232C 串行口，一个 10Mbit/s/100Mbit/s 以太网接口，自启动功能：具有自检、自动复位、重启功能。 (3) 通信协议：支持 TCP/IP 协议，支持基于网络协议的实时数据传输，支持 WWW 远程管理，支持 FTP 远程数据传输与管理，记录功能：支持连续数据和触发事件数据同时记录，记录容量及介质。 (4) 内置 20GB USB 硬盘或 2GB 的 Flash 存储器，工作温度：温度-20～55℃
强震专用电缆		低烟无卤屏蔽电缆 12×0.5mm^2，加速度计与强震记录仪连接电缆
UPS 不间断电源	1000VA/800W	输入电压 115～300V AC；额定容量　865W/1500VA
电源避雷器	40kA/275V-2P	电源避雷
信号避雷器	LDY-C/TER/5-24	信号避雷
千兆单模单纤光纤收发器	netLINK HTB-4100AB	传输距离 0～20km
交换机	SG95D-08-CN	8 口千兆交换机
服务器	ThinkServer TS250	服务器主机 E3-1225V6（4 核，主频 3.3GHz）16GB/2×1T/RAID1（包括服务器主机及显示器等）
强震分析系统		配套软件，用于数据记录、存储、分析

11.3　强震监测系统实施

沥青混凝土心墙堆石坝强震监测台阵设在坝的最高处，自由场地测点布设在大坝下游距工程区 1km 以内的河谷空旷地带，测点周围不受建筑和结构振动影响，且位于稳定基岩上。

本工程地震监测系统共需布设强震测点 5 个，其中：在坝顶和坝后高程 410.00m 平台各布设 1 个测点；另在溢洪道 7 号坝段坝顶、2 号机电站进水塔顶部和河谷自由场地各布设 1 个强震测点。每个测点各设 1 套强震加速度传感器，其传感器测量方向分别布设成水平径向、水平切向和竖向 3 个分量。

（1）加速度传感器固定安装在现浇的混凝土监测墩上。监测墩应与被测物牢固连接成一体。监测墩出露部分尺寸长×宽×高宜为 80cm×80cm×20cm，也可根据现场具体情况缩小尺寸。混凝土墩和监测物之间尽量埋设插筋，使其牢固连接。对于进水塔顶内不具备埋设插筋的地方，也应将混凝土地板凿毛 5cm 后再浇混凝土墩。

混凝土墩顶面平整度应优于 3mm，墩体要预留出导线穿线孔。安装加速度传感器时，将加速度传感器底板用黏合剂或螺栓加以固定，且应外加保护罩。固定前要注意调水平。安装方向按前述设计要求的方位定。

（2）传输电缆信号线采用多芯屏蔽电缆，加速度计与 3 通道（或 6 通道）强震记录仪之间的信号传输由电缆连接。各设有强震记录仪的观测站内要备有 220V 电源，并配备一组独立的备用直流电源（蓄电池），其容量应使仪器继续工作不低于 24h。

（3）各观测房内仪器的供电电源和通道线路应分别安装防雷设备。

11.4　强震监测成果的分析和研究

作为"一带一路"项目，卡洛特水电站大坝的安全运行受到巴基斯坦社会各界的关注，电站区域又是地震活动频繁，因此，大震过后，十分重视对强震资料的分析，其分析手段、方法、内容、精度显得尤为重要，其分析结果是判别大坝及枢纽建筑物在地震过程中是否受到损伤的重要参考资料。

强震监测系统触发参数的设定要准确记录大坝对地震的反映情况，就必须减少各种环境因素引起的误触发。在运行过程中，拾震器及强震记录仪触发参数的设定非常关键。如果触发阈值设置太低，会出现大量的误触发信息，造成强震记录仪存储单元容量不够，影响正常地震的记录。如果触发阈值设置过高，就记录不到有影响的地震信息，无法分析地震对大坝的影响程度。因此，在系统建设初期，应根据工程实际情况进行合理设定。水电站强震设备触发阈值设为 Ⅲ 度。

通过测定的地震加速度，可以快速反映地震对大坝的影响程度，结合水工建筑物变形、渗流以及震后检查资料，可快速提交震后反应报告，为运行决策提供较好的数据基础。各部位观测分量的实际最大加速度计算公式为

$$\alpha = A\beta$$

式中　α——最大加速度，cm/s^2；

A——最大幅值，count；

β——系统灵敏度，$cm/s^2/count$。

通过大坝不同部位测点对同一地震的响应程度，可以分析大坝对地震的放大效应和对大坝结构的影响程度。

在观测资料分析过程中，需要考虑本底环境噪声及设备自身工作过程中产生的噪声误差，水电站采用的强震设备经过多年的实践应用和技术创新，设备自身的噪声误差可忽略不计，借鉴国内其他工程的误差处理方法，当监测系统设备记录到一次强震事件后，在最短的时间内快速测出各个测点的现时背景噪声值，然后再在观测资料分析过程中扣除各个测点的现时背景噪声，消除背景误差的计算公式为

$$V_0 = (cnt_1 - cnt_2)\frac{V_C}{bit}$$

式中　V_0——消除背景噪声后的电压值；

cnt_1、cnt_2——监测系统记录的强震信号值和背景噪声 count 值；

V_C——监测系统 A/D 芯片电压值；

bit——系统分辨率。

卡洛特水电站强震监测系统在下闸蓄水前开始投入运行，截至 2023 年 6 月，共监测到 6 次 5 级以上的有感地震，水平向测得的地震加速度最大值为 20.0gal，竖向测得的地震加速度最大值为 2.6gal，小于《水工建筑物强震动安全监测技术规范》（DL/T 5416—2009）要求的震害检查值 25gal。地震后，通过对坝址区域的水工建筑物和工业建筑设施的巡视检查未发现异常现象，经过对水工建筑物内安装监测仪器的跟踪观测数据分析，监测数据变化正常，各水工建筑物运行正常。卡洛特水电站下闸蓄水后监测到的地震加速度最大值见图 11-2。

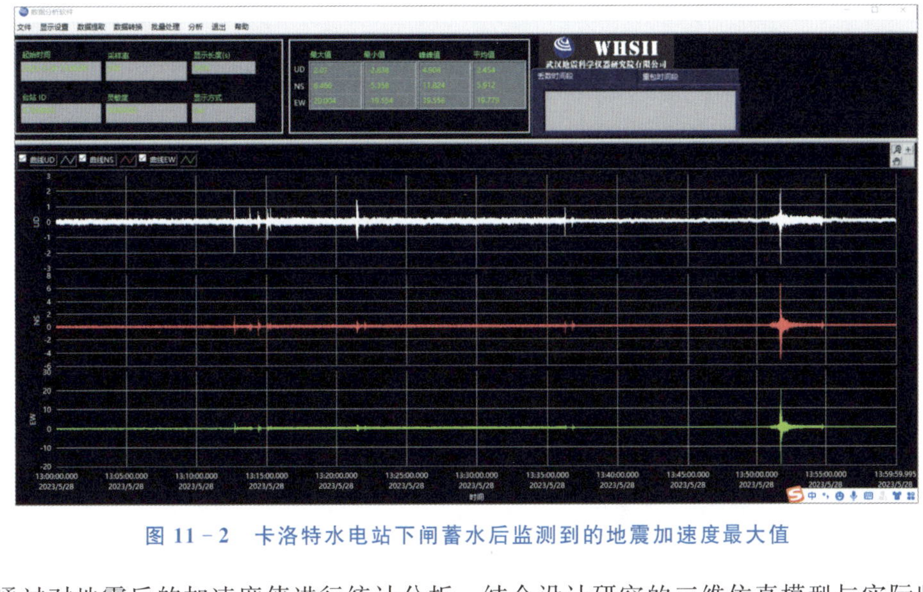

图 11-2　卡洛特水电站下闸蓄水后监测到的地震加速度最大值

通过对地震后的加速度值进行统计分析，结合设计研究的三维仿真模型与实际监测的数据进行对比，进一步研究有感地震对水电站运行安全的影响。

第12章

安全监测管理创新

12.1　管理体系构建

12.1.1　资源配置

（1）注重挑选具有丰富操作经验的工程技术人员参与实施监测项目的土建、仪器采购、检验验收、埋设安装、电缆敷设、设备调试、观测及资料整理等工作；实施该项目的工作人员须经严格培训考试合格后才能上岗。

（2）人力资源在确保工程施工进度的前提下，全面实行动态化管理，做到紧张有序。

（3）配备的所有工作人员应具有高度的责任心和质量意识，并密切配合委托方的工作。

卡洛特安全监测施工人员投入数量详见表12-1。

表12-1　　　　　　　卡洛特安全监测施工人员投入数量表

年　度	人　数					备　注
	管理人员	技术人员	熟练工	辅助工	合计	
第1年（2016年）	2	2	3	5	12	熟练工、辅助工为工地现场雇请的巴基斯坦劳务人员
第2年（2017年）	2	2	3	7	14	
第3年（2018年）	2	2	3	7	14	
第4年（2019年）	2	2	3	7	14	
第5年（2020年）	2	2	3	7	14	
第6年（2021年）	2	2	3	7	14	
总计	12	12	18	40	82	

12.1.2　质量管理体系

在监测仪器的安装埋设施工中，建立了施工班组初检，项目负责人、质量部终检，业主工程师最终验收确认的质量检查验收体系。技术部负责设计图纸及现场变更的审查，试验中心对现场的施工材料、半成品等进行抽样检测，确保原材料满足要求。

为确保各项目施工质量满足合同及规范要求，在质量管理控制过程中，能够做到管理有办法，项目部按照经理部下发的《巴基斯坦卡洛特水电站质量管理考核管理办法》等制度，组织对现场施工人员及作业班组进行了培训宣贯。

12.1.3　安全管理体系

监测仪器安装埋设施工的安全管理按照《水利水电施工企业安全生产标准化评审标准》的规定，严格过程控制，加强组织管理，有效地达到了安全管理目标。

项目部建立有完善的安全管理体系，成立了以项目经理为第一责任人的安全管理组织机构，并明确了安全生产职责，成立了安委会及安环管理部。各主要负责人及安全管理人员均有安全资格证。

根据"党政同责、一岗双责、齐抓共管"的安全管理原则，以预防生产安全事故为重点，狠抓责任落实。在安全监测仪器的安装埋设施工期间，项目部以安全生产"四个责任体系"（全面安全生产责任体系、安全生产实施体系、安全技术保障体系和安全生产监督体系）为核心，健全从项目部主要负责人到一线岗位员工的安全生产责任制；与各作业班组、各员工签订安全生产责任书，并层层落实到个人；将安全生产"四个责任体系"延伸至作业班组，落实到生产一线安全责任，形成健全完善的安全生产责任体系。

12.1.4　质量控制

在项目施工过程中努力加强事前及事中监管，通过质量巡检、专项检查监督等方式，对施工现场工程质量进行监控，提高了工程质量。

1. 深入开展图纸会审、技术交底工作，做好事前质量控制

施工前，质量部组织各部门认真讨论、研究图纸，对图纸中发现的问题及时与设计单位沟通，做好施工项目的技术优化；与此同时，在施工方案通过审批后，组织施工管理人员、作业人员进行技术交底，使大家更加详细地了解施工项目的特点，明确规范要求、质量标准、控制要点、施工程序与方法。

2. 加大质量巡视检查，做好事中质量控制

为了加强对关键部位、关键工序的控制，制止不规范施工工艺，保证施工质量，项目部制定了质量问题整改制度。在日常检查中发现存在的质量问题，立即进行纠正或签发整改通知单，责令责任单位对其限期整改，质量部对其整改情况及时进行复查。

3. 加强质量缺陷的整改力度，做好事后质量统计分析

施工过程中个别部位出现了质量缺陷与通病，比如仪器保护不到位、安装埋设位置偏差等问题。质量部针对易发的质量缺陷及通病，及时进行了统计、分析，积极研讨整改处理措施、预防措施，定人定时间进行处理，并防止类似问题再次发生。

项目部根据《土石坝安全监测技术规范》（DL/T 5259—2010），并结合工程建设实际情况开展了仪器安装和埋设施工质量通病防治培训。通过质量通病的培训，使员工们对以前的安装埋设、保护、电缆牵引、例行观测、资料分析等质量通病有了一定的了解，对质量通病的性状和原因有了一定的认识，使其在施工过程中能够尽早发现并及时处理解决，防止质量通病的发生，提高施工质量。

4. 严肃质量监督检查程序，认真落实"三检制"

在质量控制过程中严格实行"三检制"，即：作业班组初检，质量部现场质检人员复检，经理部、质量管理部终检，业主工程师最终验收确认。在质量检验过程中，采用初检、复检人员与工作面一对一的对应关系；初检验收合格→复检→复检验收合格→终检→终检验收合格→业主工程师最终验收确认。通过层层严把验收关，有效落实"三检制"，为水电站质量目标完成奠定坚实的基础。

12.2　质量和安全管理实践

12.2.1　质量管理实践

经理部、质量管理部联合项目部组织对各施工工序班组人员开展了提高质量意识及质

量知识的宣贯和培训，邀请各工种高级技工对现场工艺难点进行讲解，从实践操作方面提高工程质量控制水平。通过专题分析、讨论，质量教育、培训等形式，使各级各类人员对项目质量要求有了进一步的认识，质量意识得到明显提高，现场施工质量得到显著提升。

2019年9月溢洪道控制段垂线孔开始钻孔施工，在钻孔施工前组织钻孔机组人员、质量部和现场管理人员进行了全面技术交底，使项目部全体参建人员熟知作业内容及质量要求，第一个孔钻孔完成后进行总结，对在钻孔过程中存在的问题讨论制定出解决方案，保证钻孔成孔质量满足设计要求。利用钻机组队员下班休息的时间，组织作业班组进行专业技能培训和质量通病学习教育，通过培训和学习，作业人员质量意识有了一定的提高，施工质量得到明显提升。溢洪道控制段 IP04SCS 倒垂孔钻孔过程中的有效孔径测量过程照片见图 12－1，计算成果见图 12－2。

图 12－1　溢洪道控制段 IP04SCS 倒垂孔钻孔过程中的有效孔径测量过程照片

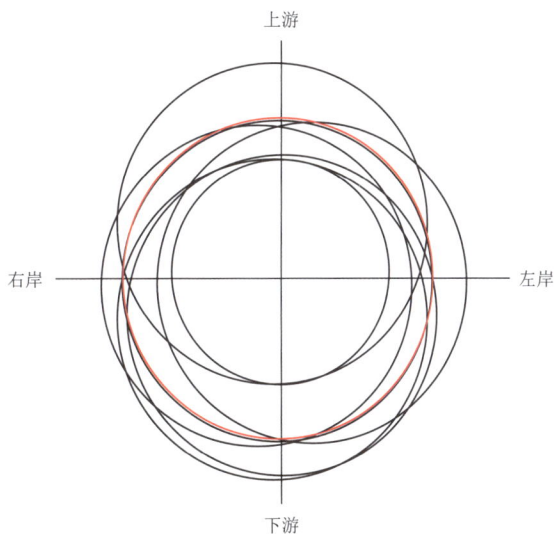

图 12－2　溢洪道控制段 IP04SCS 倒垂孔安装孔内保护管后的有效管径计算成果

深入贯彻落实经理部文件的相关要求，结合项目工程实际情况，精心策划，有目的、有计划地组织开展"质量月"系列活动。通过"质量月"活动的开展，加强了项目部全员质量意识，增加了质量责任心，进一步落实了岗位质量责任制，提升了整个项目的工程质量管理水平，使质量管理工作更加科学化、规范化。"质量月"活动期间，组织管理层、作业层人员对质量体系与工程相关规范、视频进行了学习，并就"提升供给质量，建设质量强企"进行了探讨。

12.2.2　安全风险识别与控制

项目部每月召开安全风险分析会，对安全监测仪器安装埋设区域全面开展危险源辨识、评价和控制措施的完善工作，并依据现场条件发生变化、发现的隐患，及时修订、补充和更新有关内容，实行动态管理。沥青混凝土心墙堆石坝区域累计发现较大危险源一项，已对辨识出的危险源制定了相关的安全控制措施。

安全环保部为加强对现场隐患排查力度，制定了《安全培训管理与安全奖罚实施细则》，对及时发现现场隐患的人员给予奖励，对不按期整改的作业队伍予以处罚。从实施细则颁发至今，项目部每天都会收到可能的安全隐患，现场安全隐患得以排查出来。积极督促安全管理人员落实安全隐患整改，督促安全管理人员对隐患排查情况进行及时汇总及跟踪管理，对于现场整改的反馈做好实地验证，使安全管理达到闭环。同时，还根据特定的时间、季节的变换、事故的举一反三等发动全员力量，开展全员安全管理、专项安全隐患排查工作，并对员工排查情况进行汇总，明确整改责任人、整改时间，安排专人进行验证闭合。

12.3　管理创新

12.3.1　员工属地化管理

巴方员工对中国技术标准缺乏了解，对招聘的巴方员工需要持续开展专业技能培训，让他们熟练掌握中国标准和技术要求，提升巴方员工的专业技能水平，规范标准化操作流程。

以事故案例为教材，让巴方员工养成良好的安全习惯，杜绝违章现象，使他们在工作过程中遵守安全管理制度，提高员工的质量安全意识，与中方员工凝聚共识，形成良好的安全生产局面。

针对施工现场检查发现的各类质量安全问题，组织巴方员工共同动手处理，以干代训，在实际问题的处理过程中提高质量行为能力与技能水平。

12.3.2　技术合作与交流

针对溢洪道控制段混凝土浇筑施工过程中存在的裂缝问题，经理部每周组织开展混凝土温控会议，对本周浇筑的混凝土温控效果进行施工总结并针对性地改进。在混凝土与岸坡的接触缝灌浆施工期间，持续跟踪观测裂缝的开度变化情况，在周例会上进行讨论、分析，供施工参考，为接触缝的灌浆施工提供科学依据，保证灌浆施工质量。

在大坝下闸蓄水期间，严格按照规范要求的观测频次，制定了科学合理的观测方案，及时对观测数据进行整理分析，在每周的生产例会上汇报监测资料的分析成果，为大坝的蓄水安全提供参考数据。

项目部先后参与了控制段混凝土温控质量专题会、混凝土接触缝灌浆施工质量专题会、混凝土裂缝等缺陷处理专题会、蓄水安全鉴定专题会议、蓄水期间观测成果分析专题会议等。通过这一系列的专题会议交流，安全监测数据为设计方案和施工质量提供了参考依据，保证了工程施工安全和进度，达到了安全监测设计的目的。

第13章
国际项目安全监测工程实施经验

13.1　国际项目安全监测工程实施难点

13.1.1　适应国际项目业主及业主工程师管理及工程理念

卡洛特水电站是按照中国技术标准建设的工程项目，安全监测的仪器及其安装埋设等相关技术要求均按照中国的行业规范和技术标准执行。但由于现场负责施工及质量监督的业主工程师是在当地聘请的，他们对于中国标准的理解存在差异，通过沟通和磨合，逐渐取得他们的信任。同时将常用的中国特色行业规范和术语进行翻译后提交给业主工程师，他们在现场对施工质量控制方面按照翻译后的规范进行监管，提高了工作效率并创造了相互理解的工作氛围。

业主工程师工作严谨、精益求精、尊重科学，注重细节，这一点是值得我们学习的地方。

13.1.2　适应地方风俗习惯

巴基斯坦全国 97％ 的人口信奉伊斯兰教，其中，逊尼派人数占全国穆斯林的 90％。因此，当地的穆斯林习俗特别浓厚，在工作生活中应注意尊重当地的宗教信仰和风俗习惯。

穆斯林习俗中最重要的事情是每天需要做礼拜，平均每 4 小时一次，每周五中午是这一周最重要的礼拜时间，每年有一个月时间是他们的斋月时间，斋月期间在当天的太阳出山后和下山前是不能进食和喝水的，每天晚上需要做三四次礼拜。为了尊重员工的宗教信仰和风俗习惯，每天需要给他们安排集中的礼拜时间，营地内需要给他们安排集中的礼拜地点；在卡洛特水电站施工期间，每年的斋月都是在夏季，白天的气温高达 48℃，尽量少安排些户外工作，使他们能够维持一天的体力，白天都是在早上 5、6 时开始上班，上午 11 时左右下班，下午在室内休息。

2020 年 3 月开始，新冠疫情传播到巴基斯坦首都伊斯兰堡，卡洛特水电站施工现场也逐渐开始严格管理疫情防控的相关工作，施工区域开始封闭管理，本地员工不准回家，员工回家休假返岗前必须到指定的核酸检测机构去检测，检测结果合格后到指定的酒店隔离 14 天，隔离 14 天后再请检测机构到隔离酒店去取样检测，检测结果合格后才能进入工地现场，到达工地现场后，再送到营地内集中隔离的房间进行 7 天的隔离，期间每 2 天检测一次，隔离期结束后，再进行取样检测，最终检测结果合格者才能参加现场的日常工作；工作过程中需要佩戴好口罩，注意观察体温，并参加每周的例行核酸检测工作，确保及时发现症状，及时采取隔离措施，尽可能避免对其他人员造成感染风险。

新冠疫情的防控增加了项目的开支成本，部分员工因无法承受疫情的严格管控措施而辞职，留下来的员工我们采取了奖励政策；因为疫情形势越来越严重，大部分本地员工都在施工现场坚守了一年时间才回家休假，中方人员在现场坚守了一年半时间才轮流回家休假；同时，我们也安排了专人负责疫情的防控工作。最终，疫情防控工作取得了全面的胜利，但总体的工程施工进度滞后了约一年半时间。

13.1.3　属地员工的培训与交流

巴基斯坦与我国在传统文化背景、宗教信仰、生活习惯、社会环境等方面有诸多不同，我们存在较大的文化差异。

巴基斯坦的大型水电工程项目相对偏少，属地员工信仰伊斯兰教，工程建设的熟练工种人员较少，往往需要现场培训。属地员工的工作特点是流动性强、临时性强。

卡洛特水电站工程的施工，需要在本地招聘大量的劳务工人来完成各种施工任务，需要本地劳务工人具备一定的专业技能，能够独立完成相关的技术工作。其中，安全监测施工就需要从这些劳务工人中选择一部分既具有土建工程施工经验，又有一定文化水平和英语基础的综合型工人，这部分工人是以工程师的岗位招聘录用的。普通的劳务工人因不懂英文，文化水平相对较低，与他们的沟通交流需要请工程师兼作翻译（乌尔都语），只能做一些监测仪器安装埋设的辅助工作。

因为本地市场没有专业且熟练的劳务工人，需要招聘进场后从基础的理论知识开始培训，施工过程中逐渐培养进步；为进一步规范企业对施工人员的安全培训教育，确保员工具备相应的安全风险防范与处置的意识和专业技能，能够安全有效地履行岗位职责，确保中国企业在境外业务开展过程中的安全运行，需要对本地招聘的员工开展安全生产知识培训和专业的技能知识培训，使员工能够熟练掌握生产过程中的安全知识和专业技术，保证能够独立完成常规的监测仪器安装埋设工作。同时，还需要定期对培训的项目及现场的工作内容进行考核，使其所具备的安全意识和专业技能有助于提升安全绩效和施工项目的质量。

13.1.4　在国外使用备品备件及材料加工对监测项目的影响

一是关税居高、市场物资短缺、相关工业企业少等导致当地材料和设备采购困难，当地商业交易限制比较多。二是巴基斯坦主要采用英国的建筑标准和技术规范，而这种标准和规范的简单移植存在很多缺陷，难以在当地采购到符合中国技术规范要求的高品质建筑材料。

在监测仪器安装埋设前需要准备一部分备品备件，以备监测仪器在安装埋设过程中损坏后及时修补、替换，保证不影响土建工程施工进度，同时保证监测仪器埋设的完好率。在监测仪器的安装埋设过程中，需要使用一部分加工件，配合监测仪器的安装埋设。加工件的材质要求不同于日常的建筑材料，因为是用于永久工程项目，对于加工件的加工精度要求高，但加工过程中的语言沟通交流困难、加工点距工程项目较远、加工后的成品运输不及时等原因均会影响到监测仪器的安装工作。

13.1.5　巴基斯坦对外委托服务项目对监测项目的影响

卡洛特水电站安全监测施工项目中的部分土建施工和配套设施施工项目需要大量专业的劳务工人和专业的施工设备，且要在当地采购施工材料，在当地委托具有相应施工资质的本地施工单位完成，如施工营地建设项目、监测仪器的钻孔施工项目等。

当地的施工单位与国内的专业施工单位不同之处在于：

（1）本地工人习惯于运用巴基斯坦标准，不注重施工进度，只关心施工质量，而对外委托的这些施工项目均是按照中国标准施工建设，注重施工质量的同时也要抢抓施工进度。

（2）当地施工原材料的规格型号和市场价格均不同于中国，且都是用当地货币卢比计价结算，但我们在向上级部门汇报申请项目成本费用时均使用人民币，涉及不同货币的汇率换算问题，因此均需按照签订对外委托合同时的市场汇率进行计算。对外委托合同签订后需要先收到预付款再安排施工人员及设备进场。

（3）由于巴基斯坦国内的经济持续下滑，施工过程中原材料价格持续上涨，施工方采取故意拖延施工进度的方法来间接解决施工材料及人工涨价的问题，要求给予部分补偿。

13.2　卡洛特水电站安全监测工程施工难点解决方案

随着监测项目施工的不断推进，我们也在不断适应国际项目的工作节奏、总结经验，对有别于国内监测实施的难点问题形成有策略的应对机制，在工作中不断完善解决，具体如下：

（1）业主工程师（澳大利亚雪山公司）对于中国的安全监测技术标准和中文缺乏了解，专业术语沟通困难，不同工程部位及不同专业的业主工程师对监测有着不同角度的理解。

应对措施：在工程现场、业主工程师办公室、营地等不同地点，通过与巴方工程师的语言交流，证明我们的施工方案满足技术标准和设计要求的，在业主工程师的监督下取得了现场施工的签证与认可（图13-1）。

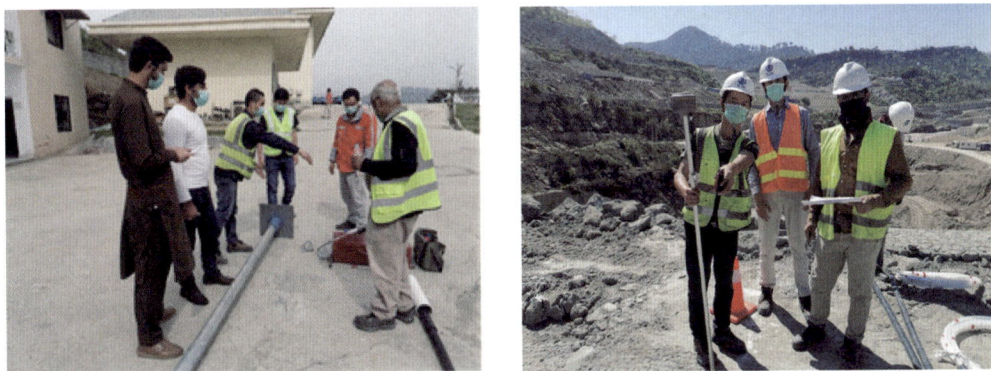

图13-1　现场向业主工程师介绍讲解钢丝位移计的安装步骤

（2）巴基斯坦是极具民族特色、地方风俗国家，当地人大多信奉伊斯兰教，地方性节假日比较多，工作和生活习惯与中方员工差异较大，地方政府劳动管理部门和工会对项目上的巴方员工管理会定期检查和回访，中巴方员工一起工作，除了语言（英语、乌尔都语、汉语）沟通障碍，还有专业技能培训方面的专业术语解释困难等。

应对措施：尊重巴方员工的宗教习惯，合理安排工作时间，生活上多关心，节日互致问候，体现中巴友好（图13-2～图13-4）。

（3）现场安装埋设的监测仪器及设备主要从中国采购进场，因此从设备订货到进场验收正常时间约90天，如有需定做加工的仪器设备，则时间更长，导致仪器设备的采购周期较长。

图 13－2　引入中方安全生产管理"班前会"

图 13－3　巴方员工经过培训后专业技能显著提高

图 13－4　巴基斯坦"宰牲节"中方员工
慰问并与"巴铁"一起庆祝

应对措施：针对这个问题，我们及时和审图的业主工程师加强沟通协调，常用的普通仪器设备及电缆提前储备，在设计草图阶段，尽量提前准备监测仪器设备的采购计划，在各工程部位结构图纸的设计阶段同时开展监测仪器设备布置的设计工作，便于预留充足的采购时间，保障仪器安装埋设的施工进度。

（4）2021 年由于巴基斯坦新冠疫情仍未完全控制，项目现场严格控制进场人员数量，精减各岗位人员配置，进出工区的施工人员严格执行疫情防控隔离制度，施工现场落实疫情防控责任，预防人员聚集交叉感染，影响现场的施工进度。

应对措施：在确保疫情防控安全的前提下，满足必需岗位的人员配置需求：首先保证施工作业面上的仪器安装及电缆牵引保护工作；其次保证对重点监测部位的观测频次及资料分析，确保施工和监测工作可以无缝衔接，最大限度减少对安全监测工作的影响（图 13－5）。

图 13－5　疫情期间防范与工作两不误

应降低对本地分包商的期望值，摈弃"以包代管"的管理方式，加大对分包商的指导和监督力度以保证工期和质量。对外委托给有丰富管理经验且资质雄厚的承包商，避免不必要的麻烦和损失；在项目部内安排英语水平较好的当地工程师来监督对外委托分包商的施工进度，用巴基斯坦人的思维和方式来执行中国标准。

13.3　卡洛特水电站安全监测工程实施进展及监测系统运行情况

安全监测的仪器安装埋设施工是紧紧围绕土建工程的总体施工进度进行安排的，具体实施时，根据卡洛特水电站工程土建施工进度编制安全监测进度计划，并根据土建进度动态调整。

在仪器埋设前，按要求认真做好仪器率定、电缆连接、安装前定位、土建工作及相关的资料准备，待现场土建施工达到仪器埋设部位高程或断面时进行仪器安装埋设，然后进行保护，并随大坝填筑施工进行电缆、测管的牵引与加高，仪器埋设后即按设计要求进行观测，取得观测数据后及时进行资料处理分析，并编制观测资料处理分析报告。若土建施工进度发生变化，及时调整安全监测施工进度计划，控制性进度计划如下：

2016 年 5 月—2017 年 4 月，导流洞进、出口边坡及导流洞洞身仪器设备的安装埋设。

2017 年 1 月—2021 年 8 月，溢洪道左、右岸边坡监测仪器设备的安装埋设。

2018 年 4 月—2020 年 3 月，溢洪道控制段监测仪器设备的安装埋设。

2017 年 12 月—2020 年 6 月，水电站进水口、厂房边坡监测仪器设备安装埋设。

2017 年 1 月—2020 年 6 月，引水洞洞身及厂房机组监测仪器设备安装埋设。

2018 年 12 月—2021 年 10 月，大坝基础及填筑体内部仪器设备的安装埋设。

2021 年 8 月—2021 年 11 月，大坝外部变形监测仪器设备、观测站房的修建。

2021 年 11 月—2022 年 6 月，大坝蓄水期加密观测、机组投产发电。

2022 年 7—12 月，枢纽区观测仪器设备安装完成，土建工程完工。

2023 年 1—12 月，安全监测自动化系统施工，工程项目竣工资料整理。

13.4　卡洛特水电站安全监测工程亮点

13.4.1　河湾地块渗流监测及评价

（1）河湾地块山体单薄，宽度较窄，局部存在分布于砂岩中的规模相对较大裂隙，加之岩层向下游倾斜，水库蓄水后宏观上存在库水穿越天然河湾地块向下游产生渗漏的条件，因此有必要在河湾地块布置水位观测孔进行长期观测。

（2）在河湾地块关键部位增设渗流监测设施，及时掌握蓄水前、蓄水过程中、蓄水后河湾地块地下水特征，为后续可能出现的渗漏问题做好预警。

（3）施工与蓄水可能改变河湾地块的水文地质条件，需要结合河湾地块补充渗流观测孔压水试验、引水洞和导流洞围岩固结灌浆压水试验成果等进一步验证河湾地块地下水位、岩体渗透性等水文地质条件，确定河湾地块岩体防渗可靠性。

（4）受建筑物开挖影响，河湾地块的水文地质条件发生了一些变化，局部岩体地下水位降低，透水率增大，需要根据河湾地块现状，复核分析位于河湾地块的大坝右岸和溢洪道左岸帷幕端点的可靠性。

（5）引水洞、导流洞为钢筋混凝土衬砌结构，运行期间可能发生混凝土结构开裂的情况。需要进一步从工程地质条件、结构稳定性、衬砌结构封闭性、围岩处理措施等方面，分析蓄水后内水外渗的可能性及影响。

（6）为及时全面掌握蓄水后河湾地块地下水渗流场特征及演变趋势，需建立三维地下水渗流模型，对该区域内防渗措施效果进行复核研究，并开展河湾地块地下水演变趋势分析研究。

工程建设中，渗流问题对工程的安全和效益有着重要的影响。基于上述问题，开展卡洛特水电站河湾地块三维渗流计算及蓄水安全分析专题研究是十分必要的。研究成果可为河湾地块渗漏趋势预测及后期可能采取的渗控措施提供依据，以确保枢纽长期安全运行。

13.4.2　1 号渣场安全监测及稳定性评价

1 号渣场位于大坝左岸下游约 550.00m 的 6 号冲沟内，为沟道型渣场，占地面积 15.37 万 m³，规划堆渣高程 399.00～505.00m，容渣量约 420 万 m³，主要堆存大坝、导流洞、溢洪道开挖及下游围堰拆除、厂房尾水围堰和溢洪道预留岩埂拆除弃渣。1 号渣场防护措施主要包括拦挡工程、防洪排导工程（排洪沟、周边截水沟和渣底盲沟）、斜坡防护工程、土地整治工程、植被恢复与建设工程。

1 号渣场的布置位置比较特殊，在厂房发电尾水的正对面，渣场的滑坡可能对厂房的安全运行产生影响；1 号渣场的料原均为泥岩和建筑垃圾，渣场自身的稳定性相对较差，需要通过安装监测仪器对弃渣体进行永久监测。

在 1 号渣场布置监测设施的目的是通过对 1 号渣场施工及运行全生命周期的持续监测，采集渣场边坡变形效应量的初始值和变化过程数据，并进行及时分析处理，从而对 1 号渣场的稳定性做出评价。当发现 1 号渣场监测数据出现异常或影响渣场稳定的不安全因素时，及时向管理部门发出预警，并为制定处理措施和处理决策提供依据。

2017 年 9 月，根据《卡洛特水电站工程 1 号渣场设计图纸审查会议纪要》（KLT-KY-19-2017）中"因前期渣场分层摊铺厚度超出设计要求，设计时请考虑在 1 号渣场内部设永久监测设施"，长江勘测规划设计研究有限责任公司按该要求对 1 号渣场进行了安全监测方案设计。

经与相关部门多次沟通，于 2018 年 3 月上报了 1 号渣场安全监测仪器布置方案（第一版），共布置表面变形观测点 10 个，拟采用前方交会法及水准法进行观测。2018 年 9 月收到业主工程师的回复文件，要求增加表面变形观测点布置密度。按照业主工程师回文要求，长江勘测规划设计研究有限责任公司提出了 1 号渣场安全监测仪器布置方案（第二版），又增加了 15 个表面变形观测点（共 25 个）。

2018 年 10 月 29 日，发包方在北京组织召开了《卡洛特水电站项目 1 号存弃渣场安全监测设计方案》咨询会议。会议基本同意《卡洛特水电站项目 1 号渣场安全监测设计方案》，建议根据《水电工程渣场设计规范》（NB/T 35111—2018），结合渣场稳定计算成果，以临河侧边坡作为监测重点，适当加密外观测点，在关键监测断面中下部增设深部变形和内部渗压监测设施，并在 1 号渣场底部的盲沟出口增设水量测量设施。

在 2018 年 11 月再次召开会议，要求重新修改并提交 1 号渣场安全监测仪器布置方案（第三版），于 2019 年 1 月获得业主工程师审批通过。

13.4.3　沥青混凝土心墙新型渗漏监测技术及实践

光纤渗漏的监测技术应用在大坝沥青混凝土心墙下游侧，属于新型的渗流监测技术，在国内的水电工程上成功的应用案例也很少，在卡洛特水电站中属首次在海外工程中运用这项新技术。

心墙渗漏是沥青混凝土心墙堆石坝的常见病害，也是安全监测需要掌握的重要监测目标。近年来，快速发展的光缆技术为沥青混凝土心墙堆石坝的渗漏监测提供了全新解决方案。通过开发和建设光缆渗漏监测系统，可以捕捉到心墙的渗漏点位置，提高心墙堆石坝的渗漏监测水平，将渗漏危害消除在早期萌芽状态，从而防患于未然。

坝体渗漏水监测采用铜网内加热温度感测光缆。埋设于岩土体中具有内加热功能的温度感测光缆，在恒定电流作用下，根据欧姆定律，会以额定功率产生热量，光缆被加热后会对周围岩土体发散热量，光缆以及周围的岩土体也被加热至一定温度。渗漏发生将导致光缆局部出现低温区，从而识别渗漏区域。

沥青混凝土心墙顶部高程 468.70m，梯形结构设计，顶部有高度为 70cm 的等厚段，厚度为 60cm，向下逐渐加厚，心墙变厚段上、下游坡度均为 1∶0.004；心墙底部为 3m 高的大放脚，大放脚上、下游坡度均为 1∶0.3。大放脚与高 2.0m 的混凝土基座相接，相接部位采用半径为 496.7cm 的圆弧设计。

在沥青混凝土心墙后约 10cm 的过渡层中铺设铜网内加热温度感测光缆（以下简称渗漏监测光缆），从混凝土基座上部高程 391.30m 至高程 461.00m 之间，每间隔约 5m 水平布设一层渗漏监测光缆，每两层形成一个测温回路（即两层采用同一根光缆，光缆两端头分别由左右两侧贴近岸坡绕至上层）。各回路光缆端头贴右岸边坡向上牵引。在坝体下游侧右岸桩号 K0+430.00，高程 462.00m 处设置一座观测房 OS-4，渗漏监测光缆牵引至该观测房集中观测。牵引过程中光缆外套镀锌钢管保护，并在管内预留一定的变形余量，钢管表面每间隔 5cm 密钻小孔方便外水流动。光缆埋设利用坝体分层填筑的间歇期施工，当坝体填筑至渗漏监测光缆埋设高程时，开挖深度大于 15cm，宽度 30～40cm 的 V 形槽，将渗漏监测光缆外套镀锌钢管放入 V 形槽，再用过渡料回填压实。沥青混凝

图 13-6　沥青混凝土心墙下游侧防渗光纤安装埋设过程

土心墙下游侧防渗光纤安装埋设过程见图 13 - 6。

13.4.4 强震监测技术

巴基斯坦政府没有建立地震监测系统，对地震数据没有完整的参考资料，地震灾害对水电站的安全运行影响没有相关的借鉴经验；卡洛特水电站工程是按照中国技术标准要求修建的水电工程，相关要求参照中国技术标准执行，首次在巴基斯坦开展地震对工程建筑的影响监测，为该流域同类工程提供了可参考的经验。

根据中国地震局地质研究所完成并通过国家地震安全性评定委员会咨询的《巴基斯坦卡洛特水电站工程场地地震安全性评价报告》，场区 50 年超越概率 10％的基岩地震动峰值加速度为 0.26g，100 年超越概率 2％的基岩地震动峰值加速度为 0.52g，100 年超越概率 1％的基岩地震动峰值加速度为 0.61g。坝址地震基本烈度按Ⅷ度考虑。

13.5 工程总体安全评价

（1）目前，大坝沉降和顺河向水平位移的趋势均未收敛，填筑料的不均匀沉降导致下游坡面的浆砌石护坡出现不规则的裂缝，坝体内部和表面的累计变形量随着时间的发展在逐渐增大，但增长速率与蓄水过程中相比有所减缓，测值所反映的坝体垂直位移及水平位移均无异常，符合初蓄期的变化规律，后续将持续关注大坝的变形趋势。沥青混凝土心墙后的渗流渗压及两岸边坡的绕渗情况正常，坝后的渗流量监测结果小于 40m³/h，渗流量趋于稳定。

（2）溢洪道进水渠右岸边坡为顺向坡结构，通过部分测斜孔测得进水渠高程 483.00m 以上边坡存在顺坡向的滑移面，蓄水前在工程的加固处理措施实施后，变形速率已逐渐降低；蓄水后边坡内的地下水位有所上升，后期需加强关注进水渠右岸边坡的变形趋势。

（3）库水位将持续稳定在 461.00m（正常蓄水位）附近运行，溢洪道控制段及基础廊道内的变形量相对较小，变化基本收敛；控制段混凝土结构与两岸边坡接触缝的缝面开度均在 0.50mm 内，蓄水后的变幅均在 0.30mm 内，接触缝周边的渗压水位最大增幅均在 10.50m（P03SCS）内，目前的变化趋势已基本平稳；控制段基础廊道内测压孔测得的坝基扬压力水位与廊道底板齐平，无压力，两岸边坡绕渗孔内水位低于库水位的测孔，在蓄水后的最大累计增幅约 1.79m（右岸边坡 BV18SCS），其他绕渗孔内的水位变幅在 -0.06～0.68m 之间，蓄水后的变化较平稳，未发现异常的绕渗现象。

（4）溢洪道泄槽段右岸边坡为顺向坡结构，在高程 475.00～477.00m 处有一砂岩与泥岩互层的滑移面，主要是朝临空面方向的滑移变形；在开挖施工阶段所反映的位移量变化较明显，随着边坡支护工作的完成，变形已经基本趋于平稳；各级边坡的结构支护锚杆，目前的锚杆应力均在 250MPa 内，均小于结构锚杆设计的最大应力值 360MPa，变化趋势已经基本平稳；多点位移计反映边坡深部水平位移量较小，测值已趋于稳定状态。截至 2023 年 3 月，未发现影响边坡整体稳定性的滑移或错动变形，边坡处于安全稳定状态。边坡内部的地下水位较低，变化幅度较平稳，部分测点表现为干孔，也有利于边坡的稳定，后续应加强溢洪道泄槽段右岸边坡变形趋势的跟踪观测。

（5）进水塔塔顶的最大累计沉降量为 5.61mm，蓄水后的增幅为 4.87mm，沉降变化趋势较平稳；塔体混凝土受气温变化的影响较明显，通过历时的变化过程曲线可以看出，沉降过程曲线与季节性气温的变化规律基本一致。水电站进水口边坡的深部水平位移最大值为 22.33mm，蓄水后的增幅约 4.79mm，位移量较小，变幅也较平稳；进水口边坡锚索测力计的锚固力在蓄水后最大累计增幅约 131.80kN，存在继续增大的现象，后续将持续跟踪观测；通过深部水平位移测斜孔的观测数据分析，边坡内未发现影响整体稳定性的滑移或错动变形，进水塔塔体及进水口边坡结构安全稳定。

（6）引水洞洞身围岩变形的最大累计位移量为 7.44mm，蓄水后的累计增幅为 0.27mm，其他测点的位移量在 0.05～5.57mm 之间；洞身围岩与衬砌混凝土间接触缝多表现为闭合状态，最大缝面开合度为 0.65mm，蓄水后的缝面开度变幅均在 0.60mm 内，变幅较小；洞身渗压计测得的最高渗压水位约 451.85m，蓄水后的最大增幅为 27.00m，表明衬砌混凝土后已监测到内水外渗的现象，下斜段压力钢管外测得的渗压水位较低，变幅也比较平稳；结构锚杆测得的最大累计应力为 267.15MPa，占设计锚杆应力（360MPa）的 74.20%，蓄水后的累计增幅约 23.53MPa，其他测点蓄水后的变幅在 -6.89～77.98MPa 之间，锚杆应力变幅较平稳；结构钢筋的最大累计拉应力为 36.07MPa，蓄水后的累计增幅约 9.23MPa。目前的库水位对引水洞内的结构变形及应力变化影响较小，后续在机组的运行过程中将持续跟踪观测。

（7）厂房边坡朝临空面方向的最大累计位移量为 33.81mm，蓄水后的累计增幅约 0.85mm，变幅较小；边坡结构锚杆的最大累计拉应力为 239.15MPa，蓄水后的累计增幅约 12.09MPa，其他测点的锚杆应力变幅在 -19.44～49.93MPa 之间，锚杆的应力变幅较平稳；大部分锚索测力计的锚固力在锁定后有持续增大的现象，最大增幅 356.41kN，锚固力持续增加，需加强边坡的变形观测；边坡深部水平位移的最大累计位移量为 17.97mm，蓄水后的累计增幅约 3.99mm，位移量较小，变幅也较平稳。

（8）1 号渣场及库区地质灾害体。1 号渣场表面变形观测点顺水流方向（X）的最大累计位移量为 209.86mm（TP08QZC），蓄水后的增幅约 12.06mm；朝临空面方向（Y）的最大累计位移量为 205.02mm（TP08QZC），蓄水后的降幅约 11.74mm；最大累计沉降量为 997.40mm（TP09QZC），蓄水后的增幅约 84.32mm；1 号渣场从 2019 年开始观测，到 2023 年已持续观测了近四年时间，渣体的变形趋势随着时间的推移在逐渐减缓，渣体内部未发现明显的滑移面。1 号渣场边坡表面无裂缝、无塌陷，已施工的浆砌石网格护坡无错动开裂情况，表明边坡整体变形均匀，渣场总体稳定。蓄水后，库区地质灾害体中的 S1-1 和 S4-1 滑坡体朝临空面方向的变形量均在 10mm 内，变形量很小，变形趋势也较平稳；S5-3 滑坡体的变形量相对较大，主要是向临空面方向位移，最大位移量在 93.86～272.66mm 之间，蓄水后的增幅在 90.84～171.89mm 之间；2022 年 2—3 月受库水位大幅波动的影响变形较明显，目前，滑坡体朝临空面方向的变形趋势逐渐趋于平稳。但随着雨季来临，降雨量增多，需要特别注意该部位的变形趋势。

参 考 文 献

［1］ 崔玉柱，曹艳辉，杨晓红，等．巴基斯坦卡洛特水电站溢洪道设计［J］．水利水电快报，2020，41（3）：6.

［2］ 水利水电规划设计总院．水电工程水工建筑物抗震设计规范：NB 35047—2015［S］．北京：中国电力出版社，2015.

［3］ 杨启贵，孔凡辉，万云辉，等．卡洛特水电站枢纽布置设计［J］．人民长江，2022，53（2）：132－137.

［4］ 张超，岳朝俊，吴超，等．巴基斯坦卡洛特水电站沥青混凝土心墙堆石坝反滤料设计［J］．水利水电快报，2021，42（11）：39－42.

［5］ 鄢双红，万云辉，孔凡辉，等．卡洛特水电站沥青混凝土心墙堆石坝设计研究［J］．人民长江，2021，52（12）：140－145.

［6］ 孙海清，陈锐，李娇娜，等．卡洛特水电站引水发电建筑物布置设计［J］．人民长江，2020，51（2）：131－137.

［7］ 孙海清，易路，陈捷平，等．卡洛特水电站地面厂房结构抗震措施研究［J］．人民长江，2021，52（12）：146－150.

［8］ 孙海清，冯敏，刘咏弟，等．巴基斯坦卡洛特水电站引水隧洞布置及结构设计［J］．水利水电快报，2021，42（11）：35－38，47.

［9］ 崔金鹏，李昊，郭鸿俊．巴基斯坦卡洛特水电站软岩导流隧洞设计与施工［J］．水利水电快报，2020，41（3）：42－46.

［10］ 施华堂，杨启贵，肖碧，等．卡洛特水电站缓倾软岩坝基灌浆设计及工艺探索［J］．人民长江，2019，50（12）：142－146.

［11］ 丁林，杜泽快，彭绍才．巴基斯坦卡洛特水电站河湾地块渗控监测分析［J］．水利水电快报，2021，42（11）：31－34.

后 记

在巴基斯坦卡洛特水电站工作 7 年了，水情、安监、物探三个专项全体中巴方员工一起风雨同行，我们不断适应和强大自己，为项目的顺利进行提供了坚实的基础。

（1）通过与业主工程师长期的沟通和交流学习，提升了我们对国际水电工程技术要求的理解，更好地执行相关合同条款（国际性）；提升了最新的国际水电工程项目管理理论和方法，提高监测项目工作的实效性。

（2）水情、安监、物探三个技术服务专项在卡洛特水电站项目中开创性的合作模式值得借鉴和推广，具体如下：

1）联合在一起，打包解决工程项目的内在需求；实现成果共享，以更好地进行资料分析。

2）降低三个技术服务专项的运行成本，增强了市场竞争力。

3）依靠团队合作更好应对各种各样的问题和挑战，包括与业主工程师的沟通和交流、进口货物的清关与支付、变更索赔的共同诉求、安全局势等。

4）更好地解决国际、国内工程项目的综合性（环境量、安全性、质量）需求。

通过"一带一路"巴基斯坦卡洛特水电站项目 2023 年 9 月顺利完成竣工安全鉴定，我们对国际水电项目有了更高的期许与展望。

（1）在卡洛特水电站工程项目工作中，我们学习积累并提升了监测专业知识和技能，通过该工程的实践成为更加有竞争力的国际工程项目从业者，为"一带一路"的成功做出更大的贡献。

（2）加强与团队的合作与沟通：我们将进一步加强与团队成员的合作和沟通，建立更加紧密的团队关系，协调各个方面的资源，以实现项目目标。

（3）总结了卡洛特水电站安全监测过去七年的成果，同时也为未来的发展制定了新的目标和计划。相信在不久的将来，我们将以更加成熟和自信的态度，迎接国际工程项目工作中的新挑战，并取得更大的成就，期待下一个项目巴基斯坦科哈拉水电站。